浙江省社科联省级社会科学学术著作出版资金资助出版

互联网的公共性

王淑华 著

社会科学文献出版社
SOCIAL SCIENCES ACADEMIC PRESS(CHINA)

目　录

插图和附表清单

第一章 绪论

第一节 研究的缘起及研究目的

一 研究缘起

公共性一直都是政治哲学和社会科学讨论的热门话题，对它的研究可以追溯到古希腊的政治理论与实践。从现实角度来说，公共性的发展是个动态的过程，它并非人类本性的产物，它的存在依赖于"公共世界借以呈现自身的无数观点和方面的同时在场"，"每个人都是站在一个不同的位置上来看和听。这就是公共生活的意义。……当共同世界只能从一个方面被看见，只能从一个视点呈现出来时，它的末日也就到来了。"[①] 时代的变迁和社会的发展使公共性时刻处于变化中，尤其是当代世界跨国资本与国内资本的共同运作改变了民族国际体系的内在结构，而世界各地出现的国内或国际的分离主义运动则包含了文化上的"内卷"倾向，这两个方面似乎共同预示了一个结果，即自由主义理论所预设或吁求的那种"公共性"正在土崩瓦解。[②] 这种公共性的丧失发生在现代社会运行的基本规则内部，导致了公共领域的结构转型。在这个国际政治和经济动荡的时代，无论对国家、社会还是组织来说，当代公共性研究已成为学术界必须重新审视的重要课题。

正当国际政治和经济形势面临变革，危及公共性时，科技的日新月异促使互联网产生并发展，它正飞速地进入人们的日常生活并越来越发挥着不可缺少的作用。互联网以其特有的特点，成为继传统大众媒介之后的第四类媒

[①] Hannah Arendt, *The Human Condition*, Garden City & New York: Doubleday Anchor Books, 1959, p. 48.

[②] 汪晖、陈燕谷主编《文化与公共性》，生活·读书·新知三联书店，2005，第38~39页。

介，在全世界范围内得到普及。互联网的发展为公共性的复苏和重建提供了可能。目前中国已成为全世界互联网大国，从近几年来中国互联网上发生的公共事件来看，互联网已经成为中国社会公共性建构最主要的空间和场域。从"华南虎事件""躲猫猫事件""杭州70码事件"到"李刚之子校园撞人致死事件""富士康员工跳楼事件""宜黄强拆自焚事件""郭美美事件""药家鑫事件"，从"两会"博客和微博的兴起到国家领导人和百姓的网上聊天等，无不体现了中国网民利用网络参与公共事务的高昂热情。互联网以其独特的技术优势和内容特点，不仅突破时空限制，为网民第一时间提供更多更全面的信息资讯，同时在这个公共广场之中，性别、阶层、职业身份、年龄和受教育程度等因素不再成为言论的障碍，网民可以对社会问题或公共议题畅所欲言，以公共利益为出发点表达自己的意见和观点，并在与他人的辩论和沟通中逐步完善自己的观点。网民的参与无论在形成网络舆论还是在推动事件的合理解决方面，都有意或无意地发挥着作用。当现实社会中公共性的发展遭遇瓶颈期之时，人们似乎在这虚拟的公共空间中可以看见实现公共性的曙光。

二 研究目的与问题

在网络发达的资讯社会，对互联网的公共性研究不仅是新媒体技术的话题，而且可以归为网络政治学范畴。有人认为互联网的公共性正反映了网络民主的特性，并且成为直接民主的一种特殊形式，因此网络民主、电子民主和数位民主的呼声随之高涨。[①] 与之相反，另一些学者对网络传播引发的问题及网络民主持悲观态度，认为网络所体现的民意与现实社会中的民意内涵并不吻合，[②] 这种互联网的公共性、民意和民主是否、如何以及在多大程度上能代表现实中的公共性、民意和民主，也是个值得深入探讨的问题。

不可否认的是，互联网已改变了我们的日常生活方式，比如在互联网出现之后，我们每天起床或者工作的第一件事就是上网——浏览网站新闻，登录网络论坛交流信息，打开微博关注热点事件，通过微信分享生活情感等。互联网占用了人们大量的时间，并正在逐渐代替其他的信息接收方式。更重要的是，互联网改变了我们的思维方式和思维逻辑。比如我们无法或无意区

---

① Dick Morris：《网路民主》，张志伟译，台北商周出版社，2000，第38~39页。
② Sunstein C：《网路会颠覆民主吗》，黄维明译，台北新新闻出版社，2002；Shenk，D，*Data Smog：Surviving the Information Glut*. NY：Harper Collins，1997.

分私人性和公共性的关系：从郭美美所用的爱马仕包到对红十字会腐败问题的质疑，这是属于互联网的私人话题还是属于公共性讨论范畴？类似的有关互联网公共性问题的探讨，不仅是理论话题，而且涉及现实世界实践中存在的诸多必须追问和厘清的疑问。如互联网的公共性究竟是否存在？倘若存在，它的意涵是什么？是在什么背景下产生的？它的结构、功能和运行机制如何？它内部的实践过程怎样？互联网中权力与资本如何影响公共性？对这些问题的梳理、研究和分析，无论在理论建构还是在现实实践方面，都具有迫切性。

本研究的主要问题包括如下内容。

1. 互联网公共性产生的媒介生态与时代背景为何？

2. 互联网的公共性意涵是什么？

——作为公共广场的互联网的特点有哪些？

——互联网网络公众的特点是什么？

——互联网的表达沟通有什么样的特征和模式？

——互联网的公共利益是如何形成和发展的？

3. 互联网公共性的转型情况和实践状况如何？

——互联网公共性的结构转型有什么特点？

——互联网公共性发生了怎样的功能转化？

——互联网公共性的实践情况是怎样的？

第二节　文献综述及研究现状分析

一　传统大众传媒公共性研究现状分析

互联网的公共性研究是建立在传统的大众传媒公共性的基础之上的。因此，我们首先需要掌握传统的大众传媒公共性的相关研究成果，并以此作为研究互联网公共性的基础。目前的研究成果主要集中在以下六个方面。

第一，对公共性理论观点的梳理或批判。不少学者对经典的公共性理论进行过综述或研究，如黄月琴对阿伦特（又译鄂兰，颚兰）、哈贝马斯和泰勒三位学者的公共领域思想谱系做了全面研究，揭示了他们理论中的传媒研究价值，[1]

---

① 黄月琴：《公共领域的观念嬗变与大众媒介的公共性——评阿伦特、哈贝马斯与泰勒的公共领域思想》，《新闻与传播评论》2008 年第 7 期。

同时她对改革新语境下的公共领域与大众传媒研究进行了系统梳理。① 展江主要针对哈贝马斯的公共领域和传媒的关系展开论述，不仅提供关键概念的梳理，而且还列述了其他学者的评价。② 刘晓红另辟蹊径，从政治经济学角度对大众传媒和公共领域的关系展开了分析。③ 迈克尔·华纳（Michael Warner）则指出资产阶级的公共性在最开始要求乌托邦的自我抽象，它能代表不同的差异，但最开始时它没有明确认同以下身份和特权的差异：男性、白人、中产阶级和普通人。④

第二，对公共舆论权力的阐释。不少学者指出了媒介权力对形成公共舆论的重要性，如陶东风从大众传播的独立性与权力控制角度研究了新公共性的建构。⑤ 刘文辉从权力生成角度分析，指出公众获得外界信息的途径主要是传媒，因此思想触点也局限在传媒话语之内，传媒获得支配大众的权力，同时也获得了支配公共舆论的权力。⑥ 郭晴则认为媒介舆论是各种权力和公众博弈的结果，它代替公众舆论成为最有影响力的舆论形态。⑦ 张学标和严利华更进一步从权力作用角度分析，认为媒介作为一种象征权力发挥作用，其营造的政治认同打破了疆域的界限，有助于形成统一的政治共同体。⑧

第三，对传媒公共性现状的分析与反思。一些学者反思传媒公共性面临的现实障碍，提出研究应持宏观和整体视角。如贾广惠认为，消费主义的思潮对传媒的公共性具有瓦解作用，他呼吁传媒警惕公共性匮乏危机。⑨ 徐鑫结合当前国内外研究文献，提出必须反思传媒公共性是什么、我国是否具备建构传媒公共领域的可能性以及应该怎样建构三个问题。⑩ 黄月琴认为中国传媒学者在研究问题时倾向于过分夸大大众传媒在社会发展中的地位，割裂了传

---

① 黄月琴：《改革新语境下的公共领域与大众传媒研究》，《东南传播》2010 年第 5 期。

② 展江：《哈贝马斯的"公共领域"理论与传媒》，《中国青年政治学院学报》2002 年第 2 期。

③ 刘晓红：《大众传媒与公共领域》，《新闻界》2005 年第 3 期。

④ Michael Warner, The Mass Public and Mass Subject, *Habermas and the Public Sphere*, Edited by Craig Calhoun, Cambridge, Massachusetts and London, England：The MIT Press, 1992, pp. 363 – 365.

⑤ 陶东风：《大众传播与新公共性的建构》，《文艺争鸣》1999 年第 2 期。

⑥ 刘文辉：《传媒权力生成——另一种考察视阈》，《北方论丛》2009 年第 4 期。

⑦ 郭晴：《媒介舆论：在各种权力与公众之间——兼论公共舆论向媒介舆论的转向》，《新闻界》2010 年第 2 期。

⑧ 张学标、严利华：《大众传播媒介、公共领域与政治认同》，《新闻与传播评论》2009 年第 00 期。

⑨ 贾广惠：《论传媒消费主义对公共性的瓦解》，《人文杂志》2008 年第 3 期。

⑩ 徐鑫：《传媒与公共领域研究：现状与反思》，《惠州学院学报》（社会科学版）2010 年第 2 期。

媒和其他社会组织与系统的相互构建和互动关系。她认为应将传媒公共性置于国家—社会关系的框架中进行分析，同时采用动态视角关注其在实践过程中与国家和社会力量的博弈呈现出的不同链接和变化。①

第四，研究某一特定种类、区域媒体的传媒公共性的建构问题。很多学者针对某一特定媒体类型或者某一特定区域的媒介公共性展开研究，通过不同角度对传媒公共性建构的可能性以及特性展开分析。如彼得·达尔格伦（Peter Dahlgren）在研究电视和公共性之间的关系时指出，必须要明确区分公和私之间的关系，以保证电视作为大众媒介的公共性特点。② 郎倩雯③和吴麟④则分别探讨了突发公共事件和群体性事件中表现出的媒介公共性问题。

第五，研究中国传媒公共性建构的可能性以及传媒界的社会责任问题。有学者看好中国传媒公共性的建构前景，郑萍认为评判中国传媒公共性是否可行时不能一刀切，需结合历史和具体现实，动态理解传媒公共性，并认为可以从网络媒体中看到中国公共性新的发展特征。⑤ 李佳怡和曾琴则以哈贝马斯的公共领域为切入口，指出目前中国传媒已具有公共性的雏形，同时分析了网络媒体建构的公共领域。⑥ 汪晖强调传媒公共性的政治功能，认为传媒必须展现社会现象的政治价值，激发公众的政治辩论，只有这样才能体现传媒的自主性，而这也正是公共性发挥作用的地方。还有学者对公共性背景下新闻记者的职业角色定位与社会责任进行了思考，如朱清河提出新闻职业的工作内容本身就具有公共性特点，而传媒的市场化和阶级属性是公共性发展的现实困局，传媒必须学会在自主性、自利性和阶级性三者之间进行博弈。⑦ 齐勇锋也认为，社会转型期的媒体尤其是广电媒体存在社会责任缺失问题，应履行社会公共文化使命，在提高公民道德素质、开辟公民公开有序地参与国

① 黄月琴：《"公共领域"概念在中国传媒研究中的运用——范式反思与路径检讨》，《湖北大学学报》（哲学社会科学版）2009 年第 6 期；夏倩芳、黄月琴：《"公共领域"理论与中国传媒研究的检讨：寻求一种国家—社会关系视角下的传媒研究路径》，《新闻与传播研究》2008 年总第 15 期。

② Peter Dahlgren, *Television and the Public Sphere*: *Citizenship*, *Democracy and the Media*, London：Sage, 1995.

③ 郎倩雯：《突发公共事件媒体议题传播与公共领域建构》，《青年记者》2010 年第 5 期。

④ 吴麟：《大众传媒在我国转型期群体性事件中的作为——基于"审议民主"的视角》，《新闻记者》2009 年第 5 期。

⑤ 郑萍：《中国传媒公共领域探究——基于学界的争论》，《中国行政管理》2010 年第 1 期。

⑥ 李佳怡、曾琴：《浅谈我国传媒公共领域的构建》，《新闻世界》2010 年第 8 期。

⑦ 朱清河：《新闻职业公共性渊源与现实困局审析》，《甘肃社会科学》2009 年第 5 期。

家事务和社会事务的渠道、在改革攻坚新阶段发挥舆论作用等三个方面承担更多责任。[①] 潘忠党和陆晔从新闻专业主义角度出发，通过研究传媒人如何在社会转型期建构和表述他们的职业理念，挖掘其对传媒公共性的认知和实践情况。[②]

第六，探讨由传媒公共性所引起的媒介改革问题。学者围绕传媒公共性的现实困境，探索传媒作为公共服务平台的解困之路，不少两岸三地和海外学者从不同角度对中国传媒改革问题从公共性角度进行探讨，如潘忠党认为传媒公共性的表现虽然现实存在，但在实践中只能是脆弱的、不确定的、局部的、并非设计使然的。[③] 林芬和赵鼎新认为中国新闻不具有独立性，但媒介从业人员仍以揭露社会问题、批评社会现象、呼唤正义和公平为己任并为之奋斗，新闻专业主义影响下的中国传媒并未完全受商业化或政治控制的影响。[④] 复旦大学李良荣教授则认为，中国新闻改革已经进入改革新闻体制的攻坚阶段，而在市场经济条件下，公共事务的意见是多元的，公众的意见应该实现多元表达，体制改革必须建立在公共利益的公开和平等表达的基础上。[⑤] 结合某一媒介类型，邓炘炘认为公共服务广播是构建均衡的广播体制和体系不可缺少的组成部类，提出需要建立公共服务广播。[⑥] 此外其他学者如陈力丹、赵月枝、吴飞、单波、黄旦、徐贲、孙玮、郭中实和陆晔等分别从传媒体制、中国和国际改革的民主化、表达自由、传媒的思想解放、中国媒体公共空间的未来、媒介知识分子的责任转型、大众报纸媒介话语实践的重构和报告文学中知识分子和国家的关系变迁等问题展开分析，[⑦] 为传媒改革中遇到的现实性问题的研究提供了可供借鉴的观点。

---

① 齐勇锋：《社会转型期媒体的公共属性与社会责任》，《中国广播电视学刊》2006 年第 4 期。
② 陆晔、潘忠党：《成名的想象：中国社会转型过程中新闻从业者的专业主义话语建构》，《新闻学研究》2002 年第 4 期。
③ 潘忠党：《传媒的公共性与中国传媒改革的再起步》，《传播与社会学刊》2008 年第 6 期。
④ 林芬、赵鼎新：《霸权文化缺失下的中国新闻和社会运动》，《传播与社会学刊》2008 年第 6 期。
⑤ 潘忠党、吴飞：《反思与展望：中国传媒改革开放三十周年笔谈》，《传播与社会学刊》2008 年第 6 期。
⑥ 邓炘炘：《为什么需要公共服务广播》，《新闻大学》2007 年第 1 期。
⑦ 陈力丹、赵月枝、吴飞、单波、黄旦和徐贲的研究详见潘忠党、吴飞《反思与展望：中国传媒改革开放三十周年笔谈》，《传播与社会学刊》2008 年第 6 期；孙玮：《媒介话语空间的重构：中国大陆大众化报纸媒介话语的三十年演变》，《传播与社会学刊》2008 年第 6 期；郭中实、陆晔：《报告文学的"事实演绎"：从不同历史时期的文本管窥中国知识分子与国家关系之变迁》，《传播与社会学刊》2008 年第 6 期。

二　互联网公共性研究现状分析

互联网公共性的研究在大众传媒的公共性研究不断发展的过程中已逐步成熟。

首先，从国外研究成果看，彼得·达尔格伦是国外较早研究公共性的学者，他分析了网络公共领域的互动标准和当代政治传播背景下网络协商民主的过程，认为虽然互联网的公共性会毁坏政治传播体系，但它从很多方面都能促进公共领域的延伸和多元化，而市民文化的概念为网络政治讨论重点的理解提供了途径。① 林肯·达尔博格（Lincoln Dahlberg）在观察网络论坛的协商特征时发现，互联网上的民主话语模式有三种：社团式、自由的个人主义式和协商式，社团式强调互联网增强或者降低公有价值的可能性，自由的个人主义式重视互联网对坚持个人自治和自由的作用，协商式将互联网看作延伸公共领域中理性批判性话语的一种方式。② 他建议以哈贝马斯的理性交往理论作为标准化概念的基础，并建议通过检验不同方法的可能性来关注每种标准是如何最好地被评估的。此外，他认为运用案例比较的方法能更有效地解释和延伸网络公共领域。③ 有些学者分析互联网公共领域的特性和功能，如通过区分网络与其他媒体的公共性特征来分析网络公共性现状，并提出对网络公共性发展的可行性建议。④ 阿菲费·阿金（Afife Idil Akin）以土耳其亚美尼亚人调解机构的网络使用（主要是讨论）为例展开研究，认为虽然互联网并不如乌托邦般自由，但仍然是推动社会运动深入发展的有用工具。⑤ 加拿大学者玛丽·米利肯（Mary Milliken）、克里·吉布森（Kerri Gibson）、苏珊·奥唐奈（Susan O'Donnell）和詹尼斯·辛格（Janice Singer）通过研究 YouTube 的内容和使用者的评论来测试在线视频使用者生成技术（User-generated On-

---

① Peter Dahlgren, The Intenet, Public Spheres, and Political Communication, Dispersion and Deliberation, *Political Communication*, (2005) 22, pp. 147 – 162.

② Lincoln Dahlberg, The Internet and Democratic Discourse: Exploring the Prospects of Online Deliberative Forums Extending the Public Sphere, *Information*, *Communication & Society*, (2001) 4 (4), pp. 615 – 633.

③ Lincoln Dahlberg, Net-public Sphere Research: Beyond the "First Phase", *The Public*, Vol. 11 (2004), 1, p. 36.

④ Koh, Taejin. Conference Papers—International Communication Association, Annual Meeting, 2009, pp. 1 – 25.

⑤ Afife Idil Akin, Social Movements on the Internet: The Effect and Use of Cyberactivism in Turkish Armenian Reconciliation, *Canadian Social Science*, Vol. 7, No. 2, 2011, p. 39.

line Video，简称 UGOV）对促成虚拟公共领域的潜力，研究显示在边缘政治学的身份认同与公共关注的事务之间有重要关系，研究还表明虽然 UGOV 在生成公共领域方面扮演着重要角色，但视频的风格、表演的质量和内容同样影响观看者的参与。① 威斯康星大学传播学系博士迈克尔·齐诺斯（Michael Xenos）通过政治博客和报纸媒体对美国最高法院的塞缪尔·阿里托（Samuel Alito）的信息做比较分析，发现博客可能造成媒介协商程序的复杂化，因此必须在可行性基础上对当代公共领域中博客未来发展的角色进行探索。②

在谈到公共性时哈贝马斯是一个不可绕过的学者，如吉姆勒（Gimmler）、斯莱文（Slevin）、威廉（Wilhelm）等学者在谈到互联网和民主、政治与公共性的关系时，无不是以哈贝马斯的资产阶级公共性理论作为分析依据的。③ 但有学者对用哈贝马斯的理论分析互联网的公共性的方法提出批判，认为哈贝马斯的一元公共性理论无法解释网络这一更为复杂的结构性文本。④ 学者开始将眼光转向其他学者的公共性理论构架，挖掘适合互联网公共性特征的观点，如迈克尔·华纳曾指出，公共文本的调停的、修辞的衡量必须建立在与每个个体的关系之中，而不能把它看成一成不变的规则或体制来遵守。⑤ 南茜·弗雷泽（Nancy Fraser）的公共性理论面向底层或者弱势群体，旨在与主流或者强势公共领域相区分和抗衡，由此引申出反公共性（counter publicity）、次属公共性（subaltern publicity）以及次反公共性（subaltern counter publicity）等概念。林肯·达尔博格在《网络、协商民主和权力：激进的公共领域》一文提到了互联网的协商民主与权力的关系，他认为虽然互联网中的协商概念确实重视权力，但它没有对涉及合法协商的权力关系进行理论化。依据后马克

① Mary Milliken, Kerri Gibson, Susan O'Donnell, Janice Singer, User-generated Online Video and the Atlantic Canadian Public Sphere: A YouTube Study, Conference Papers—International Communication Association, 2008 Annual Meeting, pp. 1 – 11.

② Michael Xenos, New Mediated Deliberation: Blog and Press, *Journal of Computer-Mediated Communication*, (2008) 13, pp. 485 – 503.

③ Gimmler, Slevin, Wilhelm 的相关文章及著作如下：Gimmler, A, Deliberative Democracy, the Public Sphere and the Internet. *Philosophy & Social Criticism*, 2001 (4) 27, pp. 21 – 39; Slevin, J., *The Internet and Society*. Oxford: Polity Press, 2000; Wilhelm, A. G., *Democracy in the Digital Age: Changes to Political Life in Cyberspace*, New York and London: Routledge, 2000.

④ Balnaves, Mark; Leaver, Tama; Willson, Michele. Habermas and the Net, Conference Papers—International Communication Association, 2010 Annual Meeting, p. 1.

⑤ Warner, M., The Mass Public and the Mass Subject, in Calhoun, C. (ed.) *Habermas and the Public Sphere*, Cambridge, MA: MIT Press, 1992, p. 379.

思主义的话语理论，他认为这种边界设置忽视了两个因素：话语激进主义和互动话语的冲突。他认为只有拥有这两个因素才能指明竞争性公共领域的位置。特别是"反公共性"的概念能帮助我们了解激进排外者的民主角色以及限制合法协商的反话语斗争。① 约翰·唐尼（John Downey）和纳塔利·芬顿（Natalie Fenton）通过分析公共领域和反公共领域的区别阐释网络媒体的重要性，并指出网络媒体不单要负责建构反公共领域，也要致力于发展一种分裂和团结的新模式，这对民主的实践过程来说是中心任务。② 有学者从不同角度或案例展开论述，如帕尔策夫斯基（Palczewski, C. H.）研究了新型社会运动——互联网运动中的反公共性特征；③ 迈克多蒙（McDorman）专门研究了网络中死亡权利（Right-to-Die）的倡导者。④

其中，有学者关注中国互联网的公共性问题。如香港中文大学新闻传播系的安东尼·冯（Anthony Ying-Him Fung）和《亚洲科技经济》（Technomic Asia）的执行编辑肯特·D. 凯达尔（Kent D. Kedl）以中国网络社区中正在弱化的公共领域的研究案例分析代表式公共性、政治话语和互联网的关系，⑤ 约翰·拉各奎斯特（Johan Lagerkvist）通过2002～2006年对中国互联网的田野调查，并对48个调查者进行深度访谈来研究中国互联网存在的两个问题：中国互联网如何呈现公共性，如何使之更独立于政府控制；中国政府如何进行互联网的治理以关闭公共领域的功能。⑥

随着全球化趋势的不断发展，有学者关注全球互联网公共性的发展趋势。

---

① Lincoln Dahlberg, The Internet, Deliberative Democracy, and Power: Radicalizing the Public Sphere, *International Journal of Media and Cultural Politics.* Volume 3, Number 1, 2007, pp. 47 – 64.

② John Downey, Natalie Fenton, New Media, Counter Publicity and the Public Sphere, *New Media Society*, 2003（5）, pp. 85 – 202.

③ Palczewski, C. H., Cyber-movements New Social Movements, and Counterpublics. In R. Asen & D. C. Brouwer（Eds.）, *Counterpublics and the State*, Albany: State University of New York Press. 2001, pp. 161 – 186.

④ McDorman, T. F., Crafting a Virtual Counterpublic: Right-to-Die Advocates on the Internet. In R. Asen & D. C. Brouwer（Eds.）. *Counterpublics and the State.* Albany: State University of New York Press, 2001, pp. 187 – 210.

⑤ Anthony Ying-Him Fung & Kent D. Kedl, Representative Publics, Political Discourse and the Internet: A Case Study of a Degenerated Public Sphere in a Chinese Online Community. *World Communication*, 29（4）, 2000, pp. 69 – 83.

⑥ Johan Lagerkvist, *The Internet in China: Unlocking and Containing the Public Sphere*, Lund: Lunds university, 2006, p. 215.

互联网的公共性

互联网成为全球市民社会的最佳竞技场，既能锻造公共舆论，又能便利市民运动的组织。它不仅形成了交换信息、辩论、创造跨国同盟和全球市民行动筑垒计划等新的公共领域，而且成为未来政治斗争的版图。互联网上的辩论主题包括网络上的市民社会、参与式民主、公共领域、电子媒介文化、互联网的可持续性、网络信息的透明性、全球资本重组、政治、开放性资源、版权问题，以及与网络通信传播交织在一起的权力斗争等。① 有学者就专门从数字时代版权特征出发研究正在消失的公共领域边界及特征。②

有学者讨论网络公共性的操作问题，认为互联网上的电子民主和数字参与是模糊的，甚至与线下一样受到很多限制，那么谁的声音将在互联网上被听到则是非常重要的问题，必须设置一个可评估在网络政治辩论中谁是参与者，谁的观点被代表的理论化模式，才能确保公共性的真正实现，从而发挥网络协商民主的潜能。③ 也有学者对互联网公共性的纯正性保持警惕，认为最需要注意的是商业侵蚀和渗透，④ 因为所谓的公共议题的设置可能是通过公司或者商业精心安排的，其出发点未必是引导公共舆论，而是希望促成文化工业和文化消费，甚至是转向线下的商品消费。而网站也是由公司或财团控制的，只会发出他们希望发出的声音，同时科技的进步使全球行动受到监视，互联网上的信息传播内容、网站管理或是软件开发等都受到限制，因此有学者对互联网公共性的未来发展之路持悲观态度。

很多国内学者对互联网公共性的研究集中在最近十多年间，研究关注点包括以下几个方面。

---

① Elizabeth M. Delacruz, From Bricks and Mortar to the Public Sphere in Cyberspace: Creating a Culture of Caring on the Digital Global Commons, *IJEA*, Vol. 10, No. 5, p. 10.

② Yachi Chiang, The Diminishing Public Domain with Regard to the Copyright in the Digital Age,《资讯社会研究》2005 年第 9 期。

③ Steffen Albrecht, Information, Whose Voice is Heard in Online Deliberation? A Study of Participation and Representation in Political Debates on the Internet, *Communication & Society*, Vol. 9, No. 1, February 2006, pp. 62 – 82.

④ 相关论文有：Lincoln Dahlberg, The Corporate Takeover of the Online Public Sphere: A Critical Examination, with Reference to "the New Zealand Case", *Pacific Journalism Review*, 11 (1) 2005, pp. 90 – 112; Lincoln Dahlberg, The Internet as Public Sphere or Culture Industry? From Pessimism to Hope and Back, *International Journal of Media and Cultural Politics*, Volume 1, Number 1, 2005, pp. 93 – 96; McChesney, R. W., "The Titanic Sails On: Why the Internet won't Sink the Media Giants", *Gender, Race and Class in Media* (eds G. Dines and J. Humez), London: Sage, 2002, pp. 667 – 83; Schiller, D, *Networking the Global Market System*, Cambridge, MA: MIT Press, 1999.

第一章 绪 论

　　第一，大量文献集中探究互联网公共领域存在的可能性以及特点。网络的传播技术特性使互联网与生俱来具有实现公共性的优势。与传统媒体相比，互联网媒体拥有海量信息，公众能自由表达意见并平等地参与对话，各种文化能被尊重和包容，而这正是实现公共性的重要条件。如杨仁忠在他的专著《公共领域论》中讨论网络传媒构建一个可以充分自由讨论的全新的公共空间的可能性，他认为网络传媒所提供的参与机制、网络参与主体的特点以及网络传媒改善公共领域的结构要素等方面都意味着信息社会的到来，也意味着公共领域的真正勃兴。① 彭晶晶和姚红彦均在自己的论文中提出网络媒体的发展为公共领域的开拓提供了新契机，前者认为从哈贝马斯的公共领域概念来看，网络媒介就是一个公共领域空间，② 后者认为网络使公众表达意见的机会和空间被空前放大。③ 此外，也有学者对互联网的公共性特征提出探索，田钦认为互联网的公共性表现在最大的开放性和最小的限制、非地域性、互动方式多样性和信息传播便捷性等方面。④ 郭玉锦和王欢在《网络社会学》中指出，网络公共领域具有不在场与匿名性、自主性与真诚性、平等参与性与公共性等特点。⑤ 刘建华则从理性交往主体塑造、理性批判活动出现和虚拟空间社会生活的公共化角度论述虚拟空间公共性的重建问题。⑥ 大部分研究都以哈贝马斯的公共领域特点为理论基础，从历史性和本土性角度来分析者少，没有结合中国社会的实际，也没有摆脱哈贝马斯的公共性自身存在的不足。最近有学者开始从其他公共性理论角度进行探索，如宾夕法尼亚大学的博士张维宇（Weiyu Zhang）以 Rear Window 的电影在线讨论组作为研究案例，试图解决"在线讨论组作为次属公共领域的功能是什么"的问题，通过论证指出在线的次属公共领域为喜欢电影的次属公众提供了安全的话语空间，他们使用它来改变自己的观点，并针对自己感兴趣的话题发表意见，最终形成自己的话语。⑦ 他还以中国在线讨论组作为研究对象，论证次属公共性有可能转化

---

① 杨仁忠：《公共领域论》，人民出版社，2009，第 279～285 页。
② 彭晶晶：《网络传媒——公共领域再次转型的契机》，《安康师专学报》2005 年第 2 期。
③ 姚红彦：《网络论坛的勃兴——公共领域的新契机》，《大众文艺》2010 年第 2 期。
④ 田钦：《网络公共领域的新特征》，《福建论坛·人文社会科学版》2010 年第 2 期。
⑤ 郭玉锦、王欢：《网络社会学》，中国人民大学出版社，2005，第 109 页。
⑥ 刘建华：《公共领域的蜕变与虚拟空间社会生活公共化》，《网络财富》2010 年第 11 期。
⑦ Weiyu Zhang, Construction and Disseminating Subaltern Public Discourse in China, *Javnost-the Public*, Vol. 13（2006），No. 2, pp. 41－46.

线上和线下的边界，并影响更广泛的公众获得更多资源。① 王秀丽在论述互联网公共性概念的同时，分析了中国的政治环境，通过分析网络热点事件，来论证互联网的论坛对中国政治参与的作用。② 厦门大学副教授邱鸿峰则认为次反公众是当代社会性别政治的基本逻辑，同时他指出次反公众的概念在我国当代政治与文化语境下必须得到重新诠释。③

第二，一些文献着重研究互联网公共性建构的现实障碍。虽然很多学者对网络媒体的公共特性持乐观态度，但同时也认识到现实社会的理论和制度的实际，以及网络媒体本身的局限性，对互联网公共性建构过程中的障碍进行了系统分析。如朱琳认为，虽然如孙志刚事件、周老虎事件、躲猫猫事件等都能看到网民在与政府博弈中的胜利，但在中国形成网络公共领域任重道远，因为中国社会素来公私不分、互联网受到政府权力和商业利益的双重挤压，加上网络上的讨论难深入，而理性难持续，匿名性影响公共领域的稳固性，同时还存在非理性情绪等，导致短期内无法在中国形成公共领域。④ 罗坤瑾认为和政治与经济的强势相比，网民仍是缺乏理性和独立性的群体，公共领域的建构还将长路漫漫。⑤ 严利华指出，新媒体环境容易忽视"公共利益"，很难实现真正的平等和自由，并且多元化导致"共识"难以形成，此外我国还不具备建构公共领域的理论和制度环境。⑥ 王胜源则认为网络公共领域带有"虚幻性"，虽然网络技术成为公共领域转型的"催生剂"，但网络"生态危机"会消解公共领域，网络表达具有非理性色彩，网络受政治和经济控制，市民社会的"弱势地位"和公民素养匮乏这些不争的事实都使之只能是乌托邦式的理想。⑦ 李慧敏认为虽然哈贝马斯的"公共领域"理想已经产生萌芽，但离成熟还相去甚远，她强调公民在参与网络问政过程中必须秉持公

---

① Zhang, Weiyu（2004）. Promoting Subaltern Public Discourses: An Online Discussion Group and Its Interaction with the Offline World. Conference Papers—International Communication Association, 2004 Annual Meeting, pp. 1 – 26.

② Wang, Xiuli, Online Public Spheres: How Internet Discussion Forums Promote Political Participation in China, Conference Papers-National Communication Association, 2007, pp. 1 – 24.

③ 邱鸿峰：《公共领域、次反公众与媒介仪式》，《中国传媒报告》2010 年第 1 期。

④ 朱琳：《网络背景下公共领域在中国的前景》，《华章》2010 年第 7 期。

⑤ 罗坤瑾：《网络舆论与中国公共领域的建构》，《学术论坛》2010 年第 5 期。

⑥ 严利华：《新媒体与公共领域构建》，《东南传播》2009 年第 2 期。

⑦ 王胜源：《网络公共领域的特质及虚幻性》，《辽宁工程技术大学学报》（社会科学版）2010 年第 5 期。

共精神，促进公共利益的实现。① 张小丽认为市场和消费文化会使网络公共性面临缺失的危险。② 综上所述，学者普遍认为互联网公共性尚未成熟的关键点在于政治和经济对网络媒体的制衡、网络媒体自身的特性及网民思想和行为的不成熟等三个方面。

第三，有学者对建构互联网的公共性提出了前景展望和可行性建议。胡泳认为，要在互联网上营造理想的公共领域，必须遵循一定的原则，包括营造社区归属感、灵活决定匿名政策、保持平等、鼓励审议和培育良好的公共话语等五个方面。③ 马长山指出互联网公共领域承担着抗拒政治原则的泛化、抵制经济力量的侵蚀和塑造公民性品格等社会使命。④ 杨晓娟认为只要意见社群与公共权力机构保持平等对话，并且健全互动过程的制度化安排，由此构建意见社群将是一种有效的网络公共领域模式。⑤ 刘小峰和夏玉珍对当前网络公共领域的建构提出了具体的可行性建议：加强法治建设，增强德治建设，注重技术治理，正确引导公共领域发展。⑥ 从文献看，大多数学者均从宏观角度提出建议，发表畅想，很少有从具体政策制定着手分析的，提出的一些建议很难在现实社会中得到落实和实施，也很难验证其效果。

第四，有学者对互联网公共性的功能进行了阐释。如严一云和刘晓光从政府治理视角提出当代中国的互联网公共领域具有三方面政治功能：国家与社会之间的协调空间、维护社会稳定的政治参与新路径和推进协商民主的新方式。⑦ 王志永和张英对网络公共领域话语权及其归属进行分析，认为网络公共领域的话语权属于那些有公共意识的知识分子，他们将掌握公共舆论的话语权。⑧ 石良通过研究微博公共性，发现网络公共领域和私人领域有融合的趋

---

① 李慧敏：《网络问政、公共领域和人的现代化》，《吉林省教育学院学报》2011 年第 1 期。
② 张小丽：《对网络公共领域危机的思考——从 "艳照" 事件看网络公共领域公共性的缺失》，《理论界》2012 年第 4 期。
③ 胡泳：《在互联网上营造公共领域》，《现代传播》2010 年第 1 期。
④ 马长山：《公共领域的时代取向及其公民文化孕育功能》，《社会科学研究》2010 年第 1 期。
⑤ 杨晓娟：《试论网络公共领域模式转型》，《湖南大众传媒职业技术学院学报》2009 年第 3 期。
⑥ 刘小峰、夏玉珍：《经典公共领域的重塑及建构——以网络媒体兴起后的网络公共领域为例》，《社会工作》2010 年第 9 期下。
⑦ 严一云、刘晓光：《当代中国网络公共领域的政治功能》，《安徽农业大学学报》（社会科学版）2010 年第 2 期。
⑧ 王志永、张英：《网络公共领域的话语权及其归属分析》，《东南传播》2010 年第 1 期。

势，他认为这会给现实社会带来影响。① 有学者指出网络交往是网络公共领域建构的一个主要特点。② 还有学者对互联网上的市民社团进行研究，认为中国的市民社团具有最小的网络资本，年轻的社团比历史悠久的，或者经济社团使用网络更为频繁，以创造民主社会的政治环境。市民社团渴望实现广泛的公共性，但是没有进入媒体的特权，因而将互联网作为一个可依靠的平台，所以互联网不只是一个科技工具，它提供了社团发展的战略机会。③ 有学者从社会运动角度分析网络运动对社会变迁的积极和消极作用④、行动者之间的关系以及时空逻辑⑤、情感在网络抗争和动员中发挥的作用⑥等。

第五，有研究分析互联网公共性的形态。如朱清河和刘娜在《"公共领域"的网络视景及其适用性》中分析了博客、网络论坛和网络时评三种典型形态的特点及缺憾。⑦ 杨敏认为，网络公共空间、网络社团、网络媒体和网络中的社会运动构成了互联网公共性的外部形态，为公众提供了舆论表达的平台。⑧ 有学者以某一具体网络平台或网络事件作为案例展开分析，如胡菡菡以网易"新闻跟帖"为对象研究网络新闻评论中公共领域的生成，认为虽然网络媒体受诸方限制，但不会局限于只成为网民意见表达的技术平台，新闻跟帖有助于公众对新闻内容的深度介入，并能在一定程度上促进公共事件的合理解决。⑨ 席佳认为网络时评具备传统媒体时评所没有的独特优势，为建构互联网公共领域培育了主体，提供了载体，并促进了公共议题的最终形成。⑩ 高海清和史云峰在论文中援引技术哲学家安德鲁·芬伯格的观点，指出网络社

---

① 石良：《网络微博中公共领域与私人领域的融合》，《沈阳大学学报》（社会科学版）2012 年第 2 期。

② 翟颖：《试论"网络公共领域"与交往》，《新闻世界》2010 年第 5 期。

③ Guobin Yang, How Do Chinese Civic Associations Respond to the Internet? Findings from a Survey, *The China Quarterly*, 189, March 2007, pp. 122 – 143.

④ 张家春：《网络运动：社会运动的网络转向》，《首都师范大学学报》（社会科学版）2012 年第 4 期。

⑤ 苏涛：《缺席的在场：网络社会运动的时空逻辑》，《当代传播》2013 年第 1 期。

⑥ 谢金林：《情感与网络抗争动员——基于湖北"石首事件"的个案分析》，《公共管理学报》2012 年第 1 期。

⑦ 朱清河、刘娜：《"公共领域"的网络视景及其适用性》，《现代传播》2010 年第 9 期。

⑧ 杨敏：《网络公共领域的价值与机制》，《东南传播》2010 年第 4 期。

⑨ 胡菡菡：《网络新闻评论：媒介建构与公共领域生成——对网易"新闻跟帖"业务的研究》，《新闻记者》2010 年第 4 期。

⑩ 席佳：《当代网络时评与我国公共领域的建构》，《宜春学院学报》2010 年第 7 期。

第一章 绪 论

区对社会的影响为公共领域研究开启了新视角，网络交流的简易性使网络社区成为满足人类交往和个体发展最为重要的场所，网络社区本身就是由于公共利益而形成的，人们在其中判断，并与其他人讨论、分享这种判断。[①] 刘森对中国语境下的博客与互联网公共领域的发展进行探讨，认为博客加速了平等话语权的实现，开辟了公民参与公共事务的渠道，开拓了公民理性批判的空间，因此有助于强化互联网的公共性。[②] 刘飒则从网络政治博客入手，分析其公共性特征及运转过程，同时指出网络政治博客存在有损公共性的问题，并提出了解决这些问题的对策。[③] 朱诗意以新浪微博为例，分析微博的公共性，探索其向现实社会民间发展的力量。[④] 张益旭在乐观看待互联网公共性发展前景的同时，也从批判视角出发，指出要注意区分公共性是否已异化，他以 QQ 日志作为研究对象，认为 QQ 日志过于私人性，公众无法平等参与，而且缺乏批判性言论，因此只能是哈贝马斯所说的转型了的公共领域。[⑤] 有学者以强国论坛为例，对网络论坛的公共性展开了研究。如吴燕分析"孙志刚事件"的强国论坛表现，指出论坛留言体现了公众权利的觉醒，强国论坛的使用者具有强烈的社会责任感，他们认为自己"必须"代表社会稍低阶层的人们发言，网络论坛作为"增强力量和解放"的技术，在中国使用者中培养了政治平等的意识，这是协商理想的中心，意味着类似 18 世纪末欧洲公共性特征的"公共性"在中国的网络中正在形成。[⑥] 赵亿结合"重庆钉子户"事件，对强国论坛、网易、天涯杂谈三个不同类型的网络论坛进行分析，提出互联网公共性的发展存在着一些技术无法克服的困难和瓶颈。[⑦] 赵丽红通过对"富士康员工跳楼事件"的个案研究，从理性沟通、意见表达、交流互动、共识

[①] 高海清、史云峰：《对公共领域结构转型批判的批判》，《华侨大学学报》（哲学社会科学版）2011 年第 1 期。

[②] 刘森：《博客与中国语境下的公共领域》，《新闻世界》2010 年第 6 期。

[③] 刘飒：《公共领域视角下的网络政治博客浅议》，《三峡大学学报》（人文社会科学版）2009 年第 S1 期。

[④] 朱诗意：《微博 走向现实的公共领域——以新浪微博为例》，《中国传媒科技》2012 年第 2 期。

[⑤] 张益旭：《异化了的公共领域：QQ 日志》，《淮阴师范学院学报》2010 年第 1 期。

[⑥] Yan Wu, Blurring Boundaries in a "Cyber-Greater China": Are Internet Bulletin Boards Constructing the Public Sphere in China? Richard Butsch, Palgrave Macmillan: *Media and Public Sphere*, 2009, pp. 217, p. 221.

[⑦] 赵亿：《公共领域视野下的网络论坛研究》，《湖北师范学院学报》（哲学社会科学版）2010 年第 2 期。

达成等方面对强国论坛进行了分析，对其实现公共性的前提、媒介、讨论机制和功能等方面①进行了探讨。方雯以"躲猫猫事件"的网络论坛表现为例，追踪发展动态，发现网民在此过程中形成了公众舆论，并推动了政府对此事迅速进行调查和解决，从而探究了网络论坛凸显的公共性。② 有学者以2005年中国在互联网上开始兴起的反日运动作为研究案例，指出市民在反日运动的网络传播中因为存在民族主义因素，最终促使此事件成为线上和线下相互结合的社会运动。在这场网络中的反日抗议运动中，互联网不仅通过邮件、转发或布告栏传播集会的时间和地点，而且通过信息共享、议题讨论、网络投票形成公共舆论，扮演了公共领域的角色。③ 很少论文对互联网公共性的基本形态做过系统归纳，很少论文深入探究网络发展的时代背景。

　　以上五个方面是我国大陆学者的主要观点，此外，台湾学者对互联网的公共性亦有研究。如世新大学公共关系暨广告学系助理教授杨意菁认为目前大部分研究都忽略了民意的公共性。她从公众、公共领域与沟通审议三个方面，分析了网络政治讨论版所呈现的民意公共性意蕴。④ 宾州州立大学的洪贞玲和天普大学的刘昌德分析网络所塑造的跨国论坛，探讨全球公共领域存在的潜能及其实现的障碍，最终得出结论，认为网络科技虽然有助于跨国公共领域的形成，但数位落差、碎片化、商业化以及英语霸权等造成的不平等，使之只能成为全球"广场"，尚未实现公共领域的理想。⑤ 台湾国立政治大学公共行政学博士生罗晋从审议民主理论出发，阐述网络使用与审议民主之间的关系，同时认为具有公共性特征的网络论坛与审议民主的发展有相辅相成的作用。⑥ 有学者针对某一网络媒体形态或某一类型网站的公共性展开调研，如钟宜杰等在研究台湾知名博客无名小站BBS使用者的自我认同时指出，博

---

① 赵丽红：《公共领域视角下的强国论坛》，《新闻世界》2011年第1期。

② 方雯：《试论网络媒体的公共性——以"躲猫猫"事件为例》，《新闻世界》2010年第6期。

③ Chow, Pui Ha, Internet Activism, Trans-national Public Sphere and State Activation Apparatus: A Case Study of Anti-Japanese Protests, Conference Papers—International Communication Association, 2007 Annual Meeting, pp. 1 – 33.

④ 杨意菁：《网络民意的公共意涵：公众、公共领域与沟通审议》，《中华传播学刊》第14期，2008年12月，第116页。

⑤ 洪贞玲、刘昌德：《线上全球公共领域？网络的潜能、实践与限制》，《资讯社会研究》（6），2004年1月。

⑥ 罗晋：《实践审议式民主参与之理想：资讯科技、网路公共论坛的应用与发展》，《中国行政》2008年第79期。

客最初被设定为虚拟世界的"公共领域",但在实际过程中受到资本影响,因而很难实现。[①] 世新大学的黄启龙以女性、同志、原住民与劳工四类弱势群体网站为研究主题,论证了网络公共领域实现的可能性。[②] 而中正大学传播学系助理教授管中祥则从电视新闻的网络实践出发展开研究,以公广集团的 PeoPo 公民新闻平台通过网络实践公民的传播权为案例进行调研,论证通过网络手段来制作公民新闻对社会民主的重要意义。[③] 这些研究既充分而深入地援引了国外大量文献以及调研结果,又能结合台湾网络公共性发展特点展开,对互联网公共性研究提供了大量有价值的文献。

从互联网公共性的研究现状看,大部分学者都以哈贝马斯的一元公共性理论作为研究的理论基础,虽然有学者在研究网络论坛时引入了次属公共性的概念,但很少谈及整个互联网的多元特性。很多学者从互联网公共性存在的可能性、面临的障碍以及具有的形态和功能等方面展开研究,却很少有人从宏观角度系统地对互联网公共性内涵进行界定,很少学者分析互联网公共性的内部实践。此外,大部分国外学者的研究未能涉及中国实际。

第三节　研究视角与研究方法

一　研究视角

互联网空间的信息传播具有迅速、方便、快捷、综合的特点,人们可以在互联网上自由而平等地发表自己的意见和看法,这种公民参与活动甚至能促成社会决策。互联网与现实社会的场域和传统大众媒体的场域都有诸多不同,因此公共性的表现也自然有所差别,而本研究无论从理论发展还是从实践运用上来看,都需持一种与其他研究不同的视角,才能真正窥探其中的意义。

（一）科技与社会的视角

在科技支撑下的互联网发展已经成为信息社会最显著的特征,从狭义角

---

① 钟宜杰、吕昕懿、黄芷柔、高于琁、简怡君:《部落格使用者的自我认同行为:以无名小站为例》,《图文传播艺术学报》,2009,第 113~120 页。
② 黄启龙:《网路上的公共领域实践:以弱势社群网站为例》,《资讯社会研究》(3),2002 年 7 月。
③ 管中祥:《公共电视的新媒体服务:PeoPo 公民新闻的传播权实践》,《广播与电视》第 29 期,2008 年 12 月,第 85 页。

度看，它正逐渐改变人们的日常生活方式和思维逻辑；从广义角度看，它正深刻改变全球的政治经济格局，现实存在的科技已非现代性的幻象，相反的，它们凝结成现实组织本身的模式，并同时产生包括主体性的物质连接。[①] 科技的创新素来都与社会的发展紧密联系，并在二者的相互作用和影响之中前行。在这个信息化社会，我们开始考虑科技到底会带给我们什么，带给我们多少，我们将如何走，将走向何方。

麦克卢汉被认为是西方全面研究传播技术的最早的学者之一，他对媒介的性质和作用做了深入而全面的分析，认为电子媒介打破了旧的时空概念，世界缩小成了一个"地球村"，电子媒介使人们重新体验不同文化中村庄式的接触交往，使人类社会又重新回归部落文化。他的著名的"媒介是人体的延伸"的观点指出电子技术延伸了人的神经系统，使之属于全球，并废弃了我们这个地球所能想象的一切时间与空间。而当延伸的中枢神经系统被转换成电磁技术之后，再把意识转移至大脑世界就只有一步之遥了。[②] 同是传播技术论者的伊尼斯虽未关注电子媒介，但他指出，媒介传播技术会影响知识的传播，对传播媒介的长时间使用最终将难以保存创造出来的文明的活力和灵活性。虽然麦克卢汉和伊尼斯在他们那个时代无法感受互联网以及信息社会的高速发展，但网络社会的崛起有力地验证了他们当年观点的高屋建瓴。互联网成为一种新型的社会环境，在这里，如梅洛维茨（又译梅罗维茨）所言，再以传统的年龄、性别、宗教、阶层和教育对受众进行归类将不会有任何意义，每个人都能轻而易举地获得资源，电子信息的资源呈现的是一种共享状态。[③] 新科技与现实社会充满着千丝万缕的联系，并交织在人们的社会实践之中。人们通过新媒介技术使彼此因某人或者某事而发生某种联系，无论虚拟世界的信息传播与客观现实关系如何，在很多人看来，这就是社会现实。

关于新科技对社会的影响，有学者乐观，有学者悲观。1957 年人造卫星进入宇宙，对于很多人来说是件欢欣鼓舞的事情，因为这意味着人类向宇宙挑战的又一次胜利，但是这却让政治思想家汉娜·阿伦特担忧，因为技术对

---

① Gilles Deleuze and Felix Guattari, *A Thousand Plateaus*: *Capitalism and Schzophrenia*, Minneapolis: University of Minnesota Press, 1987, p. 1188.

② 〔加〕埃里克·麦克卢汉、弗兰克·秦格龙编《麦克卢汉精粹》，何道宽译，南京大学出版社，2000，第 445 页。

③ 〔美〕约书亚·梅罗维茨：《消失的地域：电子媒介对社会行为的影响》，肖志军译，清华大学出版社，2002，第 75 页。

人类的未来无法起决定作用，决定权向来掌握在权力控制者手里。查尔斯·埃德温·贝克也曾在《媒体、市场与民主》中指出，虽然互联网可以增加或者创造知识、理念、价值或者热情，但不能将它们等同起来，互联网只是工具，其效果如何终究需要依赖人类的使用。① 因此有些学者坚持认为虽然科技在使用中可能会对社会政治、经济、文化等各方面产生影响，但只需要重构技术变化的社会背景就可以解释为什么社会是重要的。② 技术创新的目的是促进社会变迁，因此技术是否发展，向什么方向发展，发展程度如何，都是由社会来决定的。

在对互联网的公共性进行研究时，应从将传播技术论与社会决定论相结合的视角展开分析，因为互联网具有技术的天生政治性。③ 虽然它作为工具不包含价值观念，但结合某种特殊的社会情境将产生丰富的价值因素，这种价值因素是现实社会的延伸，可能部分或全部地代表现实本身，而互联网公共性的实践则是在网络与现实社会的互动中逐步产生、发展和成熟的。

（二）实践与反思的视角

对实践的研究过程无法脱离具体情境，不然无法正确反映事物的本来面目。这里所说的情境可以从时间和空间两个方面考虑：在时间维度的分析上，要结合事物发展的历史沿革展开分析，探究事物形成现在这一性状之渊源。在空间维度的分析上，要结合事物发展的社会环境及时代背景理解事物的具体特征与普遍性之间的关系。只有通过这两种方式，才能实现研究结果的相对科学性。

表现在实际操作中，对时间与空间实践的研究必须排除理论预设和材料预设的危险。这种危险包括两个方面，其一是理论预设方面，将以往学者的研究结果或者理论当作常识来应用，而忽视了实践发生的特殊情境与前人研究时情境的差异。其二是材料预设方面，用调查研究所获得的官方材料或者第二手材料来分析解释某一现象或事实，往往排除了该材料发生的社会背景，因而所得出的结论或歪曲事实本身意义，或无法揭示问题本质。布尔迪厄

---

① 〔美〕查尔斯·埃德温·贝克：《媒体、市场与民主》，冯建三译，上海世纪出版集团，2008，第354页。

② 〔英〕安德鲁·查德威克：《互联网政治学：国家、公民与新传播技术》，任孟山译，华夏出版社，2010，第23页。

③ 〔英〕安德鲁·查德威克：《互联网政治学：国家、公民与新传播技术》，任孟山译，华夏出版社，2010，第26页。

（又译布迪厄）在谈到某些方法学家的研究方法时也曾谈到这个问题，认为如果忽视了那些"当地生活"的有关行动者所处的直接语境的材料，以及那些能使他们将这一情境放在社会结构中考察的材料，没有考虑实际条件，就无法反映具体现象。① 因此在对互联网的公共性实践的研究中应以一种谨慎的态度去"深描"互联网中的实践活动，既不能盲目迷恋以往学者的研究理论，需要排除理论上先入为主的影响，而只是将前人成果当作研究基础或参考，同时也不能忽视符合具体情境的第一手资料的重要性；既要融入互联网具体场域之中去做类似田野调查的研究，又要用一种客观的视角去分析互联网中实践主体的活动。

以一种科学严谨的态度进行学术研究，在研究实践之余必须同时具备反思意识。提出"反思社会学概念"的布尔迪厄将反思分为三个方面：其一，反思的基本对象是植根于分析工具和分析操作中的社会无意识和学术的无意识；其二，反思的性质是一项集体事业，而非单独一人所能承担；其三，反思的目的不是破坏社会学的认识论保障，而是为了巩固它。② 在对互联网的公共性进行研究时，我们必须持反思态度，需要思考以下问题：对互联网的公共性研究过程是否受到了一些社会现象的刻板印象的影响，是否受到了某些学术理论的潜在威权的影响，而导致在分析问题时产生了偏差？在研究过程中应如何克服这种危险？而自己在避免学术研究的这种倾向时应承担什么责任？反思既能促进对实践的更为科学、客观、公正的分析，也能促使学术研究的纯洁可信，因此实践和反思相辅相成，缺一不可，是互联网问题研究中不可缺少的一个视角。

（三）本研究的意义

本研究综合以往学者公共性理论的观点，将互联网看成一个多元公共空间，并对互联网的公共性内涵做出了界定，结合中国的具体实际，从公共广场、网络公众、表达沟通、公共利益四要素着手进行研究。同时本研究分析了互联网公共性面临的结构转型和功能转化，分析了网络公众的自主性实践如何影响互联网中各资本的权力变化，如何保障公共性。本研究既有理论指导意义，又有现实借鉴意义；既有对互联网公共性理论的探索和创新，又能

---

① 〔法〕皮埃尔·布迪厄、〔美〕华康德：《实践与反思：反思社会学导引》，李猛、李康译，中央编译出版社，2004，第343~345页。

② 〔法〕皮埃尔·布迪厄、〔美〕华康德：《实践与反思：反思社会学导引》，李猛、李康译，中央编译出版社，2004，第39页。

为网络公众的公共性实践活动提供参考。

二　研究方法

本文从互联网公共性的历史发展轨迹出发，并把它纳入时代发展和科技进步的广阔空间中，以动态的、历史的和比较研究的眼光来分析，能较清楚地认清互联网公共性的产生原因、意涵及内部实践机制。对这些问题的社会学解释有利于公众认清公共性的当代现实和变化方向，并促使其以此为指导，理性地开展一系列实践活动。

本文主要采用以下研究方法。

1. 文献分析法。本文分析与互联网公共性相关的文献资料和新闻报道，内容涵盖政治学、哲学、传播学、社会学和心理学等诸方面，对文献进行分析阐释，作为主题研究的综述。

2. 案例分析法。以近几年来颇受关注的互联网热点事件作为个案进行分析，通过对典型案例的研究，总结出互联网公共性发展的过程和基本特征。

3. 内容分析法。本文对互联网上某一具有公共性的具体公共广场进行内容分析，探究互联网公众表达沟通的特点。

4. 比较研究法。通过对几个典型案例的比较分析，探究互联网的公共性与传统大众媒体、现实社会公共性的异同，找到互联网公共性的优势和特点。

5. 问卷调查法。采用问卷调查的方法，考察网络公众互联网实践的现状与特征。

第四节　基本框架

第一章讨论研究的缘起和意义，对研究现状进行综述，展示研究方法和基本框架。

第二章是公共性理论溯源。本章对不同学者的公共性研究成果进行综述，主要从阿伦特的古典公共性理论、哈贝马斯的资产阶级公共性理论、泰勒的多元公共性理论、弗雷泽的次反公共性理论来展现不同历史时期公共性的特点。

第三章讨论互联网公共性的背景及意涵。媒介科技不仅影响人类的生存和发展，而且改变了现存的媒介生态，并影响了民主进程和社会变迁。本章将探讨互联网公共性的科技背景和媒介生态，同时提出互联网公共性的意涵。

第四章讨论互联网的公共广场形态。本章探讨互联网公共广场的基本形态。互联网作为公共广场具有空间特性，它既是科技空间和信息空间，又是社会想象空间，同时还是内心空间和表达空间。互联网同时打破了以国家和民族为概念的区域限制，形成了跨国界、跨地区的传播特性。

第五章分析互联网的公众。结合互联网上的网民结构分析互联网的大众特征，区分互联网的大众和公众的差异。互联网上公众的现状如何？能在多大程度上体现公众特征？本章通过问卷调查法探知互联网公众的现状及特征。

第六章探讨互联网公众的表达沟通。本章分析了互联网公众的表达沟通模式，并以强国论坛为例，分析互联网公众表达与沟通的现状及特征。

第七章阐述互联网的公共利益。现实社会中公共利益的界定尚属模糊概念，本章试图从网络公共利益的界定主体和受益对象两个网络公共利益的基本要素来对网络公共利益进行界定，通过对网络公共议题的类别、舆论传播过程和发展特点的分析阐述网络公共利益是如何生成的。同时对互联网的民主发展，尤其是协商民主的特点有所关注。

第八章分析互联网公共性的转型与实践。本章提出互联网公共性随时面临结构转型和功能转化的危险，网络公众并非消极被动的，他们能采取游击战、偷袭、诡计和花招等各种战术来维护公共性，这种实践被称为弱者的反抗。同时网络公众会通过虚拟资本的转化试图在互联网场域中赢得较优的权力位置，以保持或改变互联网的结构，从而维护互联网的公共性。

第九章是结论，探讨理想型互联网公共性的实现条件，并阐述本研究存在的不足。

第二章　公共性理论溯源

第一节　阿伦特和古典公共性理论

阿伦特被认为是最早对公共领域进行详述的哲学家和思想家之一。她终其一生研究的任务就是从哲学上阐释政治现象的公共性本质。[①] 阿伦特对公共性问题的深究与当时的时代背景、她的个人经历以及学术历程密不可分。在阿伦特生活的摩登时代，科技的进步让她恐慌。原子弹爆炸、人造卫星进入宇宙，这些事件的发生预示着科技的发展正呈叠加状态，以一种超乎人类想象的速度突飞猛进。科学家的发明和创造让人们的那些不敢想象的梦想成为现实，当科技受到人们欣喜的欢迎时，阿伦特还是忍不住强调其"带有令人不安的军事性和政治性"。因为她认为使用新的科技知识已不是职业科学家或者职业政客所能决定的问题，而首先是个"政治问题"。科学的伟大胜利让她产生危机，她担心科学世界观中所谓的"真理"只是由一堆数字符号作为"语言"进行表达的真理，致使人们无法对其进行思考和谈论：当人们失去思想时，那么就很可能成为机器和科技的奴隶，成为任凭小玩意摆布的毫无思想的生物。[②] 当人们失去用以谈论的"语言"之后，一个没有磋商能力的人，将面对的是一个"讲话失去了其力量和意义的世界"，那么真理就显得微小而毫无意义。

阿伦特被称为"20 世纪不平凡的女性"。从她的个人经历，我们可以看出，阿伦特的政治思想处于 20 世纪思想的十字路口，在这里，20 世纪错综复杂的思想意识相互交叉和碰撞。可以说，这就是阿伦特政治思想的主要特

[①]　陈闻桐主编《近现代西方政治哲学引论》，安徽大学出版社，2004，第 320 页。

[②]　〔美〕汉娜·阿伦特：《人的条件》，竺乾威等译，上海人民出版社，1999，序言，第 3 页。

征。① 阿伦特于 20 世纪初出生于德国，亲眼看见了魏玛政府民主代议制的崩溃，身为犹太人的她在第二次世界大战期间，为逃避纳粹的迫害亡命法国和美国，直到 1951 年获得美国的公民权，同时她也目睹了斯大林主义的终结。而在 20 世纪中后期美国的繁荣及秩序的背后，阿伦特看到了大众消费、极权主义以及虚假政治，在这个她原本希望能找回政治梦想的国度，她对政治秩序的重建产生了悲观的情绪，呼唤公共领域的复兴。

阿伦特在 20 世纪 20 年代分别在马堡、弗莱堡和海德堡学习哲学和神学，她受到亚里士多德、康德、马克思、胡塞尔的影响，并且师承海德格尔和雅斯贝尔斯，存在主义和现象学成为她的主要理论来源。她终其一生的政治研究，其核心内容就是公共领域和公共性。1951 年出版的《极权主义的起源》让她名声大噪，受到学术界和思想界的认同，此后《人的条件》《过去与未来之间》《关于革命》《耶路撒冷的艾希曼》等一系列论著都围绕公共领域展开。

对于公共领域的阐释，阿伦特先从古雅典城邦生活出发，发掘实践和言行在城邦政治生活中的重要性，并且提出人的三种最基本的活动——劳动、工作和行动的相互关系，即著名的社会三分理论。据此分析公共领域的意涵，同时将公共领域与私人领域、社会领域进行区分和解释。

一　社会三分理论

阿伦特认为，行动对实现公共性至关重要。虽然在苏格拉底之后沉思作为人类的天赋才能，成为传统时代的形而上学政治思维的核心，哲学家选择这种方式在政治中生存，为追求永恒不死，甚至对人有躯体这一状况异常愤恨。然而阿伦特认为，与静寂和沉思相比，行动和实践才是自由存在的方式。

在阿伦特看来，人最基本的活动包括劳动、工作和行动三类，它们分别与拥有生命的世人的三种基本条件对应。劳动控制着人的生命历程，类似于人的生理过程，比如生老病死、新陈代谢等；工作并非自然的活动，工作环境也是和自然界相对的，是"人造"的环境，人们总是需要工作的，并且能在工作中对生命进行超越和突破；而行动是唯一不需要借助任何中介所进行的人的活动。② 如果说劳动是人的生命本身，带有自然性的特征，工作带有现

---

① 〔日〕川崎修：《阿伦特——公共性的复权》，斯日译，河北教育出版社，2002，绪论，第 6 页。
② 〔美〕汉娜·阿伦特：《人的条件》，竺乾威等译，上海人民出版社，1999，第 2 页。

世性的特征，那么行动就带有群体性的特征，而群体性是政治生命的充要条件，因此行动带有很强的政治性特征。

劳动、工作和行动三者的关系在于，劳动和工作都是属于私人领域的内容，它们要么是人作为自然人生存的需要，要么是人作为社会人生存的需要，其结果都是以物质实体的方式体现出来的，并且当一个人进行劳动或者工作时，他是能够预知过程和结果的。相对来说，行动既无法预计其结果如何，也无法预见行动者是谁，而且行动过程具有不可逆性。行动更注重精神方面的需求，因此具有更高的价值。阿伦特认为，政治领域直接产生于公共的行动，即"言行的共享"。这样，行动就不仅与我们共同生活的这个世界的公共部分紧密相关，而且还建构了公共领域。① 而人的活动构成了西方政治传统上的"vita activa"一词，阿伦特从历史源头分析，指出"vita activa"的最初意思是投身于公共政治事务的生命，由此可见行动是实现公共性的重要环节。

二 公共领域和私人领域

从《极权主义的起源》和《人的条件》两本书中看出，对公共领域思想的探究是贯穿阿伦特一生的理论追求。在《极权主义的起源》中，她指出，极权主义破坏了私人生活，使人们成为与生活世界疏离的孤独的群众，他们不顾公共事务，隔绝了他人的同时也隔绝了使生活有意义的共同世界。② 这里所指的有意义的共同世界就是公共领域，一旦公共领域丧失了，那么人就丧失了现实感和精神意志。在《人的条件》中，阿伦特把现实世界划分为公共领域和私人领域。她认为只有人无所欲求时才能进入公共领域，否则他将只能停留在私人领域（主要指从事家庭生活或者家庭事务的场所）。因为当一个人还在为财产或者个人欲望和需求而忙碌执着时，他是不会有精力去关心公共生活的。

阿伦特从古典世界汲取灵感，她对城邦生活情有独钟，她以古希腊的政治经验为依据，认为公共领域和私人领域的对立最早出现在古希腊的城邦生活中。而亚里士多德的《政治学》对希腊城邦生活的描述为阿伦特提供了范例借鉴。他认为人类是趋向城邦的动物，因此也是政治的动物，没有谁会不

---

① 〔美〕汉娜·阿伦特：《人的条件》，竺乾威等译，上海人民出版社，1999，第198页。

② 〔美〕汉娜·颚兰：《极权主义的起源》，林骧华译，台北时报文化出版企业有限公司，1995，第 xiii 页。

归属于某个城邦，除非他要么是野兽，要么是神。城邦先于个人和家庭存在，每个孤立的个人或家庭都无法自给自足，必须共同集合于城邦。① "人类生来就有合群的性情，所以能不期而共趋于这样高级（政治）的组合，然而最先设想和缔造这类团体的人们正应该受到后世的敬仰，把他们的功德看作人家莫大的恩惠"，他认为城邦以正义为原则，正义是树立社会秩序的基础。②

阿伦特指出，城邦国家使人们能够分清楚哪些是自己的东西，哪些是公用的东西，借此可以区分私人生活和公共生活。她认为，城邦生活作为一种政治组织形式，不试图将人维持在一个固定有序的活动范式内，而给予人相对的选择自由。③ 城邦属于自由的领域，也可以称为公共领域，与之相对的即是家庭，也可以称之为私人领域。而家庭和城邦之间的关系在于，拥有家庭生活的必需品是城邦自由的前提。④ 也就是说，人类如果是为了维持生命而劳动，或者是为了谋生而工作的话，是无法进入城邦政治生活之中的。在城邦政治之中，城邦的一切重大事务，都由公民开公民大会决定，只要是自由人都可以平等地参与会议，参与国家的管理。城邦是一个公共空间的概念，包括公共建筑，如神庙、市政广场、议政厅等。比如市政广场就是公共信息流通的场所，人们在这里可以得知宗教祭祀、军事战争以及法律制定等情况，并且能自由平等地对其进行议论和辩论。参与政治共同体的共同讨论和共同行动，这种公共生活是公民的基本权利。由此可以看出，竞争性的公共领域代表一个具有高尚道德和崇高政治的英雄主义的领域。在这个竞争性的空间中，人们竞争的主要目的，就是希望自己能被他人承认和称赞，并且获得优先地位。与城邦生活相对应的是家庭生活，虽然城邦的组成包括家庭或者"家务管理"，然而其中的女性、奴隶、儿童、劳动者、没有公民权的居民和所有非希腊人都被排除在公共领域之外。

公共领域除了如上所述是个竞争性空间外，也是一个合作性空间，它是一个自由领域，在那里找不到极权主义或者制度化的影子。在阿伦特看来，在市政厅或者市民广场人们如果不能一致行动，那么这就不是公共领域。但是比如说如果为了阻止高速公路和军事飞机场的建立而进行示威运动，一块

---

① 〔古希腊〕亚里士多德：《政治学》，吴寿彭译，商务印书馆，1965，第8~9页。
② 〔古希腊〕亚里士多德：《政治学》，吴寿彭译，商务印书馆，1965，第9页。
③ 〔美〕汉娜·阿伦特：《人的条件》，竺乾威等译，上海人民出版社，1999，第6页。
④ 〔美〕汉娜·阿伦特：《人的条件》，竺乾威等译，上海人民出版社，1999，第24页。

田地或者一个森林成为一致行动的对象或者地点，这也能成为公共领域。① 权力通过公共话语产生并保存下来，演讲和说服是较为常见的方式，它"永远是一种潜在的存在，不像暴力或力量，它们是一种固定的、可度量的、可靠的存在"，② 暴力则是权力的反面。人们在公共生活中一致行动，将公共关注的主题列入辩论的议程，公共性通过劝说的方式来实现，而在私人领域则由暴力和命令取而代之。

三 古典公共领域的公共性特征

在阿伦特看来，政治行动和公共性基本是可以画上等号的，公共性就是政治性，政治性的核心就是公共性。公共领域的作用就在于通过"现象空间"使人们参与到公共事务的讨论中，行动和言语是主要的展示方式，在那里讨论的是什么事更好、什么事更坏、他们是谁、他们在做什么等问题。③ 阿伦特提出的公共性，主要有以下五个特点。

（一）自由和平等

阿伦特在《什么是自由?》中提到："政治存在的理由是自由，它的经验领域是行动……。人是自由的——有别于他们对自由天赋的拥有——只要他们适逢其时地行动；因为自由就是行动。"④ 由此我们可以看出，阿伦特认为的行动是自由的一个重要表现，行动是一个自由人的一大特性。希腊人把自由当作一种幸福的前提，因为自由意味着不受生活必需品的困扰；自由只存在于公共领域，其前提是生活必需品得到保证，因此自由是脱离于私人领域和家庭领域的。阿伦特把自由和平等联系起来，认为平等是自由的实质。⑤ 因为在家庭生活中存在着不平等，它包括主奴关系、配偶关系和亲嗣关系，所以家庭生活必然走不出私人领域的界限，这也就意味着它不具备公共生活的平等和自由的基础。而只有走出这个"家"进入公共领域，与其他人平等地

---

① Seyla Benhabib, Models of Public Space: Hannah Arendt, the Liberal Tradition, and Jurgen Habermas, *Habermas and the Public Sphere*, Edited by Craig Calhoun, Cambridge, Massachusetts and London, England: The MIT Press, 1992, p. 78.

② 〔美〕汉娜·阿伦特：《人的条件》，竺乾威等译，上海人民出版社，1999，第200页。

③ H. Arendt. *Men in Dark Times*, New York: Harcourt Brace Jovanovich, 1955, p. 8.

④ 〔加〕菲利普·汉森：《历史、政治与公民权：阿伦特传》，刘佳林译，江苏人民出版社，2004，导言，第60–61页。

⑤ 〔美〕汉娜·阿伦特：《人的条件》，竺乾威等译，上海人民出版社，1999，第25页。

交谈和辩论,他才是一个自由和平等的人。因此阿伦特所说的平等,除了指经济和社会地位的平等外,还指的是公民政治身份的平等。

(二) 多样和差异

阿伦特认为,多样性和差异性是人的基本特性,在公共领域中,两者可以通过言语表现出来,因为不同个性的人的思想和言语一定有所区别,人们只能在与他人的关系中,体现自己的特别之处,而这也是公共领域之所以有价值的一个原因。人作为孤立的个体而存在,是无法形成公共性的,必须重视与他人的交流和沟通,因为人本身就是群体性的人,只有在社会中,在与他人的交往之中,才能最终实现其价值。在公共领域中,人们的活动特征就像一张桌子周围坐着人群一样,既相互联系,又彼此隔开。这意味着人除具有"复数性"的特点外,不同的人有不同的思想和行为,并且在与别人交流和沟通时体现出自己的观点。而在进行这种差异的个性展示的时候,必须有他人在场,才能体现其价值。因此多样性必须在公共场合中才能体现出来,而非孤芳自赏的自我评论,即在人的纯粹的群体性中体现出来,① 差异性亦是如此,在展现时必须依赖主动性和群体性。

(三) 语言和行动

阿伦特引用亚里士多德的名言"人是天生的政治动物"和"人是能说会道的动物",指出在城邦生活中,行动和语言的出现是行为具有政治性的两大重要原因。她认为只有与他人进行沟通,在群体中进行交流,才能使生命变得有意义。"讲话之外或许存在着真理,这些真理或许与单数的人(即不管他是什么,他至今还不是一个作为政治存在的人)极为相关。复数的人,即至今在这一世界中生活、迁徙和行动的人的经历之所以有意义,这只是因为他们能相互交谈,并使彼此和他们自己有意义。"② 语言交谈是保证公共性的基本行动方式,也是人与人之间差异的体现。

阿伦特以制作者和技艺者的区别来阐明行动的重要性。作为制作者的人,他只是在劳动或者在工作,整个过程可孤立于整个社会,而作为技艺者的人,他的行动必须诉求于他者的存在,因为这是他的卓越才能的演示,是一种自我的彰显。前者不需言语表达,后者必须在与他者的沟通中才能实现。所以,公共领域实际上是一个人际交往的网络,语言和行动是这个空间中最主要的

① 〔美〕汉娜·阿伦特:《人的条件》,竺乾威等译,上海人民出版社,1999,第182页。
② 〔美〕汉娜·阿伦特:《人的条件》,竺乾威等译,上海人民出版社,1999,第4页。

动作。此外，在阿伦特看来，革命行动有利于建立一个生机勃勃的公共领域，因为革命使人们通过言语和行动开始新世界，是人们重新开始能力的表现。[①]

（四）永恒

阿伦特认为，超凡脱俗才能形成公共领域，渴望物质世界的享受和消费只能将人囚禁于私人领域。在公共领域中，人们所求并非个人事务，而是对与全人类、全世界相关的公共事务的过去、现在或者未来的关注，正因如此，人们的公共生活才不会和世俗的凡人凡事一样随风而去，它将在永恒王国不朽。阿伦特在《人的条件》中写道：只有"公共领域的公共性，才能在绵绵几百年的时间里，将人类想从时间的自然流逝中保全的任何东西都融入其中，并使其熠熠生辉"。[②] 公共性超越了凡人自身的生命大限而寻求永恒的主题，因此它并非一代人的公共空间，而是若干代人能在其中不懈行动的领域。

（五）意见取代真理

公共领域所提供的不是真理，而是各种不同意见的碰撞，只有在意见的交流中，人们才能更加接近真理。在《哲学与政治》中，阿伦特指出辩论对公共性的作用，她以苏格拉底的辩证法为例，认为他能通过辩证法深入而充分地探讨事务，将哲学真相告知公民，使每个公民拥有真理，使整个城邦接近真理，因此他扮演的是"牛虻"的角色而非城邦的统治者。辩论不是消除意见或观点，而是让意见呈现真理性的意义。[③] 阿伦特认为公共领域是意见的聚集地，公民差异导致意见参差不齐，他们可以就某事进行探讨、深究，意见均能平等而自由地在公共领域中传播。而意见的融合过程，能促使人们逐渐认识、寻找真理的方向。因此公共领域并不是一开始就能产生真理的地方，在这里我们看到的是最终有可能接近真理的各种意见的集合。

四　公共领域的衰退

阿伦特指出，随着家庭和政治统治方式的变化，公共领域和私人领域之间出现了社会领域。阿伦特发现，有"一个不可抗拒的趋势在发展"，一个特征明显的第三个领域"正在吞没较为古老的政治领域和私人领域"，而这种趋

---

① 〔加〕菲利普·汉森：《历史、政治与公民权：阿伦特传》，刘佳林译，江苏人民出版社，2004，导言，第16页。

② 〔美〕汉娜·阿伦特：《人的条件》，竺乾威等译，上海人民出版社，1999，第42页。

③ 〔美〕汉娜·阿伦特：《哲学与政治》，载贺照田编《西方现代性的曲折与展开》（第六辑），吉林人民出版社，2003，第346~347页。

势的形成则是因为"生活过程本身通过社会以这种或那种形式被引入了公共领域",① 而这第三个领域就是社会领域。社会领域的形成意味着公共和私人领域相互渗透,这两个领域之间稳定的界限消失,最后促使一拟似自然势力之运动过程的结构体吞噬了公共(或政治)和私人领域。② 在社会中,具有群体聚居特性的人们进行交往或者相互依赖,其最主要的目的是维持生计或者获得生活必需品,这些本来属于劳动和工作的活动范畴(劳动和社会的差异逐渐消失),与崇尚物质超脱性和生命超凡性的公共领域无关。劳动的组织化和劳动过程的机械化促进了劳动生产率的提高,而这些劳动分工发生在公共领域而非私人领域,这使劳动丧失了它的应有之义。同时,在社会分工影响下人们的活动趋于机械化和标准化,失去了个性和差异,而这些本是公共领域应有的特性被归为私人领域的特性。很显然,社会领域模糊了家庭生活和政治生活的界限,私人领域和公共领域的事务常常被混为一谈,因此公共领域的内容被改变,人们在其中的语言和行动的特点发生了变化,其结果是私人领域的消失以及公共领域的衰弱,公共性被侵蚀。在阿伦特看来,消费社会已经成功地将所有人类活动提升到保障生活必需品并充盈物资的水平,这是一种动物化的劳动,一旦这种动物化的劳动进入公共领域,那么就无公共性可言,这些只是"公开的私人活动"而已。而这种物质与生命的转瞬即逝,最终是无法实现永恒和不朽的。

为复兴公共领域,阿伦特认为,只有保持政治与经济之间的张力,才能确保公共生活领域的政治公共性不被以消费主义为代表的世俗的经济市场所侵蚀;③ 同样,还要彰显卓越美德和高尚品质,才能保证公共领域的公共性,而勇气是卓越的政治品质,那些有勇气走出世俗生活,有勇气批判以消费为主要特征的"市民社会"的人,将有望带领人类进入一个纯正的公共领域。

五 评价

阿伦特的公共领域遭到了不同学者的批判,有的学者认为她对公私领域的区分具有明显的父权制思想,因为她认为妇女和奴隶处于私人领域中从事

---

① 〔美〕汉娜·阿伦特:《人的条件》,竺乾威等译,上海人民出版社,1999,第34~35页。
② 蔡英文:《政治实践与公共空间——阿伦特的政治思想》,新星出版社,2006,第130页。
③ 涂文娟:《政治及其公共性:阿伦特政治伦理研究》,中国社会科学出版社,2009,序言,第7页。

繁衍后代和家庭劳动的工作，认为只有男性公民才是可以进入公共领域的行动者。[①] 希尔顿·沃伦（S. Wolin）认为，阿伦特没有考虑到以下问题：①社会等级中的权力问题；②正义问题；③国家（作为统治机构的国家，有别于 republic，polis 和 commonwealth）的问题。[②] 沃伦和哈贝马斯都指出，阿伦特没有太多关注对政治权力的争夺和维护，她理解的政治斗争是较为狭隘的，她也没有将经济和文化斗争纳入政治问题之中，而这些恰恰是政治斗争的直接焦点。[③] 也有人认为她的论述像是出于一种"现象学的直觉"，[④] 缺乏政治理论的系统性和严密性，在现实中也缺乏可操作性，导致"左翼怀疑她是保守主义者，而右翼又认为她太左"。[⑤] 阿伦特将古希腊直接民主的城邦生活当作理想中的公共领域，而事实上这在现代社会的实践中难以实现。同时她将劳动和工作归为私人领域，忽视了这些活动的相互关系，事实上它们是以权力关系为基础的，可以成为公共争论的事务。

但阿伦特对公私关系进行批判，提出恢复古典公共领域的建议，对公共性的语言性和自由交往特征进行分析，均体现出发展公共性的积极自由的思想，[⑥] 这种现象学研究的视角，均为哈贝马斯的资产阶级公共领域的论述提供了理论启迪和思想借鉴。

第二节　哈贝马斯和资产阶级公共性理论

哈贝马斯从历史的角度对资产阶级公共领域的结构、功能、结构转型以及国家和福利社会等问题进行了研究。他认为，凡是对公众开放的场合都可以称为"公共的"，公共领域的主体是作为公众舆论中坚力量的公众，在其中公共性发挥的主要功能是评判功能。他将研究重点放在资产阶级公共领域，并认为随着社会和经济的发展资产阶级公共领域面临结构转型，公共领域和私人领域的界限模糊，公共性逐渐消减。

---

① Mary O'Brien, *The Politics of Reproduction*, Lodon: Routledge and KeganPaul, 1981, pp. 105 – 120.

② 希尔顿·沃伦：《民主与政治》，《大杂烩》1983 年第 60 期。

③ 〔日〕川崎修：《阿伦特——公共性的复权》，斯日译，河北教育出版社，2002，第 311 页。

④ Dermot Moran, *Introduction to Phenomenology*, London & New York: Routledge, 2000, p. 318.

⑤ Dermot Moran, *Introduction to Phenomenology*, London & New York: Routledge, 2000, p. 298.

⑥ 张云龙、陈合营：《从生活世界到公共领域：现象学的政治哲学转向》，《人文杂志》2008 年第 6 期。

一　三种公共领域

根据历史发展，哈贝马斯将公共领域分为古典公共领域、代表型公共领域和资产阶级公共领域。古典公共领域指的是古希腊的城邦政治，建立在对话和实践基础之上，是被视为自由王国和永恒世界的场所，公民在其中平等交往，发挥个性，相互辩论，畅谈公共事务，而那些穷人和奴隶则被限制在以家庭为主体的私人领域之中。

代表型公共领域是封建社会的产物，归根结底相当于封建领主的宫廷，因此它是一种地位的象征。在封建社会，没有与公共领域相对的私人领域，因为所谓的"私有"，其实就是归封建领主所有，与"公有"确实没有什么区别，因此特殊性和豁免权才是封建领主所有制的核心，也是公共性的核心。① 而王公贵族代表的是其所有权，而非百姓。直到 18 世纪末封建势力消退，宗教改革运动之后，封建社会才出现以宗教为代表的私人领域，公共财产和封建君王的财产分化促使作为私人的市民社会和国家对立起来，才出现了公共领域和私人领域的对立。

资产阶级公共领域是哈贝马斯着墨最多的部分，他认为，资产阶级的公共领域产生于自由资本主义时期，随着现代国家的产生和商业贸易的发展，现代意义上的公共领域开始形成，也被称为公共权力领域。"公共权力表现为常设的管理机构和常备的军队；商品交换和信息交流中的永恒关系（交易所和出版物）是一种具有连续性的国家行为。"这时的公共性与"用合法的垄断统治武装起来的国家机器的运转潜能有着联系"。② "市民社会"作为一个新的阶层产生了，其中包括法官、医生、牧师、教师、手工业者以及商人、银行家、出版商和制造商等，他们作为公众的中坚力量，通过阅读聚集在一起，对公共事务公开提出批评。

而在作为政治的公共领域出现之前，文学公共领域在宫廷贵族和知识分子中最为盛行，最早出现在 17 世纪末到 18 世纪巴黎或伦敦的咖啡馆、沙龙或者宴会中，后延伸至音乐会、展览馆、剧院等场所，遍布 19 世纪的欧洲及

---

① 〔德〕哈贝马斯：《公共领域的结构转型》，曹卫东、王晓珏、刘北城、宋伟杰译，学林出版社，2002，第 6~7 页。

② 〔德〕哈贝马斯：《公共领域的结构转型》，曹卫东、王晓珏、刘北城、宋伟杰译，学林出版社，2002，第 17 页。

美国。文学公共领域以文学批评为主要内容，宫廷王公贵族在其中愉快交谈并相互评论。最初这是由私人组织的活动，参加者是具有一定权威性的有地位的人或者有钱的人，主要内容是阅读、谈论文学、哲学和艺术等话题，作家或者艺术家想要让自己的作品出名必须先在这里接受"辩论"或"审查"。但是宫廷贵族并未因此而培养出阅读群体来，这种形式只不过一种与以往不同的消费形式，而那些参与的作者只不过是希望能寻求资助，直到18世纪初出版者作为作家的委托人在市场发行作品，阅读群体才真正出现。而政治公共领域由文学公共领域转化而来，内容转向对共同关注的政治使命和市民使命等问题的讨论，其主要目的是对国家和社会的需求进行调节。银行的产生、书报检查制度的废除以及议会内阁的建立促使政治公共领域成为国家机器的组成部分。

资产阶级私人领域与公共领域相对，指家庭、商品交换和社会劳动等领域。私人性是公共性的伴生物，主要特点表现在三个方面：其一，私人性作为道德和信仰意识的领域被理解。在西欧宗教文化、现代科学及哲学不断发展的情况下，我们的生活，包括个人自身的意识和世界观都被视为是具有约束力的道德存在的场所。其二，这是适合经济自由的私人权力的空间。随着商品化和现代性的发展，维持生计的家庭经济逐渐衰退，自然市场最终出现，与之平行的私人经济市场也出现了，在自然市场中的商品交换，不受政府干扰。其三，家庭生活中的性别和再生产领域，也是日常生活中经常接触的领域，在那里是不存在正义问题的。① 私人领域和公共领域在某种程度上是密切联系的，因为公共领域中的公众都是从私人领域吸收过来的。而私人进入公共领域的主要资格包括教育和财产，在哈贝马斯的概念中，妇女、学徒和仆人是被限定在私人领域之内的。

二　资产阶级公共领域的公共性特征

哈贝马斯在《公共领域》中对"公共领域"进行了界定："公共领域是介于国家与社会之间进行调节的一个领域，在这个领域中，作为公共意

---

① Seyla Benhabib, Models of Public Space: Hannah Arendt, the Liberal Tradition, and Jurgen Habermas, *Habermas and the Public Sphere*, Edited by Craig Calhoun, Cambridge, Massachusetts and London, England: The MIT Press, 1992, pp. 89 – 92.

见载体的公众形成了。"① 而公共媒体作为公共载体，对公共权力进行批判和监督。哈贝马斯所描述的"公共性"的概念表达了在自由和平等的人性中进行理性沟通的理想化状态。公共性被作为总体的理性建构起来，个体逐渐地参与公开讨论。在这种保护下，人们生活中的权力和统治被移除，人们自由地接受理性启蒙。② 哈贝马斯笔下的资产阶级公共领域具有以下几个特点。

（一）公开讨论

首先，公共领域是向所有公民开放的，所有公民都可以加入讨论的行列之中，公开自己的意见，其次公共领域是通过人们之间的对话形成的，其交流的内容为公共事务，不涉及个人的私利或者个人偏好，更不代表特殊集团或者组织的利益。公共意见产生于公众的理性讨论，这种讨论在批判公共权力时受到制度保护。③ 资产阶级公共领域的讨论具有批判性，因为参与的公民是私人的聚集，所以讨论的重点集中在与公共权力机关的对抗上，而讨论的手段不是暴力而是协商，公共意见的商谈是人们在公共领域中的主要活动。在公众争论中，以协商的形式形成公众意见，这种实践的经验起到举足轻重的作用。④ 塞勒·本哈彼博（Seyla Benhabib）认为，公共领域存在于一个实践性的话语中，无论何时何地，所有行动参与均受普遍的社会和政治参与标准影响，并且能评估他们的合法性。当代社会的民主被认为是在具有自主性的参与者的公共领域实践中发展和成长的。⑤ 民主的合法性不在于结果，而在于人们之间观点争论和交锋的话语过程，这才是民主意愿的形成过程，⑥ 只有这样，民主的合法性才能产生，而实现这一目标的场域就是公共领域。

---

① 〔德〕尤根·哈贝马斯：《公共领域（1964）》，汪晖译，载汪晖、陈燕谷主编《文化与公共性》，生活·读书·新知三联书店，2005，第 125 页。

② Keith Michael Baker, Defining the Public Sphere in Eighteenth-Century France: Variations on a Theme by Habermas, *Habermas and the Public Sphere*, Edited by Craig Calhoun, Cambridge, Massachusetts and London, England: The MIT Press, 1992, p. 183.

③ 〔德〕尤根·哈贝马斯：《公共领域（1964）》，汪晖译，载汪晖、陈燕谷主编《文化与公共性》，生活·读书·新知三联书店，2005，第 126 页。

④ 〔德〕哈贝马斯：《在事实与规范之间——关于法律和民主法治国家的商谈理论》，童世骏译，生活·读书·新知三联书店，2003，第 449 页。

⑤ Seyla Benhabib, Models of Public Space: Hannah Arendt, the Liberal Tradition, and Jurgen Habermas, *Habermas and the Public Sphere*, Edited by Craig Calhoun, Cambridge, Massachusetts and London, England: The MIT Press, 1992, p. 872.

⑥ 张翠：《论哈贝马斯公共领域的民主意蕴》，《学术论坛》2008 年第 1 期。

（二）自由平等

哈贝马斯认为，首先，公共性的主体必须是自由人，公共领域的公众必须是由自由的个体所组成的。这种自由既是指个体作为一个合法守法公民的存在（不违反法律），又指他作为一个独立个体的存在（一家之主），即奴隶，或者在家庭中依附男性的女性被排除在公共领域之外。其次，公共性的主体在公共领域中可以自由地对公共生活或者政治事务发表评论。而这种社会交往是一种平等的社会交往，不受社会地位因素的限制。这是对社会等级制度和社会权威的一种对抗，只要是公众进入了公共领域，那么"市场规律和国家法律就一道被搁置了起来"，[①] 公民具有平等的话语权，人们的发言不会受到经济财产多寡的限制，也不会受到在国家和社会中的等级地位和权力的影响。

（三）理性批判

哈贝马斯认为，公共性主要表现为评判功能，并认为这种评判应建立在理性立法基础之上。哈贝马斯引用康德的观点，认为公共性既是法律秩序原则，又是启蒙方法。一方面，法律应当是合理的或者是理性的，立法权应当归入公共领域之内，公众舆论应该成为立法的基本源泉，并使资产阶级国家法典成为合理的法律文献[②]；另一方面，只有理性的人才具有启蒙能力："必须永远有公开运用自己理性的自由，并且惟有它才能带来人类的启蒙；而理性的私下运用通常有着严格的限制，但并不会因此而对启蒙的进步产生特别的阻碍"。[③] 由此我们可以看出，公共领域其实是一个中介机构，在理性批判中，一方面必须遵循法律，另一方面又不能违背道德，公共性是政治和道德的中介。"在公共性中，所有人的经验目的都应当在知性上达到统一，法律应当从道德中产生出来……，理性法则和幸福要求是一致的：它本身必须成为公众舆论……，启蒙必须深入到公众的批判意识当中。[④]

---

① 〔德〕哈贝马斯：《公共领域的结构转型》，曹卫东、王晓珏、刘北城、宋伟杰译，学林出版社，2002，第41页。

② 李佃来：《公共领域与生活世界——哈贝马斯市民社会理论研究》，人民出版社，2006，第112页。

③ 〔德〕哈贝马斯：《公共领域的结构转型》，曹卫东、王晓珏、刘北城、宋伟杰译，学林出版社，2002，第123～124页。

④ 〔德〕哈贝马斯：《公共领域的结构转型》，曹卫东、王晓珏、刘北城、宋伟杰译，学林出版社，2002，第132～133页。

（四） 社会交往

哈贝马斯认为公共领域是一种交往网络，在那里，关于特定议题的内容、观点和意见经过特定方式的过滤和综合后，形成了公共意见或舆论。[①] 同时他又指出，"人类是通过其成员的社会协调行为而得以维持下来的，这种协调又必须通过交往，在核心领域中还必须通过一种目的在于达成共识的交往而建立起来"。[②] 以人的群体性特征为基础，哈贝马斯认为公共领域就是在交往过程中产生的社会空间，交往以符号作为主要的媒介，而其最主要的表现手段就是语言。交往行为指的是行为主体遵守主体间相互认可的规范，以相互理解为目的，诉诸没有任何强制性的公共协商，以达成共识和和谐的对话行为。[③] 协商主体本着共同目标进行交往和商谈，在理性和相互理解的基础上行动，这是实现公共性的重要前提。同时，社会交往需要合理化，只有在一定的社会规范基础上，交往主体之间遵循相互理解、诚信和坦白的原则，才能促进协商的达成和民主的实现。协商至少需要有两人进行社会交往，而当作为群体行动的公民达到一定规模时，则会借助大众媒介如报纸、期刊、广播和电视等，将其作为扩大社会交往范围的手段。

三 资产阶级公共领域的结构转型

进入垄断资本主义之后，随着商业化的发展和消费主义的形成，资产阶级公共领域在国家和社会一体化的社会背景下面临结构转型。公共性在这种情况下逐渐深入社会领域，"失去了让公开事实接受具有批判意识的公众监督的政治功能。……公共性慢慢形成了一个领域，并且还削弱私人领域；从这个意义上讲，公共性，即批判的公共性失去了其原则力量。"[④]

资产阶级公共领域的结构转型最先表现为公共领域和私人领域界限的模糊。资产阶级公共领域的基础是国家和社会的分离，但经济的发展和市场的扩张促进了社会中公共权力的产生，这种公共权力介入私人领域进行私人矛

---

① 〔德〕哈贝马斯：《在事实与规范之间——关于法律和民主法治国家的商谈理论》，童世骏译，生活·读书·新知三联书店，2003，第446页。

② 〔德〕哈贝马斯：《哈贝马斯精粹》，曹卫东选译，南京大学出版社，2005，第378页。

③ 黄显中、曾栋梁：《公共协商视阈中的公共治理运作机制研究》，《重庆工商大学学报》（社会科学版）2009年第3期。

④ 〔德〕哈贝马斯：《公共领域的结构转型》，曹卫东、王晓珏、刘北城、宋伟杰译，学林出版社，2002，第157页。

盾的调和，一些本来在私人领域就可以解决的私人利益冲突，在被公共权力无限放大之后，就成了公共问题。这种干预导致了国家和社会之间的界限模糊。不只公共权力会干涉私人领域，随着私人开始将私人事务列入公共事务，公共领域的内容也被逐渐社会化和私人化，资产阶级公共领域失去了其独有特性，政治功能发生转变，并导致了政治公共领域的"再封建化"。随着国家和社会的渗透，家庭领域和内心领域缩减至角落区域。在国家干预政策影响下，国家利益和社会利益趋同，社会福利国家的结构和功能也随社会需要发生了变化，国家接管了原先属于私人领域的行业，比如制定政策来扶持弱势群体，制定维护社会稳定的法规等。这些举措的结果是，私人领域成为再政治化的社会领域，这个领域既不能称为公共性质的领域，又不似之前的纯正的私人领域，在国家和社会机构融为一体的背景下，已成为一个杂糅公法和私法的新的领域。甚至私人领域的核心——内心领域也遭受了被边缘化的命运。企业财团的资本集中发展影响了社会分工和社会劳动组织，职业领域的膨胀导致了家庭领域的萎缩。职业领域的利益表现为私人福利，这意味着职业领域具有私人特性，其直接影响是家庭财产被个人财产所取代，失去了传统的养老、应急、抚养等功能（这些功能为福利国家的公共福利所取代）。"私人操纵的一系列功能为公共保障所代替；在社会福利国家的权利和义务范围内，最初失去的私人支配力量却导致了负担的减轻，因为这样就能使收入、生活补助与空闲时间的消费更为'私人化'。"① 家庭领域没有了家庭财产，没有了传统功能，社会福利国家直接跳过家庭与个人发生关系，因此内心领域成为一个毫无作用的无力的伪私人领域。与此同时，公共领域也私人化了，哈贝马斯举了城市房屋设计的例子试图说明，一方面封闭式的设计消失意味着内心领域的消解，另一方面人们为建立友善的邻里关系，用共同看电视来代替社交讨论，认为这才是与他人共事之道。而这么做的后果是"公众的批判意识成为再封建化过程的牺牲品"，② 当以讨论和辩论为主要形式的言语消失时，公共领域就没有存在的价值了。

　　作为公众舆论重要组成部分的大众传统媒介领域，本是体现公共性的一

① 〔德〕哈贝马斯：《公共领域的结构转型》，曹卫东、王晓珏、刘北城、宋伟杰译，学林出版社，2002，第183页。
② 〔德〕哈贝马斯：《公共领域的结构转型》，曹卫东、王晓珏、刘北城、宋伟杰译，学林出版社，2002，第185页。

个重要属性，但在政治因素和经济因素影响下，大众媒介放弃了公众服务的初衷，放大了宣传和商业的功能。哈贝马斯将公共领域看作与政府部门一起解决问题的"共振板"，当人们对某个问题讨论得多时，只要大众媒介放大问题，有利于让更多人，主要是政府部门关注，那么媒介公共舆论就不仅为解决问题提供了意见，而且在声势上能促进政府部门最终对这个问题予以解决。因此，以大众媒介为特征的公共领域又被称为具有"预警系统"的领域，并且是"带有一些非专用的、但具有全社会敏感性的传感器"。① 但是大众传媒却扮演了褫夺公共性原则的中立特征的角色。传媒过于重视收视率、收听率、发行量和广告问题，一味迎合那些文化教育程度比较低的受众的低级趣味和信息消费需求，信息娱乐化和休闲化成分越来越多，与政治有关的内容越来越少，从而打造了不问政治的公众。由此，面对公共事务，越来越多的公众没有办法发出评判和辩论的声音。这个本来是公众舆论中坚力量的平台，失去了公共领域的政治特征，甚至还将私人领域的内容带入其中，有了次内心领域的特征，比如个人隐私被公开化，大众媒介成为大家倾诉生活问题和减压的窗口等，消费文化影响下的消费者代替了具有理性和批判性的公众，政党和政府则在"宣传幻影"手段下对其进行舆论管理，影响选民（可以称他们为政治消费者，他们的消费习惯决定了他们非政治的消费态度）的投票决定，使自己的统治合法化。在这一过程中，文化消费者形成的只是那种认为自己最具批判意识，必须承担参与公众舆论责任的虚假意识。② 这样，公共领域本身理应具有的理性消失了，批判消失了，启蒙变成了控制，大众媒介的教育功能转化为政治操纵功能，"去政治化"导致了"再封建化"，国家和政治组织操纵公共性，剥夺了公众对公共事务的批判权利。

四 评价

哈贝马斯对资产阶级公共领域的探讨，是建立在特殊的历史情境之下的。他认为其具有历史特殊性，是一个"划时代意义的范畴"，不能与源自欧洲中世纪的市民社会的历史区隔开来，"也不能随意应用到具有相似形态的历史语

---

① 〔德〕哈贝马斯：《在事实与规范之间——关于法律和民主法治国家的商谈理论》，童世骏译，生活·读书·新知三联书店，2003，第445页。

② 〔德〕哈贝马斯：《公共领域的结构转型》，曹卫东、王晓珏、刘北城、宋伟杰译，学林出版社，2002，第229~230页。

境当中"。① 他的《公共领域的结构转型》采用特殊的历史性的视角，从经济学、社会组织学、传播学、社会哲学和文化尺度研究等角度分析问题。这种多维度、跨学科的研究视角也帮助他建构了更符合社会属性和公共生活结构特征的公共领域的核心概念。② 正因如此，哈贝马斯对资产阶级公共领域的分析是透彻的和全面的，他的观点在很长时期内受到社会各界学者的关注。

但是哈贝马斯的研究仍受到不少学者批评。如黄宗智认为哈贝马斯的公共领域没有过多关注国家与社会之间的动态变化。③ 尼古拉斯·加纳姆（Nicholas Garnham）认为哈贝马斯忽视了种族公共领域的当代发展的重要性，理想化了资产阶级公共领域，忽视了区隔、夸大了工业操作者的操控力量、忽视了那些没有直接面对协商的传播行动的其他模式、忽视了传播行动的带修辞色彩的一面。④

其中争议较大的就是他没有将平民公共领域列入研究范围，关于这一点哈贝马斯后来也发现并承认了。他在出版序言中提到，他关注的是资产阶级公共领域作为历史形态的主要特征，但忽略了平民公共领域。在1990年版的序言中，他对平民公共领域进行了补充，认为它是小市民和下层市民生活历史的一个特殊阶段，是资产阶级公共领域的变种，在新的社会语境中又表现出资产阶级公共领域的释放潜能，因此是一种不具备资产阶级公共领域社会前提的资产阶级公共领域。⑤ 哈贝马斯的资产阶级公共领域以教育和财产作为先决条件，底层平民因缺乏这个前提而不可能拥有进入公共领域的入场券，因此所谓的自由平等也就形同虚设，资产阶级的私人自律也无法将其引向真正的自由。

在性别公共领域问题上，哈贝马斯指出"排挤女性这一行为对政治公共领域具有建设性影响"，而他的资产阶级公共领域是带有父权特征的，这是一

---

① 〔德〕哈贝马斯：《公共领域的结构转型》，曹卫东、王晓珏、刘北城、宋伟杰译，学林出版社，2002，初版序言，第1页。

② Craig Calhoun, Introduction：Habermas and the Public Sphere, *Habermas and the Public Sphere*, Edited by Craig Calhoun, Cambridge, Massachusetts and London, England：The MIT Press, 1992, p. 41.

③ 黄宗智：《中国的"公共领域"与"市民社会"？——国家与社会间的第三领域》，载〔英〕 J. C. 亚历山大、邓正来编《国家与市民社会——一种社会理论的研究路径》，中央编译出版社，2002，第426～427页。

④ Nicholas Garnham, The Media and the Public Sphere, *Habermas and the Public Sphere*, Edited by Craig Calhoun, The MIT Press, Cambridge, Massachusetts and London, England, 1992, p. 360.

⑤ 〔德〕哈贝马斯：《公共领域的结构转型》，曹卫东、王晓珏、刘北城、宋伟杰译，学林出版社，2002，1990年版序言，第5～6页。

种性别盲目，如他在谈及沙龙讨论时，将妇女沙龙排除在外。兰德斯（Landers）认为资产阶级公共领域是基本的，不是偶发的男权主义，其总体性和理性的标准的基本功能就是将妇女排斥在公共领域之外，而这种意识形态已经深深植根于 18 世纪的法国资产阶级公共领域之中。[①] 而本哈彼博认为，公共领域的最终标准是平等互惠，要想拓宽公共领域，那么涉及善的社会事务和家庭事务都可以纳入公共领域的审查之中。[②] 弗雷泽也认为虽然哈贝马斯承认存在可替代的公共领域，但是他认为单独地审视资产阶级公共领域是可行的，并将它在与其他公共领域（如女性公共领域）的联系中孤立起来，这种设想是有问题的。阶级、性别和其他普遍的不平等都会如同布尔迪厄所说，会继续通过日常习性的文化等级制度运行。弗雷泽在论文《反思公共领域：对现行民主批判的贡献》中对哈贝马斯关于资产阶级公共领域的分析进行了批判性的质询和重构。

此外，对话并非永远都是理性的。力求平等的公共空间在某种程度上意味着追求同质化，不仅表现在身份背景方面，还表现在无私心、无偏袒的言语和行为上。但是需要参与对话者彻底放弃个人利益致力于公众事务，在实践中任何人都是无法做到的。而理性的交往行动如果只是没有背景差异的"同质人"之间的对话，那它就只能是理论的虚构。[③] 一方面要求同质化，一方面又追求差异化，这种理论的矛盾注定哈贝马斯的资产阶级公共领域只是在现实社会无法实施的乌托邦。

哈贝马斯对大众媒介的作用过分悲观，媒介的发展尤其是以网络为主体的新媒体的发展将为民主的发展提供更广阔的空间，而这种新媒介的策略性发展也将有可能促进一种全新的互联网公共性的产生。

第三节　泰勒和多元公共性理论

作为政治哲学家、"社群主义"的代表人物，查尔斯·泰勒将世俗性看成

[①] Landers, Women and the Public Sphere; Condorcet, On the Admission of Women to the Right of Citizenship, in *Condorcet: Selected Writings*, Jean-Antoine-Ni De Caritat Condorcet, ed. Keith Michael Baker, London: Macmillan Pub Co, 1976.

[②] Peter Uwe Hohendahl, *Habermas and the Public Sphere*, Edited by Craig Calhoun, Cambridge, Massachusetts and London, England: The MIT Press, 1992, pp. 104 – 105.

[③] 喻红军、张楠：《论哈贝马斯协商民主思想的形成及其理论缺陷》，《湖北社会科学》2010 年第 3 期。

一种"社会想象"，他援引了本尼迪克特·安德森的"社会想象"概念。安德森在《想象的共同体：民族主义的起源与散布》一书中把民族界定为被想象成本质上有限的，同时也享有主权的政治共同体，他指出"所有比成员之间有着面对面接触的原始村落更大（或许连这种村落也包括在内）的一切共同体都是想象的"，[①] 而区别的方式并不是判断虚假还是真实，而是其被想象的方式。泰勒将"社会想象"从人类学的角度转向公共性角度，认为公共领域是社会想象的转变，是现代社会发展的一个重要因素。他认为人们只要共同关注那些公共事务，那么无论距离多远，都可以通过想象其他参与者的处境和态度，来形成共同的意见，而不会因为空间的分散而改变共同体的性质。

　　泰勒眼中的公共性不仅包含着大家共同关心什么事情，而且包含着什么是大家应该共同关心的事情，因此公众在社会发展中发挥着相当大的作用，在某种程度上就代表着那些能够聚集起来一起参与社会行动的机构。社会的政治机构是代表公众的执行部门，是其立法权力的所在地，其范围从公民大会聚集的地点直到国王实行统治的宫廷。这些地方便是人们所称的公共空间的所在地，[②] 也就是被称为公共领域的地方。而在公共领域中，大众媒介发挥着重要作用，它可以使世界各地的人们共同关注同一件事情，就算他们相隔天涯，但只要通过报纸、广播、电视等媒介就能掌握信息，并且通过社会想象，就能进行意见的交换和观点的互动，最终实现政治同一性，而非如以前一样必须依赖某一物质场所。

　　由此我们可以看出，与阿伦特的古典主义公共性和哈贝马斯的资产阶级公共性理论不同的是，泰勒发现在现代科技社会，由于传播媒介的特征和作用，公共性可以呈现非物质化的特性，且对话不在同一空间也同样可以进行，[③] 从而发掘了一种全新的公共性理论。这种公共性理论不仅融社会想象、共同体和媒介于一体，更重要的是，它突破了哈贝马斯的一元公共领域的局限性，认为存在着不同形式的公共领域。由于公众个体的差异和群体的差异，社会想象和共同体呈现出多样化的特性，这注定使公共领域不可能局限于某

---

① 〔美〕本尼迪克特·安德森：《想象的共同体：民族主义的起源与散布》，吴叡人译，上海世纪出版集团，2005，第6页。

② 查尔斯·泰勒：《吁求市民社会》，宋伟杰译，载汪晖、陈燕谷主编《文化与公共性》，生活·读书·新知三联书店，2005，第188页。

③ 黄月琴：《公共领域的观念嬗变与大众媒介的公共性——评阿伦特、哈贝马斯与泰勒的公共领域思想》，《新闻与传播评论》2008年第7期。

一特定公共事务或某一特定领域，即现代社会存在着多元的公共领域。泰勒的这个观点，在当代网络信息技术日益发展的社会中，越来越显示出其适用价值。

一 多元公共领域

泰勒将公共领域描述成一个共有空间，他提出如果只认为媒介促成了社会成员的彼此结识，如通过印刷媒体、电子媒体或其他面对面的交流，社会成员在其中讨论公共利益的事务，形成关于这些事务的共同的想法，[①] 最后形成的只是一种单数的公共领域。因为虽然媒介形式多种多样，乍看起来好像产生了各种不同类型的交流和互动，讨论的是不同的公众议题，但其实归根结底还是内部交流，其中最主要的一个原因是信息同质化。报纸、广播和电视媒体所讨论的内容，虽然在时间上或者在制作方式上有所区别，但主题都大同小异。

泰勒认为，应该赋予公共领域以新的含义，他认为公共领域是多元的，可以被看成人们为了实现某一目的而聚集在一起的共同行为，这种行为可以是仪式性的，也可以是娱乐性的、交流性的，或者也可以是对一个重大事件的庆祝会之类的，但是他们聚焦的重点是公共事件，而非纯粹是自己单方面关注的内容，即没有任何私利的成分，公共目标或者公共意图是他们行动的出发点。因此从这个意思上说，"人类的意见"提供的只是趋向聚合的共同体，而公众舆论被认为是在一系列公共行动之外产生的。[②]

泰勒把那些产生于某些场所集会的公共空间称为"议题性的公共空间"（topical common space）。但是他同时指出，公共领域并非如我们定义的那样简单，它会超越这种议题性的空间。它可能会将这些多样化的空间编织在一起，纳入一个更广阔的空间，在这个空间中，没有因特定目的形成的集会（或讨论）。相同的公共讨论注定将穿越我们今天的辩论，而其他人则可能热衷于明天的讨论，或者周二的报纸评论等。泰勒将这种更广阔范围内的非本地的公共空间称为"元议题性的公共空间"（meta-topical common space）。大众媒介

---

① Charles Taylor, *A Secular Age*, Cambridge, Massachusetts and London, England. : The Belknap Press of Harvard University Press, 2007, p. 185.

② Charles Taylor, *A Secular Age*, Cambridge, Massachusetts and London, England. : The Belknap Press of Harvard University Press, 2007, p. 187.

为产生没有集会的空间提供了条件，人们可以根据报纸的内容、广播的信息或者电视中的见闻展开讨论，这种讨论突破了时间或空间的限制，有助于人们走出地方性公共事务的狭隘视阈，关注全国性甚至全世界人类生存和发展的重要议题。

在此基础上泰勒提出"寄宿的公共领域"（nested public sphere），他认为可行的模式似乎是将较小的公共领域寄宿在较大的公共领域中。[①] 他以全国性的公共领域和地方性的公共领域为例展开分析，认为地方性的公共领域可以寄宿在全国性的公共领域之中，两者能相互制衡，相互促进。地方性的领域通过地方媒介的重要议程，影响全国性公共领域的议程，有助于公共领域的扩大；而全国性的公共领域也可以将一些重要议题放入地方公共领域中进行，这样能提高地方公共领域的影响力。除了全国性和地方性公共领域的分类外，还存在其他形式的小的公共领域，如政党公共领域、女性公共领域和生态保护公共领域等，都可以通过寄宿的方式争取得到更大的公共领域的关注，同时扩大本身公共领域的规模，以促进更多参与者共同关注的问题的合理解决和公共事务的顺利开展。

二　多元公共领域的公共性特征

（一）想象的共同体

泰勒认为，在很大程度上，人们期待着通过孤独的反思去发展我们自己的看法、观点、对事物的态度。但是，对于重要的题目，如定义我们的同一性，事情却并非如此。我们总是在与一些重要的他人想在我们身上找出的同一特性的对话中，有时是在与它们的斗争中，来定义我们的同一性。[②] 有时那些"重要的他人"离我们很远，甚至已经随着时间的推移离开人世，但只要我们还活着，我们仍可以与之交流。而交流的一种重要方式就是"社会想象"。

这里的"社会想象"指人们可以想象各种社会存在的方式，想象他们如何使自己适应他人、适应与同伴间的关系，想象那些会满足期望，并隐藏在期望之后的更深层次的规范性概念和意向等。[③] 通常来说，人们通过这种想

---

① 查尔斯·泰勒：《公民与国家之间的距离》，李保宗译，载汪晖、陈燕谷主编《文化与公共性》，生活·读书·新知三联书店，2005，第209页。

② 查尔斯·泰勒：《现代性之隐忧》，程炼译，中央编译出版社，2001，第38页。

③ 查尔斯·泰勒：《现代社会现象》，王利译，载许纪霖主编《公共空间中的知识分子》，凤凰出版传媒集团、江苏人民出版社，2007，第50页。

象，来实现自我，正如米德所说，自我并非与生俱来，是个体在参与社会活动、形成社会经验的过程中产生的，个体在整个过程中与社会和他人建立关系，并逐步发展出自我。[①] 它本质上是一种产生于社会经验的社会结构。而人们与其他个体发生关系的过程，就是思想和交流的过程，也是发展心灵与自我的过程。针对一个重要议题，个体会思考其他参与成员会有什么样的想法，在讨论的过程中会出现什么样的互动或者辩论，公共领域在此时成为个体交流的空间，参与者通过符号给自己和他人的观点和行动以意义，通过这种方式公共事务的同一性得以实现。

基于社会想象的共同体所形成的公共领域，与之前真实的城邦社会或者哈贝马斯所说的资产阶级公共领域不同，参与者不必非聚集在一起，而是可以通过传媒实现社会想象，共同关注重要议题。这种社会想象既能跨越空间的界限，也能突破时间的限制。聚集起来的人群的各种权力（利）被硬性交给了一种新的公共空间，社会的政治同一性转移到一个前所未有的场地。[②] 与此同时，传统的聚会可以说形同虚设，但传媒所塑造的社会想象能扩大公共议题的范围，只有在被这样想象时，公共领域才存在，并且体现更大的价值。因为除非参与者把全部不同的讨论看成在一个巨大的交换中相互联系起来的，否则就不可能存在所谓的合成的"公共舆论"。[③]

（二）平等和差异

泰勒认为，在公共领域中，政治平等的认同扮演着越来越重要的角色，而在私人领域同一性构成和自我构成也正在持续地进行对话和斗争，某些女性主义理论正试图显示这两个领域之间的关联。泰勒指出，对公共领域中政治平等的认同意味着两个不同内涵：首先它强调所有市民的平等尊严，避免"上层阶级"和"次等阶级"的存在。从荣誉尊严转变为平等尊严使政治的内容变成了权利和资格的平等。[④] 而另一个与之相反的内涵则认为现代同一性

[①] 〔美〕乔治·H.米德：《心灵、自我与社会》，赵月瑟译，上海译文出版社，2008，第121页。

[②] 查尔斯·泰勒：《吁求市民社会》，宋伟杰译，载汪晖、陈燕谷主编《文化与公共性》，生活·读书·新知三联书店，2005，第190页。

[③] 查尔斯·泰勒：《现代社会现象》，王利译，载许纪霖主编《公共空间中的知识分子》，凤凰出版传媒集团、江苏人民出版社，2007，第57页。

[④] Charles Taylor, The Politics of Recognition, edited by Amy Gutmann, *Multiculturalism: Examining the Politics of Recognition*, Princeton, New Jersey, the United Kingdom: Princeton University Press, 1994, p. 37.

概念产生了差异政治。

泰勒认为在平等的尊严政治和差异政治之间存在重叠部分。平等的政治尊严意味着权力和豁免权，"我们在我们的尊严构成中看到的究竟是什么？可能是我们的权力，是我们对公共空间的支配感；或是我们不会受到权力的伤害；或是我们的自信与自足，我们的生活有了自己的中心；或是我们为他人所喜爱和关注，是注意的中心。但是这种尊严感时常可以建立在前面我提到的某些同样的道德观念基础上。……正是因为缺乏尊严可能是灾难性的，通过彻底损害我的自尊感情就能摧毁它。"① 除了尊严之外，对差异的承认在泰勒看来也是人类和社会发展不可缺少的要素，因为政治差异是认同个体或团体的独特同一性，他们与其他个体或者团体的差异，这种被忽视的差异使人们被权力或者主流的同一性边缘化或者同化。同时泰勒认为，在民主政治的进程之中，最先要解决的就是多元文化的问题，而实现文化认同是文化共同体的关键要素。因此对社会民主化的进程中少数民族、"贱民"（subaltern）群体和形形色色的女性主义对承认的要求和需要，② 我们要以一种正义而平等的方式来回应。因为在多元文化的环境之中，每一种文化都有其独特价值，我们必须持某种尊重的感情去对待，同时要允许每一种文化在公共领域中平等对话，在承认各种文化差异的同时，允许各种文化之间的相互交流。

（三）处境化自由

泰勒的自由观点是建立在对伯林的两种自由概念的分析基础之上的。伯林将自由分为积极自由和消极自由，其中积极自由通常被认为是"做……的自由"，而消极自由指的是"免于做……的自由"。泰勒提出分别与积极自由和消极自由相对的"运行性概念"（an exercise-concept）和"机会性概念"（an opportunity-concept）。③ 他认为如果消极自由更为有价值的话，那么就不能只是机会性的概念，自由是由意念来指引行动的，人们在追求自由的过程中，会具有坚定的目标和理想，因此并不只是偶然的机会所能表现的，消极自由更多体现的是自我实现的内容，这是人们一种内在的强烈的精神需求。因此要使自由得以实现，要使行动的存在有意义，那么自由必须是"运行性的概念"。

---

① 查尔斯·泰勒：《自我的根源：现代认同的形成》，韩震等译，译林出版社，2001，第21页。
② 韩升：《查尔斯·泰勒对权利政治的伦理重构》，《华中师范大学学报》（社会科学版）2009年第5期。
③ 韩升：《查尔斯·泰勒的自由观述评》，《哲学动态》2008年第3期。

泰勒认为，要积极追求行动以实现自我，重要的是要关注个体所处的社会现状，他同时提出了"处境化自由"，认为这是一个与绝对自由相对的概念。他认为自由是和个体生活的社会处境相对的反应，因为人是社会存在物，具有相应的职责和目标。① 因此在泰勒所指的多元的公共领域中，必须拥有这种与我们的公共生活和公共生活的意义密切相关的自由，必须拥有这种能实现群体价值或者团体目标的自由，即能最终完成自我实现的自由。这种自由既追求自我，又追求个性，但与原子个人主义的自由截然不同，原子个人主义的自由关注的焦点只是个人自由，最终的目的只是达成个体的自我实现，它无视社会共同体的存在。而处境化自由认为自由的实现要具备一定的社会条件，并且我们的政治认同必须建立在自由地与他人交换意见的基础之上，在独创性和想象力相互碰撞之后，达成对某一事件的共同理解。

（四）对话协商

泰勒希望人类能够在对话的过程中，通过丰富的语言表达，成为完整的人类行为者，从而理解我们自身，同时定义同一性。② 语言是个体与他人进行交流的前提条件，也是公共领域得以存在必不可少的因素。而语言只有在语言共同体中才能存在和保持，语言本身所承载的关于主体的意义只有在语言共同体之中才能够形成，并被语言共同体之中的人所理解。③ 倡导政治认同的公共领域必须拥有一个对话网络，参与者只有通过对话的方式才能促成协商，达成共同理解，而泰勒认为公共领域中的公共舆论必须建立在理性和平等的基础之上。

泰勒认为，对话和共同体是达成人的本真性的两个重要因素。本真性不同于原子主义，虽然其内涵中包括个人主义的因素，但从不主张忽视共同体的重要性。本真性包括创造力、发现力、独创性，与社会制度以及我们认为是道德的内容进行对抗。这种事实要求公开各种范围内的意义以及对话中的自我界定。④ 实现本真性的恰当空间是公共领域，公共领域承认人们的差异、个性和独创性，允许人们有与权力对抗的自由，支持平等地进行公共辩论与

---

① 韩升：《查尔斯·泰勒的自由观述评》，《哲学动态》2008 年第 3 期。

② 查尔斯·泰勒：《现代性之隐忧》，程炼译，中央编译出版社，2001，第 37 页。

③ 宁乐峰：《查尔斯·泰勒的社群主义整体本体论评析——基于语言共同体的视角》，《云南农业大学学报》2010 年第 12 期。

④ Charles Taylor, *The Ethics of Authenticity*, Cambridge, Massachusetts and London, England：Harvard University Press, 1992, p. 66.

意见交换。因此争取个性斗争的人们在公共领域中形成了公共意见、共同理解和政治同一性。

　　泰勒继续深入地指出，公共意见是通过公共讨论产生的。要产生这种分散的"公共意见"，必须有一项基本条件，那就是参与者必须了解自己的所作所为的意义。① 泰勒举例公众通过媒体讨论投票选举议会议员和行政官员，以便让他们做出正确的决定，体现公共决策的价值，这些都建立在共同理解的范围内，但是他同时又表示，公共领域的双面性决定其也有压制或操控作用。如果所谓的公共辩论受到操控，那么我们可能无法获知正确的信息资讯，最终可能导致我们的决策错误。而从新闻传播的角度来看，由于受人的认知因素影响，就算我们秉持独立真实原则，也未必能如实反映事物全貌。而解决的办法就是，如果我们认为在辩论过程中受到操控，或者因为人的认知影响到对真实事实的全貌反映，那么我们就要挑战这种错误认知，也就是说，需要进行更进一步的对话协商来改变错误认知，形成更具合理性的公共意见。

三　评价

　　和以城邦为代表的公共领域相比，泰勒的公共性理论制造了一个建立在社会想象基础上的共同体。这是一个以传媒为手段，打破时空限制的公共空间。与哈贝马斯的资产阶级的一元公共性不同的是，泰勒提出的是多元公共性，并且认为寄宿的公共领域是实现公共领域扩大化继而实现民主的一种可行而良好的途径。引入传媒的作用，提出公共领域的多元特征，这是泰勒的公共性理论与其他学者的公共性理论相区别的两个主要特征。

　　但正是这两个特征，也为泰勒的公共性理论的实现制造了难度。首先，依靠传媒制造的社会想象的共同体，在现实生活中未必能产生，因为它依赖于具有自主意识的人们能够自觉地将社会看作一个共同体，并通过一系列的行动来实现政治同一性，而并非所有人民都会有这种自觉意识，正如泰勒自己也坦言，这只适用于那些具备康德式超强良心的人，只有他们才甘愿服从与自己毫不相干的多数人。② 因此如果单纯寄希望于人民因自我实现的需要，

---

① 查尔斯·泰勒：《公民与国家之间的距离》，李保宗译，载汪晖、陈燕谷主编《文化与公共性》，生活·读书·新知三联书店，2005，第203页。
② 查尔斯·泰勒：《公民与国家之间的距离》，李保宗译，载汪晖、陈燕谷主编《文化与公共性》，生活·读书·新知三联书店，2005，第205～206页。

基于善或者正义的道德出发点来参与公共性行动，这是理想主义的想法。

泰勒关注"承认的政治"，关心的是自由社会的制度设计如何才能（实质性地或非实质性地）保障公民的平等权利。[①] 他试图在平等尊严的政治普遍主义和差异政治之间建立某种联系，但在现代社会，与此浪漫主义思想相反的现实表现在，很多社会成员都以一种淡漠的心态去对待共同体，这在一定程度上是由缺乏社会认同而导致的。要么因为原子个人主义造成的对公共议题和政府行为无动于衷，要么由于认为自己并非社会主流、无力改变社会或者设置议程，人们最终都会躲进自己的世界，结果不仅无法形成统一的共同体，反而有可能产生分裂的政治。泰勒自己也意识到，长此以往可能会产生一种恶性循环。

此外，泰勒的多元公共性理论中提到传媒能通过社会想象来塑造政治共同体，但他在谈到传媒的时候却忽视了市场和经济的力量，因此他的公共性具有一些形而上学的理想主义色彩。[②] 当代社会经济因素在极大程度上影响了传媒的自主性，从而可能危及传媒公共领域的公共性，最终影响民主的推行，这是我们在探讨公共领域时不可回避的一个现实问题。

第四节　弗雷泽和次反公共性理论

南茜·弗雷泽作为法兰克福学派批判理论第三代的主要代表人物之一，致力于女性主义研究、承认理论和正义理论研究，她对哈贝马斯的资产阶级公共领域理论进行了批判性解读，试图从多元公共领域的角度来构建女性公共领域以及其他弱势群体的公共领域。

弗雷泽认为，哈贝马斯提出的资产阶级公共领域概念，确实为当时的社会运动提供了相应的解决问题的方法，这个概念性的理论设计了一个能让人们平等参与、平等对话的自由空间，在其中传媒发挥着重要作用，并且它还与国家机器、权力和经济等存在一定的区别。但哈贝马斯这个所谓的"资产阶级公共领域的自由主义模式"并非是完美的，尤其在20世纪后期福利国家的大众民主不断发生变化的情况下，公共领域的资本主义或者自由主义模式

---

① 汪晖：《导论》，载汪晖、陈燕谷主编《文化与公共性》，生活·读书·新知三联书店，2005，第16页。

② 黄月琴：《公共领域的观念嬗变与大众媒介的公共性——评阿伦特、哈贝马斯与泰勒的公共领域思想》，《新闻与传播评论》2008年第7期。

已不再可行，而哈贝马斯也没有研究新的、后资产阶级公共领域模式，也没有详细解释资产阶级模式的一些可能性假设，至少在《公共领域的结构转型》一书结尾，我们没有看到一个能为今天的批判理论需要服务的公共领域的概念。① 虽然他在《公共领域的结构转型》的再版序言里承认忽视了女性和亚文化公共领域，认为排挤女性影响了公共领域的结构，但没有明确指出公共领域的多元特性。而随着时代发展，一批新的适应社会发展需求的公共领域的形态产生了，它们将在历史舞台上扮演影响民主进程的角色。

　　弗雷泽将研究的注意力转向了女性主义的公共领域研究。以往关于公共领域的研究通常都是建立在父权制的基础之上的，即作为男性附庸的女性的活动范围只能是私人领域，与她们有关的议题和事务的处理也将局限在私人领域之中，而女性在家庭中所提供的劳动自然也是一种无偿劳动，无法进入官方的经济市场之中进行流通。女性是和家庭、私人领域以及无酬劳动联系在一起的，她们没有公共话语，既无法获得地位的承认，也无法参与经济的分配，更重要的是因其无法获得政治身份的认同，其观点、意见和行为在公共场合被自然而然地漠视。这种边缘化的境地正是女性解放所需抗争的内容。弗雷泽认为，哈贝马斯的公共领域忽视了女性群体，她试图建立女性公共领域，并认为除女性之外，社会还存在其他次属阶层或群体，比如种族、同性恋群体等，他们既属于次等群体，又处于权力边缘，时刻与权力进行不懈抗争，但这些群体应在社会中与其他阶层和群体同具身份和地位平等的权利，也应有建立和参与公共领域的权利，并且与其他公共领域之间存在竞争和冲突。弗雷泽将这些次属阶层或群体建立的公共领域称为次反公共领域（subaltern counterpublics）。

一　次反公共领域

　　与哈贝马斯的单一的、支配一切的公共领域不同的是，弗雷泽认为在分层社会中存在着多元公共领域，因为公共领域不是零度空间，它允许不同阶层和群体的参与者表达自己的观点。而次反公共领域则是在专制社会中不断争取发出自己的声音，改变自己被排斥、被边缘化境况的一个空间。

　　弗雷泽认为在分层社会中，多元的公共领域相对于单一的、综合性的、总体的公共领域更加有利于促进社会平等。虽然次反公共领域并非全部都带

---

① Nancy Fraser, Rethinking the Public Sphere: A Contribution to the Critique of Actually Existing Democracy, *Social Text*, No. 25/26 (1990), p. 58.

有民主化的特征，但至少能体现出不同的呼声以及话语权的扩散，因此其带来的积极价值不可忽视。她认为如果社会结构本身充满着专制关系或者次属社会结构，那么那些次属群体的成员在单一的公共领域之中，会有意或者无意地受到专制权力的限制，而不知道如何发出自己的声音，或者不知该如何在适当的时候正确地发出自己的声音，所谓的公共协商，也只能是有利于专制群体的公共协商。正如简·曼斯布里奇（Jane Mansbrige）所说，在一元公共领域之中，"我们"和"我"通常会因专制机构的需要而发生改变，次属团体有时不能找到表达他们思想的正确的声音或语言，而当他们这么做时，他们发现他们不被倾听。"（他们）被迫安静，被激励保留他们未成型的要求，当他们应该说'不'的时候，听到的却是'是的'"。① 因此，单一的公共领域政治协商的后果是形成专制群体伪装下的协商模式，而次属群体的成员在公共事务的协商上会显得软弱无力或不知所措。

公共领域的修正主义研究实践证明，虽然无法彻底实现平等参与，但相较而言，多元竞争的公共领域比单一的公共领域更为理想。允许次反公共领域存在和发挥作用，尊重不同社会阶层成员的话语权，有利于分层社会的民主发展。这里指的次属阶层，主要指的是女性、工人、有色人种和男女同性恋阶层。次反公共领域是平行的话语舞台，在那里次属社会团体的成员创造和运行着反话语，② 而这种广泛的话语争论并非只停留在一个公共领域之中，还将散布至其他的公共领域之中。因此次反公共领域不仅不具有分裂的功能，还具有公共性的功能，主要表现在两个方面：其一，次属群体可以将其作为避免与专制团体正面冲突的避风港，并可在此空间内寻求反抗的机会；其二，次属群体可以将话语权遍布更广泛的其他空间。无论参与者采取协商还是争论的形式，都意味着一种"解放"的魅力，因为次反公共领域的存在虽说不能消除，却可以在一定程度上缓解社会分层的专制背景下社会成员存在的不平等参与的现状。

二 次反公共性的特征

（一）参与平等

在关于平等的政治承认的研究方面，弗雷泽和詹姆斯·泰勒的承认理论

---

① Jane Mansbrige, Feminism and Democracy, *The American Prospect*, No. 1 (Spring 1990), p. 127.

② Nancy Fraser, Rethinking the Public Sphere: A Contribution to the Critique of Actually Existing Democracy, *Social Text*, No. 25/26 (1990), p. 67.

不同。泰勒的着眼点在于实现政治同一性的承认政治，弗雷泽则认为泰勒由于过分重视个人或群体的认同而忽视了再分配的重要性。泰勒的认同建立在全人类的道德感基础之上，通过对话的方式才能构建起来，同时自我意识与上帝或者善的理念保持联系，这是一种自我实现模式。而弗雷泽认为文化的多元性和复杂性共同面对同一道德原则：参与平等。

弗雷泽的认同模式受韦伯的影响，认为现代社会包含着层化秩序，表现在两个方面，一方面是经济的分配秩序，另一方面是文化的承认秩序。前者与阶层的不平等有关，而后者则与地位的不平等有关。比如，这种不平等在家庭中的特殊表现就是婚姻内的不平等，包括妻子的无酬家庭劳动阻碍她与丈夫一样参与有酬劳动，包括家庭暴力或者婚内强奸等。在男性社会和父权社会中，女性处于劣势地位和从属地位，不仅在经济上无法与男性以同等姿态参与分配，而且在身份地位上也无法体现与男性同等的社会价值，而一直被视为男性的附庸，被限制在私人领域和家庭领域之中。弗雷泽赋予韦伯的地位概念以时代内涵，认为现代社会的地位秩序是流动的、竞争性的，形成多元交错的文化区隔，与以前的意义不同。并且她认为我们需要一个新的地位概念，以适应全球化背景下的文化杂糅和论证。[①] 弗雷泽将这种认同模式称为地位模式（the statue model），认为这比身份模式（the identity model）更为全面，因为身份模式遮蔽了再分配的正义，同时也容易因为群体认同的具体化而伤害到个人的身份认同。而地位模式能避免上述不足，并且拥有正义理论的三重维度：再分配、承认和代表权。它们分别针对政治实践中出现的分配不公、错误承认和一般政治错误代表权三方面，而参与平等则是地位模式的基础。

弗雷泽认为，真正重要的不是对一个团体的特殊社会身份的承认，而是对人们在社会交往中作为一个充分的参与者的承认，人们应能平等地参与社会生活，这种渴望是正义的基础，只靠政治再分配是无法满足的，需要的是建立身份地位平等的政治承认，而非团体合法性身份的承认。[②] 因此公共领域

---

① Nancy Fraser, Hanne Marlene Dahl, Pauline Stoltz, Rasmus Willig, Recognition, Redistribution and Representation in Capitalist Global Society: An Interview with Nancy Fraser, *Acta Sociological*, Vol. 47, No. 4, p. 378.

② Nancy Fraser, Hanne Marlene Dahl, Pauline Stoltz, Rasmus Willig, Recognition, Redistribution and Representation in Capitalist Global Society: An Interview with Nancy Fraser, *Acta Sociologica*, Vol. 47, No. 4, p. 377.

中的参与平等通常表现在两个方面，其一是在社会群体之间，排除身份、地位或者文化价值的差异，参与者拥有平等的话语权；其二是在社会群体内部，无论占多数还是少数的成员都拥有平等参与公共事务的权利，比如同一团体中的男性或女性。平等参与的主要方式是公共辩论或商谈，在公共领域中参与者排除经济、文化和政治等因素的障碍，不受任何支配关系的制约，将共同空间作为进行协商或者辩论的舞台，这体现了批判理论对全球化正义的一种具有解放性力量的全新态度和理解。

（二）多元竞争

弗雷泽从文化承认的角度指出，公共领域的概念预示着多元视角，而在社会平等的条件下，公共领域的渗透性、包容性和开放性都能促进文化间的交流。同时她认为很多公共领域中的成员存在交叠情况，即一个人可以不只是一个公共领域的成员。公共空间是一个立体空间，可以任意组合、解体和重构。① 参与者的交谈和辩论可以超越文化的多样性，在促进价值共享的同时实现协商的一致性。

经济、政治和文化的多元化必定会造成群体的差异化，需要通过再分配和承认来克服多元性带来的各种压迫，比如对次属群体的剥削、边缘化、无力感、文化帝国主义、暴力等。② 弗雷泽反对将差异政治普遍化，主张差异化的政治，她建议对不同类型的差异采取多元化的处理方式，唯有如此，才能避免差异政治重新产生另一种独断专行。

在文化多元的背景之下，次属公共领域的存在意味着其与资产阶级公共领域进行着竞争。长期以来资产阶级公共领域掌握着话语权，其专制特性注定这个公共领域是将女性和平民排斥在外的。而次属公共领域则包容性地将那些被资产阶级公共领域排斥的社会群体成员纳入其中，形成与之相对的话语舞台。因此我们发现资产阶级的公共领域和次属公共领域无论在参与成员还是在讨论议题等方面都存在天壤之别。正是这种公共领域之间的相互竞争，才能促进不同的话语遍布整个社会。虽然不能说所有的次属公共领域都是从善的或者正义的角度来推动民主发展的，但从总体角度来说，竞争促进民主

① 杜琳：《对"公共空间"的颠覆性创造——从哈贝马斯到兰西·弗雷泽》，《晋阳学刊》2006年第6期。

② 〔美〕南茜·弗雷泽：《正义的中断——对"后社会主义"状况的批判性反思》，于海青译，上海人民出版社，2009，第216页。

进程，民主鼓励竞争，允许多元化，支持多种声音的交锋和辩论，才能找到民主前行的最佳道路。

（三）广泛议题

之前的公共领域预设讨论和争辩的内容是公共事务，而公共性和私人性之间自然而然存在对立和不可调和之处。但最近 20 年的妇女运动和女性理论显示，这种区隔就是一种专制话语，其目的是在私人领域中使对妇女的压迫和剥削合法化，这绝对不能成为家庭标准的民主化和劳动的性别分配的标准的民主化的前奏。① 之前的公私之分将一些议题阻挡在公众讨论之外，这本身就是一种不平等。现代社会公共领域中的议题范围应更为广泛，专制区隔必须消除，公共领域中讨论的议题不能进行简单的划分，而应由参与者决定，参与者应该根据大家共同关心的内容来确定议题，而传统的私人议题也有权利进入公共空间自由辩论。

以前的公共领域将女性拒之门外，是因为女性是私人领域的代名词，就算女性能有机会成为公共领域的参与者，也处于被代表的角色，无法发出自己的声音，而实际上一些涉及女性的议题可能是值得全社会关注的内容。弗雷泽认为这种现象存在的根源就是社会等级制度和社会分层，地位模式要求改变社会机制中的不公平，因为社会制度造成的文化规范以及社会交往的界定，影响人们的平等参与和互动，社会制度中的文化价值模式形成地位层级，会影响公共性。所以她主张打破公私的界限，扩大公共议题的外延。之前的公共性概念包括四个方面：①与国家相关的；②每个人可进入的；③与每个人有关的；④属于公共领域或者利益共享的。但这种公共利益的协商是在专制和分层影响下的协商，不利于次属社会群体的根本利益，因此她将两个私人含义引入作为公共性概念的补充：⑤属于市场经济的私人财产；⑥属于家庭隐私或者个人生活的内容，包括性生活。② 因为如果将经济事务和家庭事务排除在共同讨论之外，与公共领域隔绝，会导致次属群体无法把握话语权，面临的问题永远无法通过公共空间获得关注和解决。比如工人的工作环境管理问题或者妇女的家暴问题等，如果都只停留在私人领域内，就无所谓公共

---

① Nancy Fraser, What's Critical about Critical Theory? The Case of Habermas and Gender, *New German Critique*, No. 35, pp. 97 – 131.

② Nancy Fraser, Rethinking the Public Sphere: A Contribution to the Critique of Actually Existing Democracy, *Social Text*, No. 25/26 (1990), pp. 71 – 73.

领域的参与平等，公众讨论成为专制阶层或机构独享的权利，民主社会就无从谈起了。

此外，弗雷泽对强公共领域和弱公共领域进行了分析，认为资产阶级公共领域的自由模式促进了弱公共领域的发展。这种类型的公共领域就是市民社会，公众通过协商达成公共舆论，但是如果这里的话语权扩大到有决策权时可能会影响公众舆论的自治。而与之对应的强公共领域就是国家，以主权议会为代表，因具有决策权而成为国家权力运用的场所。这两种公共领域之间的界限会越来越模糊。所以对当代的公共性进行思考时应该意识到，强弱公共领域混合的模式，才是当代民主社会的基础。

随着全球化趋势的发展，弗雷泽认为公共领域的跨国化是值得重视的一个问题。她认为哈贝马斯所构建的公共领域的概念包括国家机器、公民、经济的议题、媒体、语言和文字等六个方面的理论假设，都意味着公共场所是与现代领土国家和民族形象力联系在一起的，公共性概念中有国家的潜台词。[①] 但现实世界的社会交往具有流动性，因此无法用以领土为边界的政治共同体的框架来界定其合法性和有效性，而且随着公众对媒介，尤其是新媒介的频繁使用，公共领域日益呈现跨国趋势，公共领域的交往受众，成为很难辨识的部分。而需要注意的是，跨国公共领域也可能因跨国机构或非政府组织受到强权国家的霸权控制，而丧失公共性。因此跨国公共领域在创建公共权力的同时，要担负起新的责任。更重要的是，需重新准确界定其合法性和有效性。

三　评价

作为第三代批判理论家，弗雷泽提出了正义的三种维度：经济平等、文化平等和政治平等，扩展了正义的讨论空间，引领了西方左派正义理论的发展。她将这种带有革命特征的观点引入公共性研究之中，希望能改变资产阶级专制和社会分层的限制，让更多弱势群体能够在公共空间中发出自己的呼声，并提醒全世界的人们去反对社会制度造成的这种近似约定俗成的限制，这种对公共领域的反思和批判对民主发展具有很大价值。

但弗雷泽的次反公共性理论还存在着难以克服的问题。她试图为弱势群

---

① 〔美〕南茜·弗雷泽：《正义的尺度——全球化世界中政治空间的再认识》，欧阳英译，上海
　人民出版社，2009，第94页。

体和次属群体建构平等的公共领域，以反抗专制专断的现状。但她的公共性理论中的参与平等和正义的尺度等观点也遭到了其他学者的批判。如尼古拉斯·孔普雷迪斯（Nikolas Kompridis）认为批判理论研究的是结构而非承认，他否认承认对于正义的推动作用，认为自由模式才是批判理论的基础。瑞尼尔·福斯特（Rainer Forst）则反对把参与平等作为正义的根本原则，认为正义的根本原则是社会本体论深层次的"合理性证明的权利"，他反对将承认、再分配和代表权三者等量齐观，认为政治是正义的主要维度。① 弗雷泽与他们进行了激烈的论辩，掀起了承认理论的第四阶段的论争。

笔者认为，弗雷泽的次反公共性理论在现实社会实施起来确有避不开的障碍。多元性渗透在次属公共领域之中，每个次属公共领域都会因社会分层的存在而产生不同形式的次属群体，如果要细分的话，可能会无止境地产生无数更小的次属公共领域。战洋认为，任何一个小的"公共领域"内部，仍然会有分层和不平等。她指出就算建构了一个女性公共领域，但是里面仍避免不了会细分成黑人女性、移民女性、同性恋女性等更小的公共领域，那么弗雷泽在解决性别盲点问题的过程中，又出现了种族盲点、移民盲点、性取向盲点等形成的其他次反公共性。② 次反公共领域内部的细分会导致出现越来越多更小的公共领域，最终会影响共同体的存在。虽然弗雷泽认为从长远来看，公共性的话语是存在并发挥作用的，不会导致分裂主义，她也意识到了这种危险，却没有提出恰当的办法来解释这种分化问题。按照弗雷泽自身的公共性理论来分析的话，她所提出的女性公共领域在建构过程中就面临被分化的结局，次反公共性则无法自圆其说。

上述四位学者的公共性理论包含了西方公共性理论研究的主要观点，且具有承接性。阿伦特作为最早提出公共领域概念的学者，在对古雅典城邦社会进行分析的基础上对公共领域和私人领域进行了区分，哈贝马斯、泰勒和弗雷泽的研究都是在市民社会基础上形成的，哈贝马斯提出了一元公共性理论，泰勒和弗雷泽的公共性具有多元特征。虽然四位学者的公共性理论各有差异，但他们都承认公共性自由平等、公开参与和共同行动的特点。他们的

---

① 〔美〕凯文·奥尔森：《伤害＋侮辱——争论中的再分配、承认和代表权》，高静宇译，上海人民出版社，2009，第9~10页。

② 战洋：《女性公共领域是否可能——以弗雷泽对哈贝马斯公共领域概念批判为例》，《天津社会科学》2006年第6期。

公共性理论为互联网公共性研究的模式探讨奠定了理论基础。

　　大部分学者关于公共性的研究，均基于对民主社会发展的渴望，并试图通过探索研究，建构适合当代社会现实的合理模式。除上述四位学者外，迈拉·马克思·费里（Myra Marx Ferree）、威廉·A. 加姆森（William A. Gamson）、尤尔根·格哈德（Jurgen Gerhards）和迪特尔·鲁赫特（Dieter Rucht）对公共领域理论和民主理论模式建构的研究值得借鉴，他们将公共领域划分为四种传统的理论模式：其一，代议制自由主义理论，由精英和政治家参与政治民主，为市民代言；其二，参与式自由主义理论，市民合法地通过公众参与、共同协商和公共行动，维护公共利益；其三，话语交往理论，强调建构理想的公共话语，公共辩论在平等市民中进行，人们在一个相互尊敬的氛围中对话协商、寻求一致；其四，建构主义理论，强调被政治边缘化的群体应得到承认，挑战公众和私人的分离，指出在公共话语中越是有不同种类的参与者，多元公共领域就越广阔。① 他们关于公共性以及民主理论的模式建构，与阿伦特、哈贝马斯、泰勒和弗雷泽的公共性理论有诸多相似之处，甚至可以说是对这四位学者相关理论的融合。

　　本研究旨在通过分析不同学者关于公共性的基本理论，探索合适的模式，以分析互联网的公共性建构和实践。经典公共性的分析成为本研究得以进行的理论基础，然而不同研究模式下的学者对公共领域的理解各不相同，而针对不同国家、不同时期和不同情境，公共领域的运行也各不相同。因此对他们的借鉴需持批判的思维视角，既应看到其作为经典的价值所在，还要看到存在的问题，并且要结合中国现实和互联网的实际考察其具体适用性（如黄宗智认为哈贝马斯的公共领域观念难于真正适合中国②）。实际上互联网的发展将为民主的发展提供更广阔的空间，也将促进一种全新的互联网公共性的产生。

---

① Myra Marx Ferree, William A. Gamson, Jurgen Gerhards, Dieter Rucht, Four Models of the Public Sphere in Modern Democracies, *Theory and Society*, Vol. 31, No. 3（Jun. , 2002）, pp. 289 – 324.

② 黄宗智：《中国的"公共领域"与"市民社会"？——国家与社会间的第三领域》，载〔英〕J. C. 亚历山大、邓正来编《国家与市民社会——一种社会理论的研究路径》，中央编译出版社，2002，第 426 ~ 427 页。

第三章　互联网的媒介生态及
公共性意涵

第一节　互联网的媒介生态

互联网的作用在于"推"的力量，从小的方面说，它将信息推给受众，促进受众信息接收模式的改变，从大的方面说，它通过自己的独特运行方式推动社会调整原先的结构和运作模式，促进社会变迁。这种社会变迁是一种渐进的过程，以一种与人类的认知和行为相协调、相适应的方式进行，不可能忽然跳跃实现质变，这是媒介生态的规律。网络作为一种媒介不仅将城市、国家，而且将全球连接成一个庞大的容器，同时它改变了人们以往的行动方式和思维模式，一种适合这个仿真空间的特殊文化由此产生，不仅如此，这里与真实社会一样，也充斥着各种资本和权力的竞争。媒介科技生态、媒介文化生态、媒介社会生态和媒介融合生态，构成了互联网媒介生态的主要内容，也是互联网公共性存在的背景。

一　媒介科技生态

刘易斯·芒福德认为，技术与生物之间存在密切关系，它们在很多方面有着惊人的相似，比如昆虫和鸟类制造容器的超凡本领遥遥领先于人类。他认为技术是有机现象的一部分，而直到语言符号、审美设计和社会知识的传播出现之后，这一情况才发生改变。①芒福德的技术有机论虽然没有对媒介技术进行单独分析，但他将媒介看成无形的环境，将传播系统看成一种能组成无形城市的力量。同时，他认为技术即容器，他从女性器官延伸出这种观点，

①　〔美〕林文刚编《媒介环境学——思想沿革与多维视野》，何道宽译，北京大学出版社，2007，第62页。

认为有机体和生物繁殖等都属于女性内容，他甚至将其延伸至整个城市，认为城市就是存储着其他容器的容器。按照他的观点，作为存储信息的媒介也是容器，比如印刷媒体存储文字符号，广播媒体存储语言符号，电视媒体存储语言和文字符号，而网络媒体存储着更多丰富的信息符号。然而衡量技术进步的标准并非机器本身具有多大威力，而在于机器在多大程度上能够与人类活动的机制相协调，媒介科技的衡量标准亦如此，必须要看是否与人类的生存和繁衍的生态相一致。芒福德的这种科技容器论的生态平衡思想对解释网络时代的媒介现状仍有启发价值。因为从历史发展进程来看，媒介的变革与创新总是伴随着科技的变革与创新。印刷媒介的出现有赖于造纸术和印刷术的发明；1895 年意大利马可尼发明无线电波让广播的出现成为可能；1920 年 10 月 27 日美国匹兹堡 KDKA 电台正式成立标志着广播事业的到来；1926 年 1 月 26 日英国科学家贝尔德研制的电视第一天公开播送，标志着电视的诞生，从此人类正式进入电子媒介阶段；1946 年世界上第一台电脑主机"埃尼阿克"的成功发明，迎来了传播技术发展史上的又一次革命，开启了互联网时代的序幕。媒介科技的进步总与社会和人类的发展保持同步，互联网为人类社会和人类生活带来了与传统截然不同的日新月异的变化，它为推进人类社会发展的进程发挥了不小的作用。

在《技术与文明》中，芒福德提醒大家不要过分崇拜科技，因为它归根结底只是人类智慧的结果。虽然科技是无机的，但是在其中我们可以看见有机的呈现。比如一些最具机器特性的机械设备，如电话、留声机、电影等，是基于我们对人的声音、眼睛的兴趣及对发声和视觉器官的生理与解剖的了解而制造出来的。[①] 在这里，芒福德的本意是希望人类不要过分依赖或者轻信机器的重要作用，而是要扮演机器主人的角色，相反，机器是为人类和社会发展服务的。他的这段话让人很容易就联想到麦克卢汉的"媒介是人体的延伸"。麦克卢汉在《理解媒介——论人的延伸》中将媒介看成一个大媒介的概念，不仅包括通常所说的大众媒介，更指代人们生活中的交通、衣服、电力、机械、语言、游戏、武器等日常生活中的内容。他将衣服比作皮肤的延伸，并且认为衣服在作为热量控制机制和社会生活中自我界定的手段方面，和住宅几乎是一对孪生子，"衣服更贴近人体、年岁更大些。因为住宅延展的是机

---

① 〔美〕刘易斯·芒福德：《技术与文明》，陈允明、王克仁、李华山译，中国建筑工业出版社，2009，第 9～10 页。

体的内在温度控制机制，而衣服则是体表更直接的延伸"。① 城市则是适用庞大群体需要的、人体器官的进一步延伸。② 麦克卢汉认为，媒介联系着人的中枢神经系统，能传达人的所知、所闻、所听、所感，这与芒福德所说的有机科技的观点有相似之处。更相似的在于，芒福德在《技术与文明》中也曾有关于衣服和建筑的陈述，他说，"人类要抵抗寒冷，他们并非采用改变自己的生理条件的方法，如增生毛发或冬眠，而是去改变环境，例如穿衣服和建住所"。③ 这里，芒福德也把衣服和建筑物看成人们适应环境的一种媒介方式。不难看出，他们两个都注重人与科技之间关系的研究，两者之间绝非是"人类运用了科技，而科技又塑造了人类"那么简单的关系。

互联网是人类为了控制自己的世界而发明的机器，它是人类科技发展史上的一个硕果，除非有更为先进的媒介技术的诞生，至少在当前来说，它能为人类社会发展注入巨大能量，但并不能说它能在多大程度上影响历史进程或决定社会发展未来。卡斯特指出，虽然网络技术（或缺少技术）能体现社会自我转化的能力，社会也在总是充满冲突的过程中决定运用其技术潜能的方式，④ 但关键在于人类能否掌握和运用网络本身。人类如果不能善用互联网，将陷入某种困境。而只要凭借心灵的力量，就能让人意识到技术带来的心理和社会后果，媒介会帮助开启感知的大门，帮助人类找到未来发展的新希望。

二　媒介文化生态

芒福德指出："机器体系不仅作为一种有用的工具，而且作为一种有价值的生活模式而与我们融为一体。"⑤ 人们面对新科技和新事物，通常是先持怀疑态度，就算是接受或随之做出改变，其步伐都是缓慢的。英国学者霍洛克

---

① 〔加〕马歇尔·麦克卢汉：《理解媒介——论人的延伸》，何道宽译，商务印书馆，2000，第159页。
② 〔加〕马歇尔·麦克卢汉：《理解媒介——论人的延伸》，何道宽译，商务印书馆，2000，第163页。
③ 〔美〕刘易斯·芒福德：《技术与文明》，陈允明、王克仁、李华山译，中国建筑工业出版社，2009，第11页。
④ 曼纽尔·卡斯特：《网络社会的崛起》，夏铸九、王之弘等译，社会科学文献出版社，2001，第8页。
⑤ 〔美〕刘易斯·芒福德：《技术与文明》，陈允明、王克仁、李华山译，中国建筑工业出版社，2009，第315页。

斯认为，"当我们面对一个全新的情况时，我们总是反对接受新事物，而更倾向于陶醉于过去的东西。我们通过后视镜来观察现在，倒退着进入未来"。①媒介对人类生活方式的影响有时潜移默化，有时则在瞬间，人们越来越易于和习惯于接受媒介变革，越来越习惯于相应的媒介文化。试想当年德国的古登堡印刷《圣经》却问津者寥寥，他穷困潦倒且郁郁寡欢而终。但这一事件在后世被称为近代新闻事业的开端，那是因为印刷术和造纸术带来的媒介的扩散性作用在当时并不那么明显。直至美国商业化报纸的蓬勃发展，让人们开始认识到印刷媒体的好处，只要受过一定教育的人都可以透过报纸阅读到最近几天的信息。哪怕只是那些煽情或者轰动性的新闻，也能让人们在早上起来吃饭、喝咖啡时能略微停留在餐桌前。翻开报纸浏览新闻，是美国很多家庭至今仍然保持的早餐阅读的习惯。同样，广播电台向全世界播音之时，人们都惊讶于机器小盒子中出现的天籁之音，但对这种声音传播的新科技却持怀疑态度，因为人们认为报纸已经成为自己生活中不可替代的接收信息的方式，就算后来电视机出现，图文并茂的播报方式也让人们一度认为这种新事物会随着时间的流逝而退出媒介舞台，但在多少年后，电视因其更为通俗的特性受到更多受众的支持。网络在出现之初就引起了是否能被称为"第四类媒体"的争议，即便如此，它还是迅速让很多人尤其是青年受众毅然抛弃电视荧幕而转向显示器。年轻人每天在网络上花费大量时间，相对而言户外运动和上教堂的时间就缩短了。而以手机为载体，与网络相连的移动传媒的出现，则是对人类生活方式的又一次颠覆，我们可以看见地铁上的人们在用手机阅读电子书，迪斯尼乐园排队的人们在玩联网游戏，卫生间的人们在边自拍边发微博，开会的人们在用手机 QQ 或者微信聊天，记者现场报道内容通过手机发送到媒体总部……。所有这些都发生在最近几年，我们看到这些都已习以为常，甚至可能曾经历（正经历）这些。网络科技遍布全球，尼葛洛庞帝在 1997 年就提出了"数字化生存"的概念，指出在千禧年之后，人类将彻底迎来一场信息技术的革命，改变人们的生产、分配、消费、沟通、生活、管理、交往等模式。而随着互联网在全球范围内的扩散和渗透，媒介文化的内涵也将扩展至网络媒介文化。

---

① 〔英〕克里斯托弗·霍洛克斯：《麦克卢汉与虚拟实在》，刘千立译，北京大学出版社，2005，第 52 页；翻译自 Marshall McLuhan and Quentin Fiore, *The Medium is the Massage*: *An Inventory of Effects*, Harmondsworth: Penguin, 1976, pp. 74 – 75。

　　媒介文化作为一种大众传播的文化形态，渗透并融合于人类其他文化之中。人们在生活中有意或无意、主动或被动地接触媒介或信息，媒介通过单一或整合了的语言、文字、声音和图像等符号来形成一个特殊的语境，影响人们的认知、态度或行为。尼尔·波兹曼认为，由于它（媒介）能够引导我们组织思想和总结生活经历，所以总是影响着我们的意识和不同的社会结构。它有时影响着我们对于真善美的看法，并且一直左右着我们理解真理和定义真理的方法。① 我们对事物的本来面目的认识，无不通过媒介来实现，媒介还原了某种事物或者事件的真相，而在此过程中也为我们思考问题创造了一个固定的思维模式和特定语境，这种模式和语境帮助塑造了一种特殊的媒介文化。卡斯特在《网络社会的崛起》中分析了媒介文化形成过程中文化体系处理信息的流程，他认为文化制度脉络与有意图的社会行动和新技术体系之间会有决定性的互动，但这个体系有其自身的内在逻辑，可以将所有的输入转译成共同的信息体系，并且以更快速、有力、省钱且无所不在的检索和分配网络来处理这些信息。② 由此可以看出，科技不仅作为一种机器技术而存在，它既塑造了媒介文化，而且塑造了与之同步的文化制度。

　　网络媒介文化既是虚拟的（产生于虚拟空间），同时又是真实的（参与者是真实的人），卡斯特将媒介文化之中的时空称为流动空间（space of flows）与无时间之时间（timeless time），指出这两者是新文化的物质基础，是真实虚拟之文化。③ 将网络文化称为虚拟文化的学者除了卡斯特之外还有波德里亚（又译博德里亚尔，鲍德里亚），他指出大众传媒提供了进行编码的信息，但这种信息是通过各种技术手段演绎的，是一种技术的仿真。事实上，人们所"消费"的并非事实本身，"对世界真实的缺席随着技术的日臻完善会越陷越深"，④ 而"世界所有的物质、所有的文化都被当作成品、符号材料而受到工业式处理，以至于所有的事件的、文化的或政治的价值都烟消云散了"。⑤ 符

---

① 〔美〕尼尔·波兹曼：《娱乐至死》，章艳译，广西师范大学出版社，2004，第22页。
② 曼纽尔·卡斯特：《网络社会的崛起》，夏铸九、王之弘等译，社会科学文献出版社，2001，第37页。
③ 曼纽尔·卡斯特：《网络社会的崛起》，夏铸九、王之弘等译，社会科学文献出版社，2001，第465页。
④ 〔法〕让·波德里亚：《消费社会》，刘成富、全志钢译，南京大学出版社，2001，第131页。
⑤ 〔法〕让·波德里亚：《消费社会》，刘成富、全志钢译，南京大学出版社，2001，第133页。

号统治的世界是媒介的世界，虚拟社会的真实谋杀了客观实在。① 在这类学者看来，互联网所制造的拟像宛如柏拉图所描述的洞穴里的囚犯，看到的只是光线映射下的影子，这种在缺乏真实感境况下形成的媒介文化也是一种异化的媒介文化，无法与真实的文化相提并论，只能悬浮在虚幻的云端，无法给人带来安全感、信任感和文化归属感。

有学者认为网络是重塑文化价值与重建意义的仪式空间。詹姆斯·凯瑞指出，自从 19 世纪电报发明之后，传播被看作一种为达到控制时间和人的目的而产生的一种过程和技术，这种过程和技术能更远、更快地扩散、传送、散播知识、思想和信息，② 这种源于技术的传播传递观自 20 世纪 20 年代开始成为美国思想主流，在网络出现后仍存在于我们的大脑中。按照凯瑞的观点，网络媒介为传播经验和传播文化提供了新的形式，在互联网上形成的文字、声音、图像等传播符号创造关于现实的图像的过程中，行动者获得了创造、维系、修改和转变共享文化的体验，这种体验不仅使行动者感受到自己身处共同体，而且使传播成为在神殿中进行的某种神圣仪式，③ 而这能帮助重塑社会中共同文化中有价值的部分。马克斯·韦伯指明了"有价值的部分"指的是对意义的建构，他认为人类悬置在自己编织的意义之网上，文化是意义的表现形式，对传播和媒介文化的研究能帮助我们理解传播过程中的语言和行动建构的意义，阐释行动者的经验及思想。因此，互联网不仅仅为受众提供了海量信息，它还是受众多元文化塑造和阐释的更为广阔的仪式空间，人们能在各种文化共同体中获得社会认同和文化认同。

三　媒介社会生态

几十年前马丁·路德·金在华盛顿林肯纪念堂做了"I have a dream"的演讲，那时没有电视直播、没有互联网让我们身临其境，但当我们手捧印刷文本阅读演讲词时，仍能感受当时人们争取种族平等、消除种族歧视的高涨热情。然而新科技的发展使传受同步成为可能。2008 年，奥巴马的就职演讲在 CBS 呈现时，那一连串"Yes, we can!"伴随现场选民热泪盈眶的场景至今仍让我们印象深刻，当年也有无数中国网民在 CBS 官方网站上在线观看现

① 苏楠、张岩：《鲍德里亚的技术观》，《理论界》2006 年第 10 期。
② 〔美〕詹姆斯·W. 凯瑞：《作为传播的文化》，丁未译，华夏出版社，2005，第 6 页。
③ 〔美〕詹姆斯·W. 凯瑞：《作为传播的文化》，丁未译，华夏出版社，2005，第 21 页。

场直播，与美国人民一同感受那对美国来说具有重要意义的时刻，而且现在我们仍能在网络上找到奥巴马演讲的视频。网络不仅帮助奥巴马利用互联网获得了选民支持，荣登美国总统的宝座，也提升了他个人以及美国在国际上的形象和地位。现实中诸多案例显示，科技的更新在社会层面发挥了巨大作用，比如政治网络化已成为当前政界发展的一大要务。

媒介的发展变化影响了社会权力的流淌方向。加拿大学者英尼斯在谈到媒介的偏向时指出，偏倚时间的媒介（如手稿）加强了传统权威，偏倚空间的媒介（如印刷媒体和电子媒介）则促进了商业主义的形成，并强化了帝国的权力。波兹曼在《技术垄断》里说："每一种工具里都嵌入了一个意识形态偏向，把世界构建成为一种形象而不是另一种形象的倾向，赋予某一事物高于另一事物的价值的倾向，放大某一种技能以使之比另一种技能醒目的倾向。"[①] 实际上媒介本身并没有偏向。但媒介的使用者从来都不可能没有偏向，马丁·海德格尔在《对技术的追问》一文中指出科技的原始角色在于：技术是合目的的手段。[②] 他提倡要不断追问对技术进行控制的意识以及统治着现代技术的解蔽（解蔽的领域即发现真理的领域，解蔽即挖掘真实和真理）特征。让·波德里亚尔在谈到媒介的时候也曾说过类似的话，"我们所有的工艺技术都只能是我们认为控制世界的工具，它所以成为必要，是因为我们是这台设备的操作者。这就是与对大众传媒范围的幻觉相似的客观幻觉。"[③] 他一针见血地指出了媒介施控者的决定性作用。互联网的发展符合人类的需求和目的，但网络媒介的使用者并非是中立的，它一旦被具有偏向性的媒介施控者利用，则不可避免会进入权力场域。

作为现实社会延伸的互联网自然无法避免权力竞争。在各种各样的权力竞争场域中人人都迫不及待地想要占据一个更优更合适的位置，以使自己获得更多利益或利润。布尔迪厄将这种充满竞争的场所称为场域，并把它定义为"在各种位置之间存在的客观关系的网络"。他指出每个行动者在场域中都处于一个特定位置，每个位置都包含一定的权力或资本，为了在分配结构中

---

① 〔美〕林文刚编《媒介环境学——思想沿革与多维视野》，何道宽译，北京大学出版社，2007，第64页。

② 〔德〕马丁·海德格尔：《演讲和论文集》，孙周兴译，生活·读书·新知三联书店，2005，第4页。

③ 〔法〕让·博德里亚尔：《完美的罪行》，王为民译，商务印书馆，2000，第70页。

和各位置之间的客观关系中得益或取得优势，就必须占有这些权力和资本。① 互联网本身就是个微型社会，其中包含经济、政治、文化与权力的复杂关系。互联网的迅猛发展最先表现在对经济的影响上，全球化环境下形成的全球经济网，无论生产、销售还是管理都有赖于信息科技的发展。信息化经济的独特之处，在于它转变为以信息科技为基础的技术范式，使成熟工业经济所潜藏的生产力得以彻底发挥。② 互联网对政治的影响总是尾随经济的更新而逐渐显现，且与经济存在交织的关系。卡斯特认为，政治机构受到一组更广泛的价值与利益的塑造，会在经济领域中倾向于将其经济组成部分的竞争力极大化。③ 互联网逐步成为权力竞争的角斗场，其中充满着文化资本、经济资本和政治资本的相互转化和相互竞争，行动者的行动目的是获得更多权力，从而改变其在场域中的位置，以便在行动中获得更多的权力和利益。在互联网中，既充斥着各种网络公司和商业集团的推广销售，又包含各政党为满足其政治需要的摇旗宣传，同时也存在其他形形色色的为实现利益而兴起的各种争论。互联网的权力竞争或暗流涌动，或风生水起，无论如何，行动者们都努力实践，试图影响互联网中的权力走向。

四　媒体融合生态

互联网被看成社会或环境的一种新方式而逐渐获得认识和肯定，并渐渐改变和重构着传统的媒介生态。

由于自身局限，加上互联网的冲击，传统媒体遭受了不同程度的影响。从报纸媒体来看，英美等报业大国的老牌报纸开始走下坡路，最近几年销量下滑明显。在美国，最近数年的数据都显示，报纸发行量连年下滑，广告收入也持续下跌。2012 年 3 月，CEA（Council of Economic Advisers）和社交网站 LinkedIn 联合发表研究报告称，2007～2012 年，美国报业萎缩了 28.4%，属于美国众多产业中衰退最严重的。④ 互联网和移动智能手机的使用缩短了美

① 〔法〕皮埃尔·布迪厄、〔美〕华康德：《实践与反思——反思社会学导论》，李猛、李康译，中央编译出版社，2004，第 133～134 页。

② 曼纽尔·卡斯特：《网络社会的崛起》，夏铸九、王之弘等译，社会科学文献出版社，2001，第 117 页。

③ 曼纽尔·卡斯特：《网络社会的崛起》，夏铸九、王之弘等译，社会科学文献出版社，2001，第 111 页。

④ 胡泳：《高质量新闻的命运》，《新闻记者》2013 年第 8 期。

国人的读报时间，美国知名网络媒体 Business Intelligence 在 2013 年的年度报告《移动的未来》中称，最近五年美国人读纸媒的时间从 9% 降到 4%。① 在英国，很多印刷媒体宣告破产或关闭。如 2011 年英国有 70% 的地方报纸倒闭②，默多克旗下首份 iPad 电子报《The Daily》也于 2012 年 12 月倒闭，距成立还不到两年。2012 年 10 月，《新闻周刊》宣布终止印刷出版，在 2013 年推出数字版。2012 年底德国两个月内三家报纸破产（《法兰克福论坛报》《纽伦堡晚报》和《德国金融时报》宣布停刊）。而这种报纸破产的脚步至今在很多国家并未停止。京华时报社社长吴海民在《报纸衰退期的三大特征》中指出报纸衰退期的三大特征，包括：①生产能力及供给出现严重过剩；②产业中的企业开始恶性竞争并互相压价，随之而来的是利润空间变小；③部分企业不得已退出了这个市场。③ 他认为有迹象表明我国报业已经进入了衰退期。

从广播和电视媒体来看，虽然网络对其冲击不像报纸那么明显，但它们仍受到了网络的影响。我国的广播发展本身就存在频率受限的问题，与其他国家相比频率严重匮乏。区域化传播的特点使很多电台没有外地落地方式，并且存在区域化倾向，要形成全国性、品牌化的广播难度很大。④ 电视方面，根据央视索福瑞公司的调查，电视正在远离观众，尤其是年轻受众。央视索福瑞公司副总经理郑维东分析了收视数据后，在接受记者采访时说，"从 15 岁到 24 岁是最明显的，年龄逐步扩散，……现在 45 岁以上的中老年观众也在减少看电视的时间。我们原来认为新媒体分流年轻人，现在发现，它也在分流中老年观众"。⑤ 很多观众已改变收看电视剧的传统模式，放弃电视机而转向网络电视，他们只使用网络视频而不收看传统电视，⑥ 广播和电视的娱乐平台也在渐渐向网络转移。受众通过网络可以获得任何传统的大众媒体提供的信息，他们不愿在传统媒体上花更多时间、精力和金钱。这种状况改变了媒体发展的格局，传统媒体不得不在内容、资金、机构管理和集团整合等方

① 王鑫：《BI 发〈移动未来〉报告：世界进入"多屏市场"》，腾讯科技，2014 年 3 月 22 日 18：30，http://tech.qq.com/a/20140322/008740.htm。
② 许静怡：《英国报纸艰难时世觅转型》，《文汇报》2011 年 1 月 17 日第 6 版。
③ 吴海民：《报纸衰退期的三大特征》，《中国传媒科技》2008 年第 8 期。
④ 周小普、吴盼盼：《中国广播现状与前瞻》，《传媒》2011 年第 6 期。
⑤ 张帆：《观众为何要远离电视?》，《天津日报》2011 年 8 月 16 日第 7 版。
⑥ 李蕾：《中国电视剧收视世界居首　超 4000 万人独爱网络视频》，《光明日报》2011 年 8 月 1 日第 2 版。

面做出调整，以适应市场的需要。与网络媒体的合作在目前看起来是一条较为可行的出路。

新旧媒体的未来走向已经成为全球关注的重要议题，融合成为两者实现双赢的一个重要途径。波兹曼将符号环境的变化比作被逐渐污染的河流，一旦到了物理学家所说的临界点的时候，河里的鱼类就灭绝了，但它还是存在的，用途没有消失，价值大大降低，对周围环境也造成了不良影响。媒介也是如此，网络已经改变了符号环境的性质，虽然人们还在阅读书籍，但是功能已大不如前。媒体融合并未预设这一场域中所有媒体的平等地位，媒介环境发生变化，各种媒介的位置及地位也会随之变化，至少在现在，我们从网络媒体和传统媒体之间的相互依存关系中能清晰地看出，网络媒体在融合场域中占据着主动和更优的位置。

第二节　互联网的公共性意涵

一　公共性的西方视角

对互联网公共性的研究首先需追溯至西方社会对公共性的固定理解。西方通常用 public sphere 来指代公共领域。关于公共性的单词有 public 和 publicity 等，也有学者用 public sphere 来直接表示公共性的意思，因为公共性是公共领域的核心和本质，只不过 public sphere 一词更加强调了 sphere 的概念，即公共生活的领域（area of public life），侧重于公共性所在的领域范畴的规定。因此从区域范畴的意义上来说，public sphere 和 public domain、public space 的意思是相近的，公共领域也可以称为公共广场、公共空间或者公共场域。而 public 的概念含义更为广泛，可以指称公众或民众、大众或群众，也可指代公共的、公开的、公务的、公众的，更侧重于公共性的主体和特性。哈贝马斯所指的公共领域是由德文 Öffentlichkeit 翻译过来的，这一单词有公众和开放性的意思，在英语中和 the public 以及 publicity 两个单词的意义相近。这样翻译，不仅强调了公共领域的政治重要性，而且还结合了英美传统中最根本的政治用语。① 相对而言，用 publicity 来指代公共性在西方出现不多，其意思已逐渐

---

① 夏铸九：《（重）建构公共空间——理论的反省》，《台湾社会研究季刊》1994 年 3 月，第 33～34 页。

演变为公众的名声、宣传、宣传品和公开场合等，更接近公共关系领域的含义，与公共性的含义已相去甚远。同时布鲁斯·罗宾斯（Bruce Robbins）也从语言学角度谈到，public sphere 比 publicity 在朗读时更具节奏感，并且能唤起人们对公共性和公共领域神圣性的感知。① 大英百科全书网站对 public 的解释包括两方面，一方面是作为形容词的解释：①公开普遍的（观点），知名的，物质的；②影响或者和人们或国家所有区域有关的；与政府有关的（法律）；与组织或政府服务有关的；③总的来说和人们有关的，流行的；④与和私人利益相对的商业或组织利益有关的；⑤与整体或国家的福利有关的；⑥社会所有成员都能获得并分享的；在公开市场的自由贸易中可获得的；⑦为公共基金和私人捐款所支持的，而非商业收入的（如公共广播，公共电视）。另一方面是作为名词的解释：①为公众所获得或者可见的处所；②所有人；③有共同利益或者性格的一群人，特别是有特定的活动或者事业目标的群体。② 在谈到名词的 public 时，《大英百科全书》将它与人群（crowd）和群众（mass）相区别，③ 认为人群的行为以及与之相关的一时的风尚或者恐慌的模式通常是与"公众"有区别的，因为公众更有深思熟虑的态度。人群和公众的最重要区别在于公众能意识到一个议题包含有不同观点，并且能承认和容忍这种差异。布鲁默将公众定义为"一群遇到同一议题的人，他们根据面对议题的方式进行观点的区分，但致力于对该议题的讨论"。另一重要区别在于公众相互作用的产物是公共舆论，而非只是来自活跃的、具有表现力的人群的集体行为或者集体狂喜的经验。④ 从这些词语的使用习惯可看出，西方在对公共性的内涵进行理解时，都围绕着为政治服务的某个领域、公众、公开性等要素，而深思熟虑、讨论和分享也作为公共态度和公共精神的组成部分为大家所认可。结合上一章论述的西方公共性研究学者的基本观点，西方基本认同的公共性特征包括：①从行为主体的特点来说，参与者是自由平等的，以语言作为沟通的手段。②从行为主体的行为来说，使用语言主要是为了开展讨论和交流，进行理性对话和协商。③从行为主体的行动目的来说，公共

---

① Bruce Robbins. （eds.）*The Phantom Public Sphere*, Minneapolis, Minnesota：University of Minnesota Press, pp. vii-xxvi.

② Public, http：//www. britannica. com/bps/dictionary? query = public.

③ Public, http：//www. britannica. com/EBchecked/topic/482288/public.

④ Publics and masses, http：//www. britannica. com/EBchecked/topic/125544/collective-behaviour/25316/Publics-and-masses#ref20590.

性是为公共议题服务的，其中公共议题更加偏向政治议题。

二 公共性的中国视角

当然，公共性并非西方社会独有之物，长久以来，它一直是中国社会讨论之重要话题。网络虽然非中国独创，但网络文化进入中国，成为中国文化的一部分，且与中国传统传承文化在碰撞中交融，因此，要考察互联网的公共性意涵，还需考察中国历史上的"公"和"公共"。

（一）中国词典中的"公"与"公共"

中国古文字最初以单字来表示特定的人或事物的广泛意义，"公共"一词最初在汉语里是分开的，通常以"公"来表示公共的意思。根据《辞源》记载，"公"有12种意思：①无私也。②五等爵之第一等曰公。③官名。见三公条。④官所曰公。⑤事出于众人者曰公。如公推公举。⑥与众共之亦曰公。如言公诸同好。⑦谓父曰公。⑧妇谓舅曰公。⑨谓祖曰公。⑩尊称曰公。⑪相呼曰公。⑫牲畜雄者俗谓之公。①

《中文大辞典》（普及本）对"公"字的字条解释为：①平分也。②无私也。③不私也。公有也。④广也。共通也。⑤平也。⑥正也。⑦显然为之也。⑧详也。⑨君也。天子、诸侯皆可称公。⑩逝世之诸侯也。⑪爵名。⑫大国之孤卿。⑬对人之尊称。⑭亲属之尊称。⑮官职。⑯官所也。⑰事也。⑱赋役也。征役也。⑲成功也。⑳神之尊称。㉑谥也。㉒畜类牡者曰公。㉓古作仏。㉔姓也。②

《汉语大词典》中"公"字的解释为：①公平；公正。②公共；共同。③朝廷；国家、公家。④公事，政府或机关的工作。⑤属于国际间的。⑥不加隐蔽，毫无顾忌。⑦犹公布。⑧称谓。⑨敬称。⑩称雄性动物。⑪古代五等爵位的第一等。⑫东周时期，诸侯的通称。⑬古代的最高官阶。⑭通"功"。⑮姓。③

以上三本词典对"公"之解释与当今所说的公共相似。如在《中文大辞典》（普及本）中，第3条（不私也。公有也）中的细目标注已涉及公共的

---

① 王云五编《辞源（上）》，商务印书馆，1933，第278页。
② 林尹、高明主编《中文大辞典》（普及本）（一），台北：中国文化大学出版社，1982，第1468页。
③ 罗竹凤编《汉语大词典》（第2卷），汉语大词典出版社，1988，第55~56页。

意思，具体内容为：

> 三、不私也。公有也。《广韵》：公、共也。《礼记·礼运》：天下为公。注：公、共也。《汉书·张释之传》：法者、天子所兴天下公共也。注：师古曰公、谓不私也。①

在《汉语大词典》中，第 2 条（公共；共同）的例子为：

> 《礼记·礼运》："大道之行也，天下为公。"郑玄注："公，犹共也。"《鹖冠子·天则》："夫裁衣而知择其工，裁国而知索其人，此固世之所公。"清王夫之《张子正蒙注·中正》："天下之公欲，即理也。"郭沫若《新华颂》："工业化，气如虹，耕者有田天下公。"②

可以看出，这里的"公"已显示出"天下为公"的意涵。

公与共两者结合的提法，在不少古书和文学作品中有所体现。《辞源》对"公共"一词的解释为"所谓公众共同也"，《汉书》有载："法者。天子所与天下公共也。"③《中文大辞典》（普及本）对"公共"一词的解释为：

> 谓公众所同然者也。公亦共也。按礼记礼运天下为公、注公犹共也。④

《汉语大词典》对"公共"的解释及举例如下：

> 1. 公有的；公用的。2. 犹公众。3. 犹共同。⑤

---

① 林尹、高明主编《中文大辞典》（普及本）（一），台北：中国文化大学出版社，1982，第1468 页。

② 罗竹凤编《汉语大词典》（第 2 卷），汉语大词典出版社，1988，第 55~56 页。

③ 王云五编《辞源》（上），商务印书馆，1933，第 280 页。

④ 林尹、高明主编《中文大辞典》（普及本）（一），台北：中国文化大学出版社，1982，第1475 页。

⑤ 罗竹凤编《汉语大词典》（第 2 卷），汉语大词典出版社，1988，第 60 页。

这里的"公共"增加了公共场所和公众等内容。

（二）中国历史上的公共性

上述为中国辞典或辞书对"公""公共"的常规性理解，此外还有不少学者对"公共"进行学术研究，通过"公""私"比较形成相关的论著和研究成果。如日本学者沟口熊三认为，《诗经》就已开始出现"公"与"私"的对称，并且出现了公堂这一表示公共活动场所的名词，这一概念亦表现出一点儿共同体的意味。而东汉许慎编撰的中国最早的字典《说文解字》引先秦《韩非子·五蠹》的话，将公解释为"平分"，将私解释为"奸邪"，这时这组词成为道义性对立的概念。① 中国古代的天与公是联系在一起的，因此有"天下为公"这样的说法。除《礼记·礼运》谈到过"天下为公"外，《吕氏春秋·贵公》也提到了类似的话："昔，先圣王之治天下也，必先公。公则天下平矣，平得于公。"这里的公与天对应，在政治立场上和皇帝政治与皇位继承的公正产生了联系。② 而"天"是高于皇权的"公"，具有绝对性，因此有"天命不可违"之说。相对"天"而言，皇权就成为私了，这种思想一直贯穿在封建社会的发展过程中。但人们在使用时往往容易把天和皇权混同，也就会产生公私不分的情况。比如当说到天下之事时，中国人会有"天下兴亡，匹夫有责"的使命感，这里所说的天下和皇权就是一个意思了。而香港理工大学翟志成教授认为，传统中国的公与私是伦理学和形而上学的概念，和西方的公与私不同，西方的属于政治学和社会学的概念。他认为公是一切德行与正面价值的化身，而私被认为是人间一切痛苦和罪恶的总根源。③ 他根据对近500年来宋明理学的分析，认为公私的这种善恶二分法在中国根深蒂固，"灭私存公"的思想甚至影响着中国近现代社会的发展。明清时期随着资本主义萌芽在中国的产生，一些学者如顾炎武、黄宗羲、戴震等对私有了不同于宋明理学的新解释，他们肯定了私（私有财产）存在的合理性，否认在私与公之间存在必然的矛盾对立。他们肯定庶民的合理欲望，认为可以"合私以为公"，肯定个体的合理欲望以及个人对公共事务的参与，试图建立社会正义

---

① 〔日〕沟口熊三：《中国的思想》，赵士林译，中国社会科学出版社，1995，第47～48页。
② 〔日〕沟口熊三：《中国的思想》，赵士林译，中国社会科学出版社，1995，第56页。
③ 翟志成：《宋明理学的公私之辨及其现代意涵》，载黄克武、张哲嘉主编《公与私：近代中国个体与群体之重建》，台北："中研院"近代史研究所，2000，第1～2页。

的准则。① 然而到清末，"公"的概念内涵发生了变化，康有为和梁启超等学者开始接受资产阶级改良思想，并试图将西方思想融入中国传统思想之中，如康有为在《大同书》中提出了人类受国界、级界、种界、形界（分男、女）、家界、业界、乱界（不平、不通、不同、不公之法）、类界（有人与鸟、兽、虫、鱼之别）和苦界之苦，因此相应地提出"去国界，合大地也；去级界，平民族也；去种界，同人类也；去形界，保独立也；去家界，为天民也；去产界，公生业也；去乱界，治太平也；去类界，爱众生也；去苦界，至极乐也。"② 他已将"天下为公"和"大同"等同起来，认为"大同之道，至平也，至公也，至仁也，治之至也，虽有善道，无以加此矣"。③ 所谓的公就是同，即公平，共同，排除身份、财产、种族、性别、职业的差异，甚至突破国度的界限，立足全世界和全人类。这种观点已将《礼记》的天下与中国儒家的"仁"、西方达尔文的进化论、佛教和基督教的思想以及卢梭的天赋人权等观念融为一体。这时中国学者眼中的"公"增加了西方的自由、平等、独立和博爱等内容，相应地，对私的定义发生了转变，私不再作为罪恶的化身，而有了积极的一面，私作为私人的内容开始受到大家的认可，那种充满贬义的"一己之私""自私自利"中私的内涵有了变化，它不再是公的对立面，而成为公的补充，私的增长也并非是社会恶相，而被视为个人发展之必需。后来孙中山从民族独立的角度提出了包含"天下为公"内容的三民主义概念，而资产阶级改良思想渗入清朝之后，"公"中也包含了平等的内容。

中国当代知识分子，无论是在网络上，还是在现实生活中，都既坚守着那份传统的"先天下之忧而忧，后天下之乐而乐"的"家天下"的热诚，同时又运用西方政治学和社会学中的民主、平等、自由等术语来争取公共利益。这种实践证明，知识分子正在寻求当前中国关于"公"的真正内涵。我们既需参考西方公共性研究在理论和实践上可供采撷的财富，使之成为了解当代中国公共性内涵的借鉴，也需结合中国的具体实际，两者缺一不可。因为一方面，诚如荣剑所言，中国区别于欧洲的社会性质、制度模式、地理环境和文化传统，综合地决定着中国现代社会转型必将实行一条和欧洲现代化有别

---

① 黄克武：《从追求正道到认同国族：明末至清末中国公私观念的重整》，载黄克武、张哲嘉主编《公与私：近代中国个体与群体之重建》，台北："中研院"近代史研究所，2000，第64页。

② 康有为：《大同书》，邝柏林选注，辽宁人民出版社，1991，第66~67页。

③ 康有为：《大同书》，邝柏林选注，辽宁人民出版社，1991，第11页。

的特殊路径，中国的历史叙事决定着中国的现代性叙事。① 而另一方面，倘若彻底割裂与西方或欧洲之间的联系，也是一种历史的断裂，因为中国历史也处于世界历史的发展进程之中，不可避免地会受到西方思想以及文化的影响，虽不必走欧洲理论研究的路径，但至少应借鉴并吸收其中适合中国以及与中国发展有关的部分。黄克武认为，在当前历史与文化的研究中，只有能够领悟西方例证的精义所在，同时又能深探中国自身在"公"与"私"论轴上的反复论争，从而进行下一步自主而不附会、交换而相互受益的学术对话，② 才能发掘中国公共性应有之意。

从中国视角来看，根据中国汉语对"公共"一词的解释，结合中国历史，公共性的含义可以归纳如下：①公共场所；②公众；③公正、公平；④以天下大局为重，即公共利益。

三 互联网公共性的意涵

葛兆光曾提出研究中国历史时的疑问：历史学家是否要考虑与欧洲历史不同的中国历史的特殊性？③ 我们在反思历史研究视角西化的同时，也不能全盘否定当前中国和西方存在的共性内容。一些中国学者在对互联网的公共性进行研究时很少采用中国视角，只采用西方理论进行分析，脱离中国实际情境，容易使结论有失偏颇。正确的做法应是以中国为神，以西方为形。尤其是互联网作为一个跨国界的平台，网民在其中的言论和行为方式已逐渐出现类同的倾向，更需要了解其中有多少包含着中国传统和特殊性的因素，又有多少包含着全球化文化影响下的全球受众共性。对互联网公共性概念的界定既不能割裂中国关于公的历史，也无法忽略当前西方体制以及政治社会思想对中国政治、经济和文化的影响，更不能忽视互联网作为一种多元、包容、开放的平台本身所含有的特性，因此必须从一个宏观视角来看待互联网公共性的内涵。

在"地球村"理念下的互联网传播已出现了中西方思想相互渗透和融合之趋势，因此对互联网公共性意涵的型构，应结合中国实际和中国特色。虽

---

① 荣剑：《中国史观与中国现代化问题——中国社会发展及其现代转型的思想路径》，载《中国社会科学辑刊》2010 年总第 33 期。
② 黄克武、张哲嘉主编《公与私：近代中国个体与群体之重建》，台北："中研院"近代史研究所，2000，引言，第 X 页。
③ 葛兆光：《宅兹中国——重建有关"中国"的历史论述》，北京：中华书局，2011，第 22 页。

然参照西方的社会学和政治学的结构模式，但不能忽视传统中国本身存在且根深蒂固的特性，比如中国社会中常常出现公与私之间的厘不清的关系，也很明显地表现于互联网的行为之中，在研究时需要做出相关解释。

综合中西方对公共性的研究精髓，结合互联网本身特点，本研究总结出互联网公共性的意涵：互联网是网络公众基于公共利益进行表达沟通的公共广场。

本研究认为互联网的公共性包括以下四个基本要素：公共广场、公众、表达沟通和公共利益。作为公共广场的互联网从某种程度上类似于古典公共性中所说的城邦社会的广场，它既强调领域的"广度"，还包括打破国界和空间限制的跨国公共广场，广场针对全世界开放，具有公开性和透明性，允许任何人参与，并允许参与者的价值多元；网络公众的实践是公开的，态度是公正的，言论是平等的，表达是自由的；网络公众之间的表达沟通采取的是一种沟通协商的交流方式，这不仅是一种互动沟通的交往过程，而且力图进行反思，以达成理性沟通之共识；网络公众实践的目的是实现公共利益，这种公共利益以公共议题为基础，以共同之善为理念，以网络社群的网络社会运动为表现，甚至能推广至线下的现实社会，最终促进现实社会公共利益的达成。

第四章 作为公共广场的互联网

第一节 互联网公共广场的基本形态

《简明不列颠百科全书》将广场定义为"古希腊作为市民活动与聚会的露天场所。位于城市中央或附近港口，周围有公共建筑、神庙、雕塑、喷泉和树木，四周有独立廊柱、店铺，并与城市其他部分区分"。[①] 西方国家最初沿用古希腊城邦社会的公共广场设计，将广场、剧场和体育场等作为居民公共活动的区域，人们可以在其中参加政治和文化活动，广场附近设市政厅或者元老议事厅，居民代表大会在当时被称为 Agora 的广场召开。而到中世纪城市广场逐渐成为城市中心，主要用于商业活动、政治活动或者宗教活动的广场逐渐增多。经历了文艺复兴和工业社会后，西方城市广场的宗教功能逐渐被政治和商业功能所取代，以符合现代社会的城市发展和市民需求。在中国，根据考古学发现，西安市临潼区姜宅的早期仰韶文化遗址是世界最早的广场文化遗址之一（另一为乌克兰基辅特里波里村落遗址），当时的广场是五组房屋环绕着的中间的空地，它勾勒出了广场的原始形态。这种原始形态后来逐渐演变成类似家庭广场的"庭院广场"，这种广场具有隐匿性和私人性的特点，没有"公共"的内涵，比如四合院、庙宇、故宫和天坛等，都是典型的受等级制度影响的"庭院广场"。而中国另外一种被称为"街市广场"的场所，有一些公共广场的特点，[②] 如街市、菜场、庙会、祠堂前和观戏台前等，这些场所向老百姓开放，主要以经济活动、宗教活动或消遣休闲为主。同时，茶馆成为百姓聚集交谈的典型场所，并一直延续至今，但喝茶聊天的大多是

---

① 段俊原：《现代城市广场空间的特性解析——以南京鼓楼广场地区为例》，南京林业大学城市规划与设计专业硕士毕业论文，2007。

② 阎保平：《论中西古代广场文化及其城市形态》，《大连大学学报》2009 年第 1 期。

第四章 作为公共广场的互联网

普通老百姓，聊天话题虽然纷杂，但多不问政事。大部分中国古代的城市以方格网形式的道路交通系统为基本的公共空间模式，其目的是方便对百姓进行监管和控制。① 狭长的街道设计以交通为主要用途，空间就局促了，限制了公众讨论的开展，因此中国古代的公共广场和西方的公共广场性质截然不同。而发展到近现代出现城市之后，中国对广场有了比较明确的定义，认为从城市功能角度来说，广场是城市公众的生活中心，是由道路、建筑物和绿化带围绕而成的敞开式的建筑空间。②。

当代社会中，城市广场的主要功能是推动市民文化建设和发展，是民生休闲娱乐的场所，城市广场的设计必须融合于城市的总体规划设计中，并体现城市的政治、商业和文化氛围。如丹麦哥本哈根市政厅广场的公共广场功能相对比较简单，它保留了北欧特征和文艺复兴时的风格，以市政厅作为主体建筑，其中市政厅既针对游人开放，也在正常办公。城市广场中最普遍的就是市民广场，相当于"城市的名片""城市的客厅"。如青岛市政府办公大楼附近的五四广场因五四运动而得名，主体雕塑《五月的风》体现爱国主义基调并张扬腾升的民族力量，成为青岛的标志性建筑物，彰显青岛文化特色。还有一些城市公共广场已从集会聚会的公共场所转为商业化的场所。如建于文艺复兴时期的威尼斯中心广场圣马可广场，经过1000多年的历史发展，虽然保存了圣马可大教堂、四角形钟楼和王室宫殿的原址，但广场周围散落着各种精品店、咖啡屋和酒店，广场上还有画家兜售自己的作品，摊贩向游客推销商品。这里成为威尼斯每年嘉年华的重要场所，置身其中能感受到浓重的商业氛围。一些广场既带有商业特征，又带有政治色彩，如俄罗斯莫斯科的红场广场被称为莫斯科的心脏，是俄罗斯大型庆典及阅兵活动的中心，周围有圣瓦西里升天大教堂、克里姆林宫、亚历山大花园、列宁墓、国家历史博物馆等象征政治特权的建筑，广场东面又有一个世界著名的古姆商场，招揽世界各地游客购买商品。除城市广场外，街市、金融街/商业街、景观大道、酒吧街/特色街等，都是城市公共广场的类型，商业气息削减了公共特性。由此可见，大部分城市广场要么呈现商品化特征，要么仍是政治权力的集中地，或者是两者的结合。

---

① 贾春立：《关于城市广场的一些思考》，《天津建设科技》2006年增刊。
② 段俊原：《现代城市广场空间的特性解析——以南京鼓楼广场地区为例》，南京林业大学城市规划与设计专业硕士毕业论文，2007。

互联网的公共性

虽然目前互联网也逐渐受到各种外部因素的干扰，但与现实社会相比，仍可称为相对"纯净"的公共广场。综合而言，互联网上公共广场的基本形态主要包括以下八类。

一　网络论坛（BBS）

在 Web 没有出现前，新闻组（newsgroup）是网络讨论最常见的公共广场。在新闻组上人们可以发表各种各样的问题，与各种各样的人讨论，它支持离线浏览，但不支持即时聊天。新闻组在中国不太流行，进入中国较早的电子信息服务系统是网络论坛 BBS（Bulletin Board System，或 Bulletin Board Service）。网络论坛最早由一些计算机专业爱好者建立，主要针对软件技术进行讨论。随着网络论坛发展成熟，基于各种兴趣爱好的网络论坛出现了，包括各种各样的主题，如新闻传播、交友、易物、招聘、商品出售、影视、音乐、读书交流等综合性内容，也包括政治、教育、经济金融以及软件研发等专业性或者窄众研究内容，同时一些地方性论坛在特定区域内发挥作用，如杭州的 19 楼论坛。网络论坛通常由网络管理员来负责管理，主要是维护网络安全和对论坛信息进行把关和编辑等。校园 BBS 是至今仍比较活跃的论坛，如水木清华（清华大学）、小百合（南京大学）、日月光华（复旦大学）和飘渺水云间（浙江大学）等。一些单位也有内部 BBS 以方便员工交流。最开始时很多 BBS 是局域网，并非对外开放，仅供内部用户使用，使用人群有限。后来有的网络论坛打破了局域网的局限，向所有网民开放。

网络论坛 20 世纪 90 年代末在中国盛行，网民可以浏览论坛的帖子，注册登录之后就可以发言和回帖。目前中国知名度比较高的网络论坛有天涯论坛、强国论坛、猫扑论坛、凤凰论坛、新浪论坛、网易论坛、豆瓣等。很多公共事件最早都是出现在论坛中，然后才逐渐为人们关注和追踪。如 2007 年的南京彭宇案，最先源于南京地方网络论坛西祠胡同中，后来有网民将帖子转至天涯论坛，促使全国对当前社会道德滑坡以及务实精神渐失等问题展开了探讨。

二　博客

博客是通过网络发表文字来表明自己观点和想法的综合性平台。由于微博等一系列新兴社会化媒体的出现和发展，博客近年来呈缓慢发展趋势，但仍是网民与外界沟通的一种重要方式（譬如长微博就是一种博客的演变）。博客分类广泛，按照博客是否对外开放可以分为公开性博客和加密性博客。按照内容性质可以分为政治博客、商业博客和生活博客等。按照博主身份可以分为政界人士博客、商界人士博客、体育界人士博客、文化界人士博客等。其中政治博客成为网络公众参与和民主发展的助推器。政治博客最早起源于美国，在克林顿和莱温斯基绯闻事件中，名为"得拉吉报道"的个人博客网站一举成名，成为当时轰动一时的政治博客之一。而在中国，一些官员使用博客与民互动，了解民意。如广东省卫生厅副局长廖新波在信访局挂职时，开设博客，通过与网友沟通来答疑和解惑。他在博客中自称"医生哥波子"，坚持每日一博，以一种独立的立场和网友畅谈中国的医疗体系以及当前公共医疗卫生工作中存在的问题，因此也被网友称为"博客厅长"。他的新浪好友已超过博客的承载量，粉丝们则给自己冠以"菠菜"之称。此外，在"两会"期间，新闻记者和两会委员也纷纷开设博客，向公众征求两会提案，鼓励网络公众参与政治决策。

另一种趋势是，博客已经逐步走向平民化和大众化。调查数据表明，心灵独白和生活记录类博客成为主流，而评论社会热点或社会现象、学术问题探讨、经济行情分析和信息类的博客数量也在增加。[1] 一种较为明显的趋势是，博客已逐步走向草根，平民百姓开始尝试深度思考和深度写作，在自己的博客空间传播有价值的重要信息、发表对社会问题的看法，同时博客的观点表达以深度见长，内容更富有底蕴和厚积力量。

三　视频网站

视频网站是网络公众发布、浏览和共享视频与音频信息的网络平台。其中 YouTube 是目前世界上最大的视频分享网站，使用者可以上传、下载、浏览或分享视频，注册用户可以无限量上传和下载视频，但非注册会员只能浏览。MTV 音乐是其中较为重要的视频内容，如截至 2013 年 4 月 6 日，韩国歌手 Psy 的视频《江南 Style》成为 YouTube 上首个点击率超过十五亿次的视频。Psy 在 4 月 13 日首尔举行的个人演唱会上公布了《江南 Style》的后续歌曲《gentleman》，YouTube 现场直播了演唱会全程。[2] 虽然在 YouTube 上有很多来

---

① 王淑华：《新媒体时代网络媒体与电视媒体的融合与发展》，《重庆社会科学》2010 年第 1 期。

② 赵丹丹编辑《〈江南 Style〉YouTube 点击次数突破 15 亿》，国际在线，2013 年 4 月 7 日 10：28：08，http：//gb．cri．cn/27564/2013/04/07/108s4075688．htm。

自传统电视或广播媒体如 CBS、CNN 或者 BBC 的新闻节目，但大部分内容都由个人原创，注册用户可以将自拍视频放在 YouTube 与人分享和讨论。中国比较知名的视频分享网站有优酷土豆、6 间房、酷 6 网、56 网等。一些公共事件的原始视频最早都出现在这些视频网站上，如成都拆迁户唐福珍自焚事件、上海"熊姐"校园暴力事件、日本核泄漏后中国百姓抢盐事件、雷政富艳照门事件等。网络公众还会自制视频表达对公共事件的态度，如温州动车事件发生后第七天，在优酷上出现了《如果 723》的微电影，祭奠受难者并对其家属给予安慰，一年后出现了《723 动车事故周年祭：我把思念寄给你》，点击率都很高，很多注册用户在浏览后发表评论表达自己的悲伤之情。虽然最近几年，国内网络公众制作视频、上传原创作品的积极性有所提高，但与国外相比，国内用户的整体创造水平较低，优质内容不多。①

四　微博

很多时候人们认为，一些零星碎片式的想法虽然不足以构成一篇体面的博客文章，但也有一定的价值，因此愿意与人分享。微博的产生满足了这种需要，运用 140 个以内的字符，用户可以随时随地发布信息。即时性和可移动性是微博的两大特点，同时微博传播不受国界、身份、性别、年龄的限制，促使形成了一个庞大的社会交际网。Twitter 是世界上最早提供微博服务的网站，国内著名的有"新浪微博""腾讯微博""网易微博"等。微博不仅在与传统媒体融合时能形成强大的新闻聚合作用，而且在对突发事件的信息传播方面也具有得天独厚的优势。如 2008 年 12 月 20 日美国丹佛国际机场的飞机脱离跑道，最先发出消息的是在飞机上使用 Twitter 的乘客。在 2008 年的"5·12"汶川地震、2011 年的"7·23"动车事故、2012 年 7 月的北京暴雨灾难事件、2013 年"4·20"雅安地震和 2014 年马航失联事件中，微博都能较早将动态消息传播于众，并通过网络舆论的浪潮促使事情向公众预期的方向推进。微博客的全球普及迎来了一个新的网络时代，连奥巴马也忍不住在自己的 Twitter 上大声疾呼："We just made history（我们开创了历史）。"②

①　韩杨：《视频网站现形记：告别疯狂买剧　小玩家求并购》，凤凰科技，2013 年 4 月 11 日 09：12，http://tech.ifeng.com/internet/detail_2013_04/11/24100611_0.shtml。

②　郭建龙：《迷你博客的少年烦恼：Twitter 的中国效仿者》，《21 世纪经济报道》2009 年 1 月 14日第 24 版。

五　社交网络（SNS）

社交网络是以人际关系作为连接点的网络互动平台，注重网络间的人际传播和交往。与传统的人际传播不同的是，它以信息传播作为主要内容，特别关注娱乐信息和商业信息在人与人之间的流动与传播。它主要提供社交网络服务，英文称为 SNS（Social Network Service）。随着信息科技的不断进步，社交网络已经成为受众热衷的一种新型的信息传播方式。Myspace 和 Facebook 已成为美国记者每日必会关注的网站，而在中国，开心网、人人网、腾讯空间、51. com 等均为人气较强的社交网络。人们除了可以通过社交网络分享信息外，还能建立庞大的人际关系网，以整合更多信息资源和社会资源。社交网站借助其强大的社会关系网，传播公共事件，新闻事件一旦在身边出现，就会迅速在社交圈中扩散，形成网络舆论。

六　即时通信平台（IM）

即时通信平台指的是网络上可以即时交流信息的场所，始于 1996 年三个以色列青年发明的 ICQ。目前 ICQ 已成为世界上最大的即时通信系统，中国比较常见的即时通信平台有 QQ、MSN、网易泡泡、飞信、阿里旺旺、米聊、微信等。即时通信平台既可以用于熟人之间的交流，也可以用于陌生人之间的对话，在此平台可以实现两人或者多人的文字交流、语音交流、视频交流和文件传输等功能，而且可以根据自身需要创建群或者组进行共同讨论，同时即时通信平台还提供其他网络服务。以 QQ 为例，网络用户可以查找网友、搜索联系人、对好友进行分组，还能创建或加入 QQ 群或临时讨论组，进行公开讨论，超级群能容纳 500 人，高级群能容纳 200 人，普通群能容纳 100 人。此外，QQ 提供腾讯微博、腾讯邮箱、QQ 空间、朋友网、拍拍网、QQLive 网络电视、QQ 音乐、QQ 游戏、QQ 宠物和腾讯网站的链接渠道，这种捆绑传播的方式能满足不同网络用户的不同需求。目前即时通信开始向手机客户端转移，如飞信实现了网络和短信的无缝链接，这种多端信息接收的方式使通信无论在线上还是在线下都能畅通无阻。微信也有即时通信的属性，它比飞信的信息传播方式更为丰富，集文字、图片、语音和视频于一体，支持多人群聊，还能根据地理位置查看附近好友，而且与微博相比，它更加私密，对话的真实感更强。2013 年 1 月 15 日腾讯微信官方微博表示，腾讯自 2011 年 1 月 21 日发布第一个微信版本，至今已有 3 亿用户，马化腾期待 2013 年微信能走向世界，彭博社则认为腾讯微信用户数量在三年内有望到达到 4 亿。①

七　网络百科全书网站

　　网络百科全书是可供网民查阅和编辑的信息内容大全。有些网络百科全书涉及著作权问题，需要收费，使用者只能阅览不能编辑，如大不列颠百科全书网络版和中国大百科全书网络版。目前大部分网络百科全书是免费的，其中维基百科被公认为目前最权威的百科全书，它由来自世界各地的志愿者合作编辑，共收录了超过 2200 万篇条目，网络用户可以自由浏览和修改绝大部分标签页面的内容。② 中国的百科全书有百度百科、互动百科、搜搜百科、维库、凤凰网百科、MBA 智库百科等，其中最大的百科全书是百度百科全书，它也被称为全球最大的中文百科全书。百度百科的定位为"让人类平等地认知世界，是人人可编辑的百科全书"，网络用户既可以阅读百科，增长认知，也可以参与编辑，贡献所知。百度百科的分类频道将各类知识进行归类，便于用户寻找，在参与编辑方面，用户既可以创建词条，也可以完善词条。但是由于参与编辑百科全书的贡献者能力参差不齐，因此百科全书在真实性和质量方面产生了很多问题。针对这种情况，管理员会及时清除恶意破坏者。面对争议，网站开设了相应的讨论页面，借由网络用户相互讨论、修改，去伪存真，完善词条，实现准确性。百度百科还设置了核心用户体系，聚集具有原创性和信息整理能力的用户，发挥精英力量来完善词条内容。

　　百科全书网站浏览人数众多，能产生强大的社会影响力。如 2012 年 1 月 18 日，英国维基百科关闭网站 24 小时，以抗议美国国会正在讨论的《保护知识产权案》与《禁止网络盗版法案》，162 万网民通过其他网络渠道获知此事，其中有 8 万美国网民对此事非常重视，表示声援维基。③ 再如 2013 年 3

---

① 周璞：《外媒称腾讯微信用户数量三年内将至 4 亿》，中关村在线，2012 年 12 月 29 日 05：42，http://soft. zol. com. cn/345/3454922. html。

② Paul Vale, Wikipedia's Jimmy Wales Speaks out on China and Internet Freedom, The Huffington Post, 30/08/11 11：31, http://www. huffingtonpost. co. uk/2011/08/29/wikipedias-jimmy-wales-sp_n_941239. html.

③ Deborah Netburn, Wikipedia: SOPA Protest Led 8 Million to Look up Reps in Congress, Los Angeles Times, January 19, 2012, 10：42am, http://latimesblogs. latimes. com/technology/2012/01/wikipedia-sopa-blackout-congressional-representatives. html.

月底中国爆发流感病毒 H7N9，百度百科对这一突发公共卫生事件进行了及时、全面而且深度地信息展现，并连续几天做了专题策划，图解如何应对 H7N9 型禽流感，同时发起了 "H7N9 来袭，你害怕吗？你有什么好办法" 的直播讨论，一周时间内点击量超过 33 万人次，详尽而权威的信息解释在一定程度上缓解了公众的恐慌情绪。

八 新闻反馈版块

门户网站、综合性网站和新闻网站是快速、及时发布信息的重要平台。而在新闻发布后，网站会设置一个新闻反馈版块，让网络公众发表对该新闻的看法。网络公众既可以通过选择 "愤怒" "高兴" "悲伤" 等表情来表态，也可以通过跟帖表达观点，这种行为也叫新闻跟帖。新闻跟帖指在发布或者播放的新闻后，在网站提供的评论版块上，网友发表评论和感受。早在 2000 年新浪网就推出了新闻跟帖的功能，之后网易、腾讯、搜狐等综合性网站也推出了类似功能，后来视频网站如土豆、优酷等的视频页面，也提供了可供评论的空间。与传统媒体相比，网络平台中信息传播这一基本功能的地位在弱化，而评论以及与此相联系的舆论监督功能的作用在逐步变强。如网易新闻在 2008 年年终就提出 "无跟帖，不新闻"，将新闻跟帖看成聚集民意的一个重要途径。

第二节 作为公共广场的空间特性

一 互联网作为公共广场的空间特性

互联网公共广场既是一个空间广场，也是一个时间广场，人们调整时空观念来进行网络实践。加拿大传播学者伊尼斯认为，必须达到时间和空间之间的平衡，才能维持社会的稳定，因为时间和空间是帝国统治的两个重要向度，帝国政权能否在时间上或者是广泛的空间内持续下去，取决于主导的传播方式。他在《传播的偏向》中指出，如果媒介轻巧便于运输，那么适合知识在空间中横向传播，而不适合知识在时间上的纵向传播。[①] 他认为西方世界已经开始垄断空间，那意味着历史的终结和时间的终结，西方文明的危机就

---

① 〔加〕哈罗德·伊尼斯：《传播的偏向》，何道宽译，中国人民大学出版社，2003，第 27 页。

是因为扰乱了这种时空的平衡。麦克卢汉在伊尼斯的基础上发现媒介尤其是电子媒介能打破旧的时空观念，使整个世界缩小成"地球村"。与此同时，传媒正逐渐对人类的感觉中枢进行影响。媒介科技虽远离我们，但事实上它已"植入"我们，它还会延伸和反映我们，并使我们的态度和行为发生改变。哈维在谈到社会空间时指出，当社会空间在某个社会型构的轨迹中遭遇竞争时，它会获得新的定义和意义。他以巴黎公社革命和巴尔的摩在 20 世纪 60 年代为争取种族平等和社会公平而展开的斗争为例，认为社会空间的支配性霸权状况永远都会遭受挑战，改变随时可能发生。[①] 互联网的产生改变了时间——空间的面向，打破了以前所建立的时空关系的固定模式，虽然每一次媒介革命都将对旧有时空关系进行又一次变革，但从没有网络媒体来得这么彻底，电脑硬件的更新空间缩短了信息传播的时间，并产生了特定的空间关系网，实现了传播的快捷化，甚至消除了空间的障碍。互联网作为公共广场的空间特性包括以下三个方面。

（一） 科技空间和信息空间

互联网的发展首先有赖于电脑科技的创造与革新。纵观几十年来计算机科技的创新历程，我们可以发现设计师一直在执着于创造更为轻便的电脑，以缩小科技实体的占用空间。1945 年全世界第一台计算机埃尼阿克的体积为 3000 立方英尺，重 30 吨；1985 年，日本东芝公司发明了世界上第一台笔记本电脑 T1000，显示屏为 9 英寸，厚度为 25.4 毫米，重 6.8 公斤，拉开了人类历史上移动计算机的序幕。2012 年 6 月美国苹果公司推出当时世界上最薄的笔记本电脑 MacBook Air 笔记本电脑，最厚处厚度仅为 17 毫米，重 1.08 公斤。而这个记录不会保持太久，因为全球的电脑公司都在不断钻研突破路径，挑战"世界最薄"的竞争永远不会停止。经历了半个多世纪，伴随着互联网科技的发展，轻盈的计算机媒介摆脱了固定空间的束缚，能随时随地承载更多的知识和信息。媒介科技发展促使传播从偏倚时间转向追求偏倚空间，传播触角蔓延至世界各地。

因为电脑科技传播中最基础的内容为信息，因此人们又将互联网空间称为信息空间。加拿大科幻小说家威廉·吉布森 1982 年在《omni》杂志上发表的小说《Buring Chrome》，提出了赛博空间（cyberspace）的概念，他将控制

---

① 大卫·哈维（又译戴维·哈维）：《时空之间——关于地理学想象的反思》，王志弘译，载包亚明主编《现代性与空间的生产》，上海教育出版社，2003，第 382～383 页。

论（cybernetics）和空间（space）两者结合，赛博空间由此得名，意指互联网络的虚拟空间，这被认为是最早对信息空间的解释。后来更多学者直接将其称为信息空间（information space，或者缩写为 infosphere）。较早提出信息空间概念的是英国学者马克斯·H. 布瓦索，他在《信息空间：认识组织、制度和文化的一种框架》中提出了三种可接受的信息定义：①信息对于接受者来说是偶然的，所产生的后果也是偶然的；②信息的构建意味着解释它和分析它；③信息是对数据的应用。[①] 他将信息空间解释为一种认识论空间，简称为E 空间，认为这是人脑里发生过程的个人空间，受其学习方式和人格因素影响，能和外部环境交换能量和信息，[②] 而个人在这个空间中的行动受文化影响，对数据的解读和使用源于满足自身需求，同时也和其实践经验、学习方式和适应环境的能力有关。以互联网为载体的信息空间处于全球信息科技高速发展的环境之中，从电子科技信息的节点出发，各个网址相互联系，通过传输控制协议、互联网互联协议和软件组建，融合了全球所有通信设施、数据库和信息。因此互联网是科技与信息融合的虚拟空间。

（二）虚拟的社会想象空间

互联网在人类生存的物质空间中编织着一张无形的、纵横交错的网，人们对世界的认知、对信息的接收和传播越来越有赖于这个网罗密布的看不见的空间。人们虽然看不见它，但能时时刻刻感受到它对生活的入侵。人们在网络上的态度和行为，对于他如何建构世界产生了越来越直接的影响，在互联网上，人们渐渐模糊了现实与虚拟的界限。

在互联网媒体科技的发展过程中，所有机器、所有信息和所有联系进行重组，在各个组合元素中空间被移除，[③] 形成麦克卢汉和波德里亚所说的传播的"内爆"。在当今时代，互联网媒体以比电视媒体更为迅速的方式进行传播，轻而易举地渗入人们的日常生活中，并深刻影响了人们的大脑。它不仅压缩了地理距离和地理空间，并且这个互联网空间还存在一种可能性，那就是将仍然笼罩在麦克卢汉和波德里亚所提及的内爆阴影之下，导

---

① Alan Chong, *Foreign Policy in Global Information Space*: *Actualizing Soft Power*, New York: Palgrave Macmillan, 2007, p. 11.

② 〔英〕马克斯·H. 布瓦索：《信息空间：认识组织、制度和文化的一种框架》，王寅通译，上海译文出版社，2000，第 89 页。

③ Gary Genosko, *McLuhan and Baudrillard*: *The Masters of Implosion*, London and New York: Routledge, 1999, p. 94.

致拟像时代的到来：随着互联网媒介塑造的比真实还要真实的超真实的出现，虚构的拟像型构了现实本身，虚拟之物成为真实的评判标准。① 在其浸透下，人们的关系将日益缩减成网络通信或者移动网络联系，人们认知中的社会空间不再是真实空间，人们将依赖媒介或者信息获得想象中的社会，并确信它是真实的。

（三）内心空间和表达空间

列斐伏尔指出，各种空间的隐喻，如位置、立场、地域、边界、边缘、核心、流动等，既能显示出社会权力与抗衡力量的界限，也能显示出主体与他人在自我认同和自我建构方面的界限。② 互联网既是一个抽象的空间，一个想象的空间，又是象征的空间，人们通过互联网实践来进行自我和他人的印象管理，同时确认自己在空间中所处的位置，与他人之间的社会关系，最终实现自我认同和建构。整个互联网的实践过程，是建立在社会想象基础上的行为与情感的表达，最终回归于人的内心。《连线》杂志创始人凯文·凯利在著作《失控：全人类的最终命运和结局》中对未来科技的发展提出了诸多预言，他认为当生命的力量释放到我们所创造的机器中时，这个人造世界会具有自治力、适应力和创造力，我们就丧失了对它们的控制。③ 随着人类对机器的依赖，网络将改变人类的思维模式，互联网让人类进入与原来不同的世界。凯文·凯利提到了互联网科技发展导致人类社会失控的趋势，但在另一方面，互联网是为人们提供创造性思维和构想的空间，从某种意义上来说，是人们内心表达的延伸。这种互联网的内心表达的实践借用抽象的符号象征来表现，同时是现实社会实践的移植和生发。比如为获得自我实现和建构，在这个空间中会出现各种商业和政治权力的竞争和合作。当权者希望利用这一空间获得对更广阔的空间的控制权，因此这也是一个权力争夺的空间。在各种权力的博弈中，人们适时调整内心空间，寻找并建构让内心舒适和安全的表达空间，以应对各种外来的压力和危险。

---

① 〔美〕斯蒂文·贝斯特、道格拉斯·凯尔纳：《后现代理论：批判性的质疑》，张志斌译，中央编译出版社，2001，第 155 页。
② 王弋璇：《列斐伏尔与福柯在空间维度的思想对话》，《英美文学研究论丛》2010 年第 2 期。
③ 凯文·凯利：《失控：全人类的最终命运和结局》，东西文库译，新星出版社，2010，第 7 页。

人们在内心深处，通过想象的添加和丰富，都希望能追求并拥有一个内心宁静且自我认同的栖息地，同时衍生出相应的自我话语。法国学者加斯东·巴什拉认为空间是人类意识的居所，而想象的空间之所以对测量和估算来说不能保持中立，不仅在于它的积极性，还在于它对所有想象的偏爱。①想象的空间有一种让人着魔的魅力，正因如此，人们掩饰不住对互联网的偏爱之情，并试图在其中寻找和构建熟悉而亲密的空间，甚至以某种虔诚之心以求换得内心的喜悦、满足和幸福感。这个贴切舒适的内心空间建立在想象的基础上，能自动防止敌对压力，并指导实践，成为指导人们在互联网上进行各种权力竞争的策略。套用巴什拉的话来说，人们怀着诗意构建了自己在互联网上的内心表达空间，而互联网空间也灵性地解构了人们。

二　三种空间的互联网实践

互联网空间与现实社会公共广场的最大区别在于，它不产生有形的建筑物，而最大共性在于，它日益成为公众生活的中心。笔者试参照列斐伏尔的空间生产理论和哈维的空间实践理论，对互联网的空间特性进行阐释。列斐伏尔的空间生产模式将社会空间和物理空间压缩成认识论（内心）空间，即话语的空间，同时他又强调空间的生产，即从内心空间向社会空间的转向，以此唤醒个体意识；②而哈维的空间实践包含四个方面：人们交往时的距离，空间被事务、个人、阶级和其他群体占用的方式，为实施更大程度的控制而对空间的支配，以及空间新体制的产生和表达，他认为空间的意义通过这四方面的相互影响而产生。互联网的实践是信息接触、社会想象和内心表达三者辩证关系的体现，空间特性为科技空间/信息空间、社会想象空间和内心空间/表达空间，这三种空间内的实践包括哈维提出的可接近性与间隔化、占用和利用空间、支配和控制空间、创造空间③四个方面，这样就形成了互联网三种空间的实践网格（见表4-1）。

---

① Gaston Bachelard, *The Poetics of Space*, Translated from the French by Maria Jolas, New York: The Orion Press, 1964, pp. xxxi-xxxii.

② Henri Lefebvre, translated by Donald Nicholson-Smith, *The Production of Space*, New Jersey: Blackwell, 1991, pp. 61.

③ 〔美〕戴维·哈维：《后现代的状况——对文化变迁之缘起的探究》，阎嘉译，商务印书馆，2003，第275~278页。

表 4 - 1 互联网三种空间的实践网格

空间特性	可接近性与间隔化	占用和利用空间	支配和控制空间	创造空间
科技空间/信息空间	信息的流动，功能布局的秩序，设置防火墙	注册成为会员，翻墙（浏览境外网站）	注册须知，实名制，高级会员，使用网络代理	申请新的网址、域名，后台编辑与技术操作
社会想象空间	距离社会、心理和身体的尺度、位置习性等	个人空间、微博、博客、社会化媒体的使用	注册的要求，会员等级标志，互动和共享	发帖，评论，转发，网络新语言的使用，符号学
内心空间/表达空间	吸引/排斥，欲望/距离，亲密/压力，媒介即情感	开放的表达广场，独白倾诉的空间，熟悉、舒适、亲密的归属	象征性资本，仪式空间，虚拟财产和精神拥有，对压力空间不适	诗学的空间，想象性情境，理想化生活，物质和精神的乌托邦

　　科技空间/信息空间、社会想象空间和内心空间/表达空间这三种空间是辩证的关系。三种空间的实践既建构了人们认知、感知和行动的图式，同时作为建构性的结构，引导行动者实践，赋予行动以意义和理由。三种空间在这种循环的实践下对立统一、运动变化。与此同时，互联网三种空间实践的四个方面并不是独立的，而是相互包容和影响的关系。如在科技空间/信息空间中，只有注册成为会员后才能彻底了解网站或网页的功能布局秩序（占用和利用空间中包含可接近性与间隔化）；在社会想象空间中，发帖、评论、使用网络新语言有助于增进网友之间的感情，打破彼此交流的心理防线（创造空间可以改变可接近性与间隔化）。

第三节　互联网公共性的跨国发展

　　2011 年 5 月初，一位名叫黄艺博的儿童迅速在互联网蹿红，中国人都认识了这个"霸气外露"的武汉少先队副总队长，也知道了中国少先队原来还有五道杠。这个两三岁开始看《新闻联播》，7 岁开始坚持每天读《人民日报》《参考消息》，已在全国重要报刊上发表过 100 多篇文章的初中生，举手投足之间尽显官员本色，因此被网民贴上了"政治儿童"的标签。随后网上出现各种嘲讽言论和 PS（指用 photoshop 软件处理照片，而非原始照片）过的照片。关于黄艺博的热评集中在对官本位教育思想的反思，对其行为的忧虑，对教育制度的嘲讽等。传统媒体纷纷跟进，但很多消息均源自网络。与此同时，该事件通过互联网传至世界各地，国外媒体如美国的《纽约时报》、英国的《独立报》和《金融时报》等也纷纷对黄艺博进行报道，一个中国的小学生就能引起大洋彼岸的知名媒体和广大网民的重视，这归因于互联网。互联网的发展使得跨国界、跨地区的人们能共同关注同一公共事件，打破了之前以国家和民族为概念的公共性的局限，甚至能改变传统的国家/国际形象的传播模式。

一　跨国界的公共空间

传统的公共性（公共空间）的概念通常都包含国家或者民族的概念，与此相对的公共舆论也常以国家作为边界。虽然吉登斯认为民族—国家的概念无处不在，存在于世界体系之中，然而随着全球化趋势的进展，公共领域的跨国化成为值得重视的一个问题。哈贝马斯提出的公共领域的概念是与现代领土国家和民族形象联系在一起的，这个公共领域概念假设在前面增加了"国家"这一定语，假定公共领域与国家机器、国家公民、国家经济、国家媒体、国家语言和国家文字这六个要素之间存在某种联系。但后威斯特法利亚世界的社会交往具有流动性，因此无法用以领土为边界的政治共同体的框架来界定其合法性和有效性，而且随着公众频繁使用网络进行交流，公共领域日益呈现跨国趋势，公共领域中交往受众的国籍，成为很难辨识的部分。但需要注意的是，跨国公共领域也可能因跨国机构或非政府组织受到强权国家的霸权控制而丧失公共性，因此跨国公共领域在创建公共权力的同时，要担负起新的责任，当务之急就是需重新准确界定其合法性和有效性。福柯也认为有必要淡化带有明显民族边界的空间，他反对以法律—政治概念为关键词的领土概念。他以地图为例，指出人们通常所说的地图或者地理学，只不过是与选票、党派或者民族、国家或地区相关的权力控制区域，归根结底只是政治领土空间的概念。① 列斐伏尔在《空间：社会产物与使用价值》一文中也曾指出，空间与商品、货币和资本一样有相同的宣称，而且处于相同的全球化过程之中。② 虽然他在这里所提到的空间或者资本没有太多涉及政治内容，但他认同空间是具有政治性和意识形态性的。

---

① 包亚明主编《权力的眼睛——福柯访谈录》，严锋译，上海人民出版社，1997，第199～213页。
② 亨利·列斐伏尔：《空间：社会产物与使用价值》，王志弘译，载包亚明主编《现代性与空间的生产》，上海教育出版社，2003，第48页。

全球化对公共性跨国界起着助推作用，世界政治、经济、社会一体化逐渐成为人类社会发展的趋势，未来或会产生地球人类共同体。一些全世界关注的公共议题促使互联网的公共舆论突破国家和政治疆域的限制，显示出全球发展的趋势，跨国网络的产生使得人们开始思考疆域或者国家边界的定义是否已脱离实际。爱德华·科莫尔（Edward Comor）在提到全球化市民社会的概念时指出，这个组织结构在互联网时代产生，它包括以下几方面的基本要素：合法的标准、实施法规、社会风俗，并且凌驾于个别国家的最高统治者权力之上。① 人类因生存和发展所需要的融合使公共性的外延打破了以往的国家或民族的疆域限制，扩展至全世界。为了人类的共同利益，全世界的人们关注世界政治、经济和社会事务，使地球资源获得合理而优化的利用，保障人类的共同利益，最终将实现全球范围内的共同价值。

二 互联网公共性的跨国发展

广大公众，不论地域、国别和身份地位，都通过网络平台对公共事件发表评论，不同文化背景和社会背景的参与者对黄艺博事件表达了不同的态度，这些特征都显示了互联网公共性的跨国传播与之前以国家或民族为界限的公共性的区别。互联网的发展冲破了传统媒体传播的地理空间版图，扩大了公共性和公共舆论的外延，参与传播的个体属于不同的国别、民族，也处于不同的地域，他们就涉及共同利益的公共事务在网络平台展开讨论，这种社会交往具有流动性，甚至谈论的议题也不限于某一特定国家事务。从黄艺博事件我们也可以发现，一种互联网公共性的跨国界传播正在发挥作用。

魏明革认为，互联网有助于全球公共领域的形成，与传统的国家单一公共领域相比，全球公共领域的议题中心由地方、国家向全球层次扩展，各种观点和立场都能在其中进行沟通与辩论，最终将形成跨国整合的全球论坛。② 虽然互联网只是虚拟平台，但能产生实际的社会影响。网络上的组织虽然只是个虚拟形式，但他们的触角可以延伸至更多现实领域，产生更广泛的影响。如 2003 年 2 月 15 日，全球超过 60 个国家的 1000 万余名和平人士在约 600 个城市同时举行反战游行，反对美国在伊拉克的军事行动，而这场全球反战行

---

① Edward Comor, The Role of Communication in Global Civil Society: Forces, Processes, Prospects, *International Studies Quarterly*, Vol. 45, No. 3, Sep. 2001, p. 391.

② 魏明革：《基于网络的全球公共领域的建构与消解》，《当代传播》2012 年第 1 期。

动的组织途径就是互联网。与此同时，互联网背景下的全球化传播使国家面临各种复杂多变的危机，而国家也将因此面临调整，大则改变当代政治版图，小则改变具体的政策制定。

互联网公共性的跨国发展主要借助网络媒体的流动和消费来实现。网络媒体通过传播网络将信息和产品传播至世界各地，成千上万人能在同一时间体验同一个信息、媒介产品或者景象，在共享的同时甚至能在同一平台上进行对话。一些跨国网络媒体为适应本土需求，建立了不同语言版本的网站，以扩大传播影响力。如雅虎作为美国的一个互联网门户网站、全球性因特网通信公司、商务公司及全球化媒体公司，业务遍及全球24个国家和地区，有包括英语、中文、日语、德语、西班牙语等12种语言版本，每个版本都结合当地实际来提供信息、搜索、邮件、商务及其他服务。作为国际门户的 MSN（microsoft service network，微软网络服务）为用户提供资讯信息、电子邮件、即时通信以及游戏服务，它的 MSN Messenger 的语言版本超过30种。在中国由王志东创办的中国四大门户网站之一、目前全球最大的中文门户网站新浪网覆盖全球华人社区，包括北京新浪、香港新浪、台北新浪和北美新浪等，并于2010年11月与 MSN 开展战略合作，两者用户可在即时通信、博客和微博等产品上实现一站式互联网体验，这种跨国网络合作为跨国公共性发展提供了技术平台。

三　互联网公共性跨国发展的潜在危机

虽然具有跨国特性的网络媒体发展预示着更为开放的未来，但互联网跨国公共性在实践中并非一帆风顺，互联网公共性跨国发展的潜在危机让人担忧。

一方面，互联网全球传播的商业本质，使公共性处在让位于市场逻辑的危险之中。在互联网空间中，无论新闻信息、即时通信还是产品或游戏，都直指网络媒体经营者及其所从属的广告商的经济旨趣，商业化组织的舆论技术在暗处对所谓的理性言论进行操纵、修改或干扰，将少数人的需求和消费观包装成社会热点，制造虚假的公共性。比如 Facebook 和 YouTube 上绝不会出现本公司或合作伙伴的负面信息，就算出现，也很快会被删除和屏蔽。

另一方面，在刻板印象影响下，信息传播在短时间内仍无法彻底摆脱以国家主权或者国家利益为衡量标准的现状。仍以黄艺博事件为例，外媒网站将黄艺博看成中国未来政治发展的缩影，他们对黄艺博的恐慌与危机其实就是对中国发展的恐慌与危机。如《独立报》网站刊登的记者博文《小小毛——共产主义接班人黄艺博》在开头就写道："如果华盛顿的政治家们听到中国有一位正在冉冉升起的政治新星最近说他的愿望是重振中国之国威，恢复唐汉之盛时，肯定会挑高眉毛。"[1] 文章已将他称为"未来政治家"，并质疑他是宣传的产物还是受其追求进步的父母的产物，甚至给黄艺博冠上了"Mini Mao"这个带有浓重政治意义的符号，只言片语之中都体现出作者对中国崛起的担忧，担心在将来的国际权力斗争中自己国家可能会处于弱势地位。由此可见，国家形象意识在公众中传播时根深蒂固，要在人们大脑中抹去国家概念，引入公共性的跨国化和全球化视角，不是件容易的事。

虽然就目前而言，商业化运作与国家民族意识的影响使互联网的跨国公共性潜藏危机，但总体而言互联网公共性的跨国发展前景令人充满希望。全球经济步伐和全球经济合作趋势的加快，使国际合作成为常态，超越国家和民族的国际性组织将会兼顾商业利益与社会利益，避免互联网站的过度消费和过度商业化，并建立新的传播机制来维护互联网的跨国公共性；另一方面互联网传播科技正在促使人们对现实的时间、空间和身份进行重新定义，这种定义并非只是区域性的或者有关人种方面的，[2] 而是将自己看成全球的一个组成部分。随着国际政治组织和国际联盟组织力量的壮大，人们的疆土意识也将逐渐从国家的局限性中抽离，将自己置身于全世界的格局之中，思考全人类的生存和发展问题，全球民主化浪潮的发展也为全球公共性的发展创造了优越的政治和法律环境。

---

[1]　Richard Hall, Meet "Mini Mao", the 12-year-old Star of Chinese Communism, 2011 – 05 – 12, http://www. independent. co. uk/news/world/asia/meet-mini-mao-the-12yearold-star-of-chinese-communism – 2282685. html.

[2]　Basak Sarigollu, The Possibility of a Transnational Public Sphere & New Cosmopolitanism within the Networked Times: Understanding a Digital Global Utopia: "Avaaz. org" and a Global Media Event: "Freedom Flotilla", Online Journal of Communication and Media Technologies, Volume: 1 – Issue: 4 – October – 2011, p. 150.

第五章　互联网的公众

第一节　互联网上的大众特征

一　互联网普及率与网民结构概述

目前，互联网普及率在全球范围内呈逐渐上升趋势。ITU（联合国下属机构国际电信联盟）的报告显示，2013 年底，全球互联网使用者达 27 亿，也就是说全世界每 2.5 个人中就有 1 个人在上网。中国方面，截至 2013 年 9 月底，中国网民数量达到 6.04 亿，互联网普及率达 45%；截至 2013 年 6 月底，中国宽带用户总数高于美国、日本、德国和俄罗斯所有宽带用户相加的总数[1]（见图 5 - 1）。

根据中国互联网络信息中心的统计数据，截至 2013 年 12 月 31 日，中国互联网用户数量已达 6.8 亿。[2] 本研究根据中国互联网络信息中心（CINIC）2007 年至 2012 年的《中国互联网络发展状况统计报告》进行研究，结果显示，最近六年中国网民数量呈持续增长状态，且不同群体的网民结构呈现不同发展趋势。[3]

（一）网民总规模：稳步上升

技术咨询公司 BDA China 在 2008 年 3 月发布的调查数据表明，2008 年 2 月下

---

[1]　《ITU：2013 年底全球网民总数将达到 27 亿》，2013 年 11 月 6 日 16：35：14，http://www.webkaka.com/info/archives/news/2013/11/062030/。

[2]　数据来源：中国互联网络信息中心（CINIC），http://www.cnnic.net.cn/。

[3]　数据来源：中国互联网络信息中心（CINIC）的《中国互联网络发展状况统计报告》（第 20 次、第 22 次、第 24 次、第 26 次、第 28 次和第 30 次），统计截点为 2007 年 6 月、2008 年 6 月、2009 年 6 月、2010 年 6 月、2011 年 6 月和 2012 年 6 月。2007 年中国互联网使用者数量位居第二，到 2008 年 6 月，中国互联网使用者数量第一次超过美国。这一年时间内中国互联网发展呈激增状态，因此以 2007 年 6 月的数据作为起始点，进行研究。

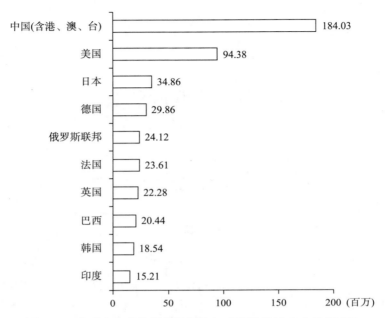

图 5 - 1 全球十大宽带用户国家排名（截至 2013 年 6 月 30 日）

旬中国互联网使用者已达到 2.2 亿，首次超过美国用户数量（2.17 亿），[①] 成为世界最大的互联网市场。而 2007 年底中国互联网用户数量比 2006 年增长了 53.3%，是中国互联网发展突飞猛进的一年。虽然此后几年的发展势头不及 2007 年时猛烈，但中国网民的普及率仍呈持续上升趋势。由 "2007 年 6 月至 2012 年 6 月中国网民总规模发展趋势"（见图 5 - 2）可以看出，在最近六年时间内，中国网民的普及率已从 2007 年 6 月的 12.3% 上升至 2012 年 6 月的 39.9%。

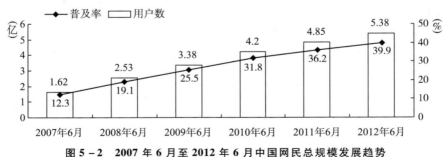

图 5 - 2 2007 年 6 月至 2012 年 6 月中国网民总规模发展趋势

---

① 大鹏：《中国互联网用户数量首超美国居全球首位》，2008 年 3 月 14 日 15：45，TechWeb，http://www.techweb.com.cn/world/2008 - 03 - 14/307146.shtml。

（二）性别结构：保持基本稳定

由"2007年6月至2012年6月中国网民性别结构发展趋势"（见图5-3）可以看出，最近六年，中国网民性别比例基本稳定。2010年11月进行的中国第六次全国人口普查结果显示，中国总人口13.39亿人，其中男性人口为686852572人，占51.27%；女性人口为652872280人，占48.73%[1]。结合中国网民性别结构与中国人口的性别结构进行比较，中国网民性别分布较为平衡。

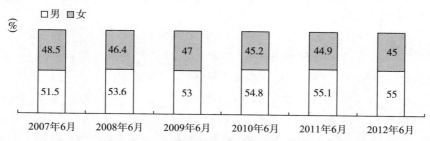

图5-3 2007年6月至2012年6月中国网民性别结构发展趋势

（三）年龄结构：低龄化和多元化发展

数据显示，中国网民的上网年龄呈低龄化和多元化趋势。2007年6月的数据显示，20~29岁的网民占52.90%，超过半数，然而到2009年6月，19岁以下的网民比例高于20~29岁的网民比例。后来的数据表明19岁以下网民的比例始终位列第二，尤其移动网络的发展以及科技更新的进步使很多中国儿童在幼年就有更多机会接触互联网，上网年龄低龄化已成必然。另一方面，和2007年6月数据中20~29岁的网民超过半数的"独霸"状况相比，在后来的发展中，中国网民上网年龄分布呈多元化和平均化的趋势，各年龄阶段比例较为均衡，且年长网民比例有所增长（见表5-1）。

表5-1 2007年6月至2012年6月中国网民年龄结构发展趋势

单位：%

时间	19岁及以下	20~29岁	30~39岁	40~49岁	50岁及以上
2007年6月	17.70	52.90	18.50	7.20	3.70
2008年6月	19.60	49.00	19.70	7.80	3.90

---

① 中华人民共和国国家统计局：《2010年第六次全国人口普查主要数据公报》（第1号），2011年4月28日，中华人民共和国国家统计局网站，http://www.stats.gov.cn/tjgb/rkpcgb/qgrkpcgb/t20110428_402722232.htm。

续表

时间	19岁及以下	20~29岁	30~39岁	40~49岁	50岁及以上
2009年6月	33.90	29.80	20.70	9.90	5.70
2010年6月	31.00	28.10	22.80	11.30	6.90
2011年6月	27.30	30.80	23.20	11.60	7.20
2012年6月	26.60	30.20	25.50	12.00	5.70

（四）学历结构：向低学历人群扩散

从最近六年网民的学历结构看，高学历（大专、大学本科及以上）网民比例呈下降趋势（2007年6月为43.9%，到2012年6月降为21.6%）。比较明显的是互联网在初中学历的网民中扩散较为迅速，初中学历的网民从2007年6月时的17.1%上升至2012年6月的37.5%，甚至从2011年6月开始，其比例超过一直领先的高中/中专学历的比例。这一数据表明，互联网使用已非高学历网民的专利，受教育程度较低的人群也逐渐融入，且融入数量逐年增多（见图5-4）。

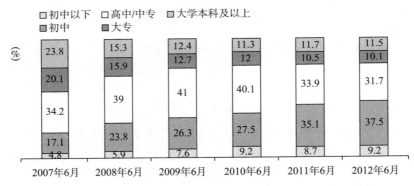

图5-4 2007年6月至2012年6月中国网民学历结构发展趋势

（五）个人月收入结构：趋向平衡

从"2007年6月至2012年6月中国网民个人月收入结构发展趋势"（见图5-5）可以看出，网民个人月收入结构趋向平衡。网民个人月收入在500元以内的一直是主流。此外，最近六年的数据显示，个人月收入在3000元以上的人群比例略有提升。虽然个人月收入在1001~2000元的人群处于领先的位置，但比例逐年递减，各层级分布比例趋向均衡。

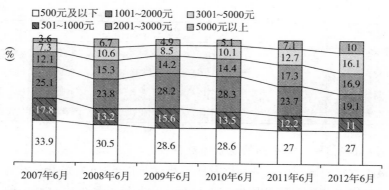

图 5 - 5　2007 年 6 月至 2012 年 6 月中国网民个人月收入结构发展趋势

（六）职业结构：向更多领域渗透

从 2007 年 6 月的数据看出，网民的职业结构统计较为单一，仅包括学生、机关事业单位工作人员、企业工作人员、自由职业者、无业人员和其他 6 类；2008 年 6 月网民职业划分种类扩展为学生、党政机关干部、党政机关一般公务员、企事业单位管理者、企事业单位工作人员、自由职业者、无业人员和其他 8 类；2009 年 6 月的职业结构又增加了专业技术人员、农村外出务工人员、产业和服务业工人、个体户、农林牧渔劳动者、退休人员等类别，并且将无业人员改成无业/下岗/失业；2012 年 6 月的职业结构分类又将产业和服务业工人细分为商业服务业职工和制造生产型企业工人两类。这种职业结构分类的逐年细分化，说明网民的职业分布更具广泛性和大众性。

从历年职业结构排名前三的对比数据来看（见表 5 - 2），学生群体始终是中国网民中的主流力量。此外，企业工作人员和个体户/自由职业者在中国网民中占的比例较高，这两类群体的工作性质决定他们对互联网的接触和接受程度相对较高。值得注意的是，到 2012 年 6 月，排名第三的不是企业/公司一般职员，而是无业/下岗/失业人员，这一方面是因为此群体有别的职业更充裕的时间来接触网络，另一方面也可以看出随着电脑和上网成本的降低，这一群体网民有能力接触互联网，且对互联网的需求开始增加。

表 5 - 2　2007 年 6 月至 2012 年 6 月中国网民排名前三的职业分布

时间	第一	第二	第三
2007 年 6 月	学生	企业工作人员	机关事业单位工作人员
2008 年 6 月	学生	企事业单位工作人员	自由职业者

续表

时间	第一	第二	第三
2009 年 6 月	学生	企业/公司一般职员	个体户/自由职业者
2010 年 6 月	学生	个体户/自由职业者	企业/公司一般职员
2011 年 6 月	学生	个体户/自由职业者	企业/公司一般职员
2012 年 6 月	学生	个体户/自由职业者	无业/下岗/失业

（七）城乡结构：不平衡的现状依然存在

从最近六年中国网民城乡结构发展趋势（见图 5 - 6）来看，城镇和农村网民区域发展不平衡的现状依然存在，且变化甚微。虽然农村网民的比例在 2009 年 6 月以后略有上升，但和城镇网民的比例相差甚远。由图 5 - 6 可以看出，此种结构不合理的现状在短期之内很难改变。

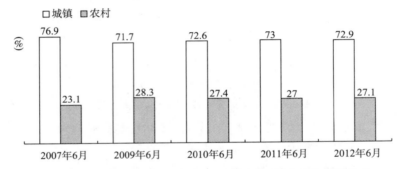

图 5 - 6　2007 年 6 月至 2012 年 6 月中国网民城乡结构发展趋势

注：2008 年报告中无此项数据。

二　互联网上的大众特征

"互联网用户"或者"网民"，在现实社会中对应的是"大众"一词。《辞海》对大众的解释是：

> 原指参加军旅或工役的多数人。《礼记·月令》：［孟春之月］毋聚大众，毋置城郭。《国策·燕策二》："燕、赵久相支，以弊大众。"后泛指人群。王世祯《池北偶谈》卷二十五："有白鹤自顶中飞出，旋绕空

际，久之始没，大众皆见。"①

"大众"一词在我国当代的词汇使用中，通常用来指代聚在一起的很多人，有时和人们、民众、群众等词混用。

"大众"一词在西方最早用于宗教上，奥古斯丁在《教义手册》中曾提到最大的施舍是爱仇敌，他认为每个信徒都要努力达到这种高度的善，而这属于那向上帝祈求"免我们的债，如同我们免了人的债"的大众。②奥古斯丁在手册中所指的大众指的是人类。工业革命后，随着城市化进程的加速以及大众媒介的发展，那些从乡村涌进城市的群体被称为大众（mass）。自 19世纪末开始，西方学界和理论界出现了大众与精英（elite）两个对立的概念，"大众"一词有了更具批判性的现实意义。尼采认为大众是"最粗野的刁民"，他们是无主见、无意志，更需要成帮结伙的，③而工业社会造就了一个"贱氓"时代，可怜和病弱的族类怀着恶意面对人生。④勒庞在《乌合之众——大众心理研究》中认为我们已经进入一个群体的时代，这个群体产生的心理和行为与种族无关，当个体的一部分人为了行动的目的而聚集在一起时就成为一个群体。⑤勒庞在书中所分析的群体，即我们现在所说的大众，而群体无意识行为是一个重要的时代特征。勒庞的观点给弗洛伊德的研究以很大启发，弗洛伊德认为每个个体的心理除了自身的心理之外，还存在着父亲或者首领的心理，这和男性专横的原始部落一样，群体领袖利用催眠或暗示来获得权威，使大众服从。⑥正因为群体属于人类社会初级阶段，充满凶残本性，无意识且无自制力，因此弗洛伊德认为有理性和自制力的精英有理由对大众进行镇压。

费斯克从大众文化层面对大众和群众进行区分，他指出群众（the masses）是群体的集聚，是异化的，单向度的，他们具有虚假意识，要么是心甘

---

① 夏征农主编《辞海》（上册），上海辞书出版社，1999，第 1779 页。
② 〔古罗马〕奥古斯丁：《奥古斯丁选集》，汤清、杨懋春、汤毅仁译，宗教文化出版社，2010，第 258 页。
③ 〔德〕尼采：《权力意志》，张念东、凌素心译，商务印书馆，1991，第 151 页。
④ 〔德〕尼采：《查拉斯图拉如是说》，尹溟译，文化艺术出版社，2003，第 328 页。
⑤ 〔法〕古斯塔夫·勒庞：《乌合之众——大众心理研究》，冯克利译，中央编译出版社，2005，作者前言，第 1 页。
⑥ 车文博主编《弗洛伊德文集 6：自我与本我》，长春出版社，2001，第 90～94 页。

情愿受体制奴役，要么是毫无意识地受到欺骗和愚弄；相比之下，大众（the people）跨越了社会范畴，与体制之间并非僵硬的彼此决定关系，而个体在不同时间的不同大众层面之间相互流动和变动着。①

综合上述关于大众的理论，结合互联网上的网民结构，可以看出互联网上的大众包括以下特征。

（一）多元性

从上面的 2007 年 6 月至 2012 年 6 月中国网民结构发展趋势的分析可以看出，互联网上的大众已从 20~29 岁为主向两头（低龄化和高龄化）扩散，从高学历人群向低学历人群扩散，从低收入人群向高收入人群扩散，从学生群体向各种职业扩散，这种扩散现在仍在持续。大众结构的这种扩散性转变体现出大众的多元性特征。这使互联网上的大众遍布世界各个角落，且处于不同社会的不同阶层，包含不同的生活方式、文化特征和思维认知等。

（二）分散性

互联网上大众特征的多元性决定了其分散性的特征，这不仅仅是统计学意义上的分散，还意味着，大众往往都是在"孤军奋战"，这种实践宛如天空中满天星星点点闪烁，虽看起来有些拥有某种组合的相似性，但事实上，彼此相隔几万光年毫无交集。虽然互联网上的每个人必然归属于社会上的某一阶层或某一类型，但很多时候互联网的实践并非集体行为。这种分散性体现在三个方面：其一是互联网大众实践时间的分散性，任何人的上网行为都不受固定时间限制；其二是互联网大众实践场所的分散性，人们的上网地点可以是咖啡厅、网吧、图书馆等公共场所，也可以是私人空间；其三是大众上网行为的分散性，人们在网络上散布于各个网站、论坛、博客、微博或者社交网站，可以聊天、游戏、搜索网页、网络购物、浏览新闻，甚至进行黑客行为。

（三）流动性

互联网上的大众并非静止不动，他们具有流动性的特征。一方面，互联网上每个个体的特点时刻在发生变化，这种变化决定了网民结构的变化。而另一方面，每个个体在互联网上的行为存在流动性。大众自身的心理倾向和兴趣爱好、互联网的更新速度、互联网传播形式的更新换代、网络热点焦点事件的层出不穷，促使互联网大众形成流动性的群体。如网民向论坛—博客—微博—微信的空间流动，又如在发生"瓮安事件""我爸是李刚""药家

---

① 〔美〕约翰·费斯克：《理解大众文化》，王晓珏、宋伟杰译，中央编译出版社，2001，第 29 页。

鑫事件"等网络热点事件期间，网民随着事件进程的流动迅速形成一股网上浪潮。

（四）隐匿性

匿名性是互联网大众实践的一大特征。互联网用户不必说出自己的真实信息，也能在网络世界如鱼得水。个人身份、性别、年龄、学历、职业、个人月收入以及居住地等相关信息都可以伪装或者隐匿。互联网大众的匿名性为网络传播发展提供了新机会，任何观点和意见都可以在不担心身份被揭发的情况下充分而自由地表达。但匿名性也会衍生出负面问题，比如在线商业造假、诈骗、虚假陈述、恐吓和垃圾广告等。

（五）趋同性

互联网上的大众虽然有不同的社会属性，但是一旦为某种行动或者目的聚集在一起时，就会相互感染，行为和思想会出现短暂的趋同性。其负面影响是网络大众左右摇摆的心理、同质化的心理以及易走极端的心理很容易受外部力量的控制。受舆论跟风影响，大众随时会改变自己的态度和行为，甚至在刺激之下会容易产生极端思想和行为。

第二节　互联网上的公众现状

一　公众的含义

综合以上论述，我们认为，大众并不等于公众，互联网公共性的实现首先有赖于作为"公众"而非"大众"的行为主体的存在。关于"公众"的定义，《辞海》和《辞源》都查不到对该词的专门注释，但在古代一些文献中可以找到关于这个词的使用。如《朱子语类》在说到正心修身时写道："譬如一事，若系公众，便心下不大段管；若系私己，便只管横在胸中，念念不忘。只此便是公私之辨。"① 其中的"公众"指的是大家的意思。《现代汉语词典》对公众的解释为"社会上大多数的人；大众"，如公众利益、公众领袖等。② 在中国的语言表达中公众和大众的意思差不多，区分度不高。而美国社会学家戴维·波普诺在他的著作《社会学》中提出了对"公众"的精确解释：公

---

① （宋）黎靖德编《朱子语类》（第 2 册），中华书局，1986，第 345 页。
② 中国社会科学院语言研究所词典编辑室编《现代汉语词典》（第 5 版），商务印书馆，2005，第 474 页。

互联网的公共性

众是对舆论有共同兴趣、关心或关注点的一个分布较散的人群。① 这个定义的分析更注重公众对舆论的作用，并且强调了公众具有共同兴趣和关注点的特征。在公共关系学中，公众又被理解为公关的对象，或被称为公关的客体，是与公共关系主体发生作用的个体或群体。

西方虽然很早就产生了公共领域的概念，但无论是古希腊还是古罗马，或者是后来的中世纪都缺乏对公众定义的系统探讨，直到18世纪出现了咖啡馆、沙龙形式的聚会讨论，公众定义的雏形才形成，聚在一起讨论公共事务成为当时公众的一大特征。李普曼是较早对公众特征进行现实性分析的学者，他在《幻影公众》一书中指出公众只不过是个幻影。幻影一词针对的是西方启蒙时代思想家笔下的理想中的公众。关于"公众"的特点，有学者从公众的"自由"特性着手分析。17世纪英国思想家约翰·密尔顿认为理性和自由是公众的核心特征，他在《论出版自由——阿留帕几底卡》中呼吁公众要尽情表达自己的见解，他的那句"让她（真理）和虚伪交手吧。谁又看见过真理在放胆地交手时吃过败仗呢？她的驳斥就是最好的和最可靠的压制"② 成为公众理性表达、追求真理的经典。18世纪法国启蒙思想家卢梭重视公众的自由平等等特性，认为人生来就是自由的，政府必须对人的自由和平等的权利负责，即"天赋人权"。19世纪英国思想家、自由主义代表人物约翰·斯图亚特·密尔在前人观点基础上进行深入阐述，他将公众的个人自由放在至高无上的位置，认为任何人都不能干涉或侵犯，无论是个体还是集体均是如此。和前面的哲学家相比，密尔对公众的分析已从理想开始走向现实，他细致地关注到公众自由表达的范围这一实际层面的问题，他担心穿着集体外衣的权力人得势会导致"多数人的暴政"，压缩公民表达自由的空间，他认为和封建专制相比，这种多数人暴政"透入生活细节更深得多"，"奴役到灵魂本身"，③ 并且具有隐蔽性和伪装性，更容易得逞，尤其需要防御。和密尔相比，李普曼对公众的分析则更加接近现实，他将公众称为"懵懵懂懂的乌合之众"，认为不能对其抱有太高期望，因为他们往往凭借兴趣爱好和个人成见塑造的想象来代替事实，而"大众暴虐"是无法推动民主发展的。在他看来，现实中很多公众是"幻影

---

① 〔美〕戴维·波普诺：《社会学》（第十版），李强等译，中国人民大学出版社，2003，第607页。

② 〔英〕约翰·密尔顿：《论出版自由——阿留帕几底卡》，吴之椿译，商务印书馆，1989，第46页。

③ 〔英〕约翰·密尔：《论自由》，程崇华译，商务印书馆，1959，第4页。

公众"，他们是麻木而茫然的，无法理性处理或解读公共事务，我们不能对他们抱有幻想，而公众在公共事务中的任务应是"识别那些有决断力的人，赞同或反对提议，选择党派，支持或反对有权力和知识去采取行动的人"。①

　　李普曼的这一论述对杜威的民主理论观点是一种挑战，在19世纪20年代的美国学术界掀起了李普曼和杜威关于公众问题的论争。杜威在《公众及其问题》一书中表达了他对"公众"一词的观点："（公众）作为一个共同体不仅要求把不同人整合进一个社团关系中，还要求通过整体性原则将所有元素融入其中。"② 杜威把公众看成社会有机体，他虽然承认形成理想中的公众需要走很长的路，但他始终持乐观和积极的态度，他认为公众现在或许没有看清自己的力量，但事实证明只要大家为共同的目的而聚集在一起，就足够给社会和政府产生压力，而公众的各种特性会随着国家和社会的成熟而成熟，总有一天会在民主发展中发挥重要作用。在他看来，具有共同利益或目标而聚集在一起，是公众的重要特征。

　　到20世纪，随着现代化的进步以及传播的发展，学术界对公众理论的讨论路径更为明晰和多元。如法兰克福学派的霍克海默和阿多诺注重研究公众情感，他们在研究媒体公众后认为公众的感性胜于理性，因此很容易被影响和控制。而流行文化研究者埃文·沃特金斯（Evan Watkins）则认为公众更倾向于抵抗操控，就算他们看起来是被控制了也是如此。德勒兹和加塔利断言虽然公众总被控制，但这种操控对他们来说并非只是简单的强加，而在某种程度上，也是他们的愿望。③ 现代美国文学和文化研究学者华纳关注公众与社会的联系和互动，他认为个体公众是自我的有机体，和其他人建立某种联系，他的言论可以是私人的或者公共的，而公众的形成是因为成员间的活动，并非决定其在社会结构中位置的等级分类。④ 公众的自我认识能促其行动，因此公众的存在类似于自愿组织机构的模式，但是他们如同社会构成中的有机体，

---

①　林牧茵：《重塑民主理论之公众形象——李普曼的重要著作〈幻影公众〉》，《美国问题研究》2009年第2期。

②　John Dewey. *The Later Works*（1925–1953）: *Volume* 2. Carbondale and Edwardsville: Southern Illinios University Press, 1984, p. 259.

③　Michael Epp. Durable Public Feelings. *Canadian Review of American Studies*, Volume 41, Number 2, 2011, p. 182.

④　Michael Warner. Publics and Counterpublics. *Public Culture*, Volume 14, Number 1, Winter 2002, pp. 50–63.

是一个完整政治社会的一个重要组成部分。

有学者试图通过区分公众、大众和群众的关系，寻找公众的特性。帕克（Park）在区别公众和群众时认为，两者的区别在于理性和议题上：公众的论辩是建立在理性基础上的，是因议题而聚合在一起的，而群众的行动大多是情绪的反映，因此不考虑行为的合理性，且不会因为议题而形成具有思考性的讨论，个人性强，更具分散性。① 米尔斯指出公众和大众的区别包括以下四点：其一是提出意见者与接收意见者的比率。其二是回击一个观点而不受内外报复的可能性。其三是意见对形成重大结果决策的影响程度。其四是权力机构控制和渗透进公众的程度。② 根据他的观点，与大众相比，公众更愿意发表自己的观点而非沉默不语，这就决定他们对传播形式是有要求的，不可能是那种规模巨大的讲坛式的演讲，而必须是保证每个人都能参与讨论的范围相对较小的空间。同时，公众更能在无私人恩怨的基础上辩论，公众在发言之前没有会受报复或压制的顾虑，这样有利于形成观点的自由流通。而公众讨论的结果是否能在现实社会中执行或实施，是衡量权力机构是否承认公众以及公众行动的重要标志。此外，倘若权力机构借由自己的规章与控制将触角伸向公众，进行干预或操控，那将意味着公众缺乏自治权和独立性，公众的民意被"强奸"，而公众的含义也将不复存在。

综合以上学者的讨论，本文提炼归纳的公众含义包括以下四点：①公众是自主行动的主体，不受权威机构的束缚或渗透；②公众因公共议题和公共利益聚合，有着共同的目的；③公众相互间的讨论和论辩是基于理性和深思熟虑的；④公众的讨论行为在现实社会中具有执行效果。

二 互联网上的公众现状

那么互联网上公众的现状如何？他们都在做些什么？能在多大程度上体现公众特征？结合以上公众的含义，笔者开展了《关于网络媒体公众参与与意见表达的问卷调查》的调查，以探知互联网公众的现状及特征。调研内容包括如下五个方面：网民的基本结构特征；网民参与和意见表达的自主性；网民对公共议题的关注程度；网民论辩的理性程度以及网民网络行为的现实效果。

---

① Price, V, *Communication Concepts* 4: *Public Opinion*, Newbury Park, CA: Sage, 1992.
② 〔美〕查尔斯·赖特·米尔斯：《权力精英》，王崑、许荣译，南京大学出版社，2004，第384~385页。

由于主要针对上网受众，因此该调查采用滚雪球抽样和判断抽样的方式进行。调查者运用人际传播搜集少数受访者，然后通过这些成员找出他们认识的其他受访者，虽在问卷发放时有意识地对样本特征根据人口特征进行了控制，但未能进行严格的配额控制。调查通过网络手段和纸质发放等方式进行，发放问卷 426 份，实际回收样本 420 份，经过样本筛选及清除后，获得416 个有效分析样本。

（一）网民的基本结构特征

样本中的受访者在统计学上的基本结构如下：

（1）性别：受访者男性和女性的比例为 45.3%：54.7%；（2）年龄：受访者的年龄以中青年为主，大部分集中在 21~35 岁；（3）学历：受访者的学历一般在大专以上；（4）个人月收入：受访者的个人月收入主要集中在3000~5000 元；（5）职业：企业职员/工人、机关/事业单位行政人员、科教文卫等专业人士和大学生占较高比例；（6）网龄：网龄在 8 年以上的超过半数；（7）每天上网时间：每天上网时间在 7 小时及以上的受访者最多，其次为每天上网 1~3 小时以内和每天上网 3~5 小时以内。

由于本次调查没有采用严格的配额抽样，因此与《中国互联网络发展状况统计报告》所显示的我国网民的总体结构特征略有不同，最明显的表现在本次调查的受访者中低龄网民的样本量过少，导致在年龄结构、学历结构和个人月收入结构等方面的数值存在差异。但本调查的目的是考察互联网上的公众特征，倾向于调查具有理性思维能力和自主行动能力的成年主体，低龄网民心智发展不够成熟、自主能力和思维能力薄弱，未完全社会化，非本调查所考察范围，因此略去。排除这个因素，本次调查样本的结构特征与《中国互联网络发展状况统计报告》的样本结构特征基本相似，样本结构较为合理。样本特征的具体信息见图 5-7 至图 5-10。

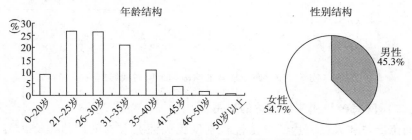

图 5-7　调查样本的年龄和性别结构

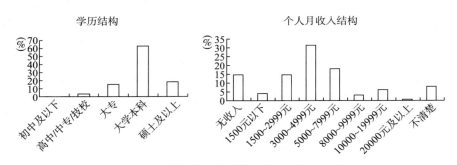

图 5 - 8 调查样本的学历和个人月收入结构

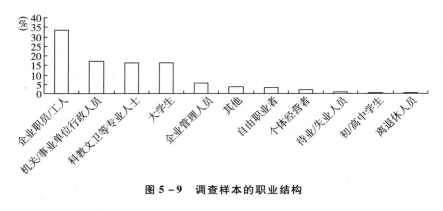

图 5 - 9 调查样本的职业结构

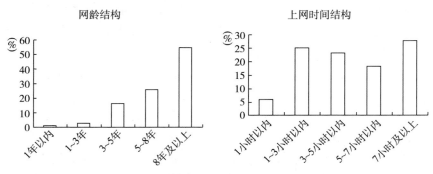

图 5 - 10 调查样本的网龄和上网时间结构

（二）网民参与和意见表达的自主性

网民参与和意见表达的自主性包括网民关注并参与的网络媒介内容和对网络言论环境的认知两个方面。

第五章　互联网的公众

第一，网民关注并参与的网络媒介内容

该调查对网民关注的网络内容进行研究，数据表明，网民能自主选择自己感兴趣的网络内容和网络平台（见图 5－11）。从统计数据看，网民关注的网络内容丰富多彩，既包括公共事件，又包括生活领域。同时数据显示，网民对公共事件和公共议题的关注度较高，且关注范围广泛，网民最关注的网络内容是热点社会事件，排名第二、第三的分别是国际国内新闻和突发性新闻。此外，生活类内容也是网民关注的重要部分，比如时尚生活、娱乐八卦、旅游购物和亲友近况等，排名均靠前，这显示网络信息的接收是人们满足日常生活需求的一种重要手段。

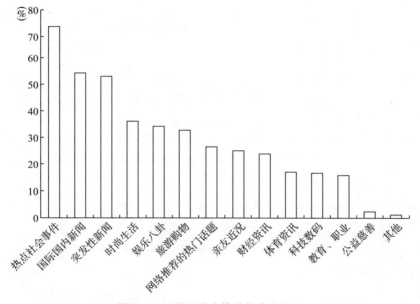

图 5－11　网民关注的网络内容分析

另外，网民对网络平台的选择不受限制。当问及"您最经常使用的网络平台是什么"时（见图 5－12），我们抽取了排名前八的网络平台进行分析，结果显示，社会化媒体是最受网民青睐的网络平台，而新浪微博、QQ 和百度是网民使用最为频繁的网络平台，其中微博仍是分享信息、互动交流的重要平台；即时通信平台仍保持优势位置；百度作为全球最大的中文搜索引擎则能多层次全方位地满足网民的各种信息需求，帮助缩小信息鸿沟，实现信息共享。此外，购物网站和社交网站也是网民经常使用的网络平台。调查显示，网民使用淘宝网的比例较高，电子商务成为中国经济发展新手段，也成为网民现实购物的重要补充；人人网等社交网站以及本地论坛（如 19 楼论坛）等也拥有较多的用户数量。

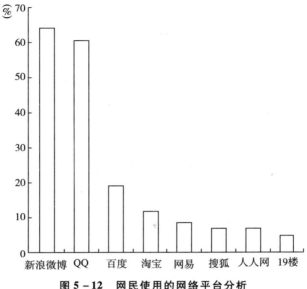

图 5 – 12　网民使用的网络平台分析

第二，对网络言论环境的认知

网民上网行为的自主性还表现在对网络言论环境的认知和态度上。当被问及"如果存在对自由表达意见的限制，您认为主要存在于哪些方面"时，56% 的受访者选择了"敏感词审核"的选项，位列第二的是"实名制"选项（占 28%）（见图 5 – 13B）。

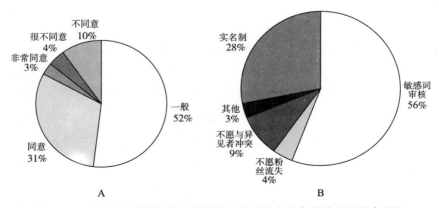

图 5 – 13　网民对网络言论环境的态度和网络自由表达的现实因素分析

第五章 互联网的公众

　　网络实名制作为一项网络管理制度，自从实施以来一直是争议的焦点。早在 2002 年清华大学新闻学院李希光教授就提出禁止网络匿名的建议，宁夏、甘肃、吉林、重庆等省区市分别开始推广版主实名制，2010 年初一些新闻网站和商业网站开始采用实名制并取消新闻跟帖"匿名发言"功能，2012 年 3 月 16 日新浪微博实行实名制注册。在这个大背景下，网民如何看待实名制的影响呢？调查显示，不少网民对实名制心存戒心。为了便于引导和管理，网络实名制要求用户在网络中显示真名，但有用户认为这影响了自己的隐私权和言行的自主性。调查数据显示，网民认为实行网络实名制的最大影响在于泄露个人信息，其次为不敢说真话。其结果一方面表明受访者维护个人隐私意识的增强，另一方面表明受访者在网络上发言时可能会说假话，来掩盖真实意图和真实想法（见图 5 - 14）。图 5 - 15 对"如果您发表过激或敏感，甚至是触犯道德法律的问题，会担心被揭发吗？"问题回答结果的数据进一步证明了这一点：虽然 41% 的网民表示"从来不发这种话题"，但有 35% 的网民担心自己的发言过于敏感会被揭发，这两个选项占 3/4 以上，可以看出，政策因素多少会影响网民的网络心理和行为，导致网民要么不敢多说话，要么发言了却存在恐慌心理。

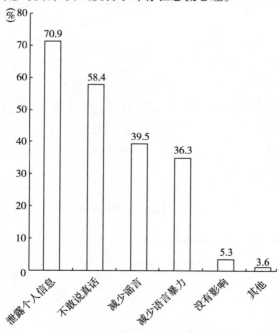

图 5 - 14　网民看待实名制影响的分析

排除政策因素，大部分网民认为网络发言相对来说还是比较自由的。当问及"网络是否具有自由的言论环境"时，同意的占31%，半数以上受访者回答一般，选择"很不同意"和"不同意"的分别占4%和10%。网络环境宽松和自由，为网民畅所欲言提供了条件（见图5-13A）。

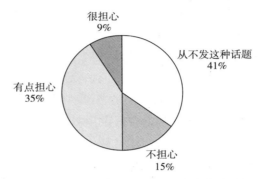

图5-15　网民对发表言论被揭发的态度分析

（三）网民对公共议题的关注程度

网民对公共议题的关注程度包括对关注公共议题的态度与对参与公共讨论的认知两个方面。

第一，对关注公共议题的态度

网络成为网民关注公共议题最优越的平台，究其原因，排名前三的分别为"信息时效性强，传播速度快"（87.3%）、"信息资讯内容丰富"（65.9%）和"百家争鸣，能倾听不同的声音"（56.5%），它们的比例均在50%以上，这说明网络媒体的时效性、丰富性和多元性。而"能够参与公共事件的讨论，发出自己的声音"只排名第四（39.9%），可见网民虽关注公共议题，但表达自己观点的意向还不太强烈（见表5-3）。

表5-3　运用网络媒体关注公共事件的原因分析

单位:%

优势	人数	百分比
信息时效性强，传播速度快	363	87.3
信息资讯内容丰富	274	65.9
百家争鸣，能倾听不同的声音	235	56.5
能够参与公共事件的讨论，发出自己的声音	166	39.9

续表

优　势	人　数	百分比
互动性强，有机会与意见领袖或精英互动	144	34.6
可以直接关注名人和机构	96	23.1
其他	4	1.0

　　调查显示，新闻门户网站信息量大，微博发布信息迅速，博客对公共事件的分析鞭辟入里，三种网站类型各有特色，成为网民关注公共事件最频繁的网站类型（见图5－16）。值得注意的是，视频网站在网民关注公共事件网站类型的调查中位列第四，体现了网民信息生产的积极性和创造性，诉诸视觉效果的表现形式更具吸引力。相比之下，论坛在网民关注公共事件的网站类型中排名靠后，这和网民的上网习惯与网络流行趋势有关。在20世纪90年代至21世纪初，论坛崛起并发展成熟时成为网民发表观点的重要阵地，但随着更适合网民的上网心理和习惯的微博、博客、社交网络等社会化媒体的出现，论坛逐渐让位于其他网络形式。尽管如此，一些资深老牌论坛如天涯社区、强国论坛以及百度贴吧等，在公共事件和议题传播方面仍占一席之地。

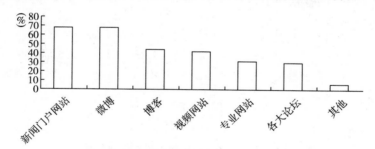

图5－16　网民关注公共事件的网站类型分析

　　调查显示，大部分网民能及时关注网络热点事件。问卷中有关于"您最近关注的网络公共话题是什么？"的考察（本问卷发放的时间为2012年11月至12月），研究表明，排名前五的话题为：十八大、五小孩闷死在垃圾桶事件、钓鱼岛事件、雷振富艳照门事件和航母舰载机着舰成功事件。其余关注度较高的话题还有杭州地铁渗水、鸟叔江南stlye、浙江温岭幼儿园老师虐童、切糕、温岭最牛钉子户、青岛女生拒绝陪酒坠楼、深圳房叔、姚晨大婚、于丹被赶下台、杨锦麟杭州打车被宰、酒鬼酒查出塑化剂等事件。其中时事热点和社会民生类话题是大家关注的重点，这些事件都是填写问卷时新近发生的，可见网络公众重视公共话题的时效性、重要性和接近性，同时具有较强的信息敏感性和新闻价值判断能力。此外，娱乐休闲话题也是网络公众关注的一个焦点，比如鸟叔的江南 style 成为 2012 年下半年的热门话题，舰载机指挥员在起降过程中的航母 style 手势受到很多人的称赞。

第二，对参与公共讨论的认知

对公共事件评论或留言有助于推动公共议题的发展，并能形成网络舆论，推动事件发展进程。调查数据表明，网民参与讨论的话题类型最多的为社会热点新闻/话题及评论（58.7%），可见很多网民具有社会责任感，对发生在自己周围的国计民生事件更有表达的欲望。而排名第二的话题类型为娱乐休闲话题（35.4%），可以看出网民网络表达的娱乐化、休闲化和轻松化的倾向。其中有 14.6% 的受访者表示，从不参加任何讨论，无论话题是公共的还是私人的，严肃的还是轻松的。这批人作为"潜水"人员，将自己置身局外（见图 5-17）。

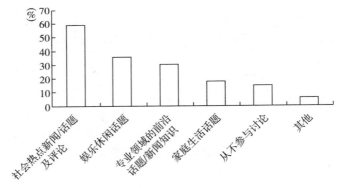

图 5-17　网民参与讨论的话题类型分析

虽然在对网民参与讨论的话题类型调查中，大部分受访者表示愿意参与社会热点新闻/话题及评论，但在直接询问"您是否参与过网上的公共讨论"的调查中，结果却与之前差别较大，大多数网友只是偶尔参与公众讨论（67%），从不参与公共事件讨论的网民也有一定比例（26%），经常参与公众讨论的网民数量较少（7%），可见网民的公众参与和意见表达具有很大的偶然性和随机性，且积极性不够强。网民对网络公共事件的态度分析也验证了这一分析结果，当问及"您对网络上一些热点话题采取怎样的行为"时，42% 的受访者选择"围观"，41% 的受访者选择"会转发或评论"，"主动表态"的仅占6%，而"不理会"的占11%。由此可见，网民虽关注公共事件和公共议题，但只停留在"围观"阶段，大部分网民仍吝于开口表态，极少网民会有进一步行动（见图5－18）。

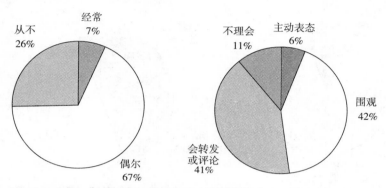

图5－18　网民参与公众讨论的频次以及对公共事件的态度分析

（四）网民论辩的理性程度

网民论辩的理性程度分析主要包含网民对公共话题的判断认知和其在网络论辩过程中的理性程度两个方面。

第一，对公共话题的判断与认知

从参与论辩的网民身上，我们可以看出他们具有网络热情，积极参与公共话题并勇于表达自己的观点。公共论辩的基础首先在于必须存在公共话题，且公共话题必须是真实的，不然所有讨论都是毫无意义的。网络本身是个大杂烩，信息包罗万象且参差不齐，虚假信息泛滥的现象一直存在，倘若不加判断和分辨地盲目相信，则会影响正确价值判断的形成。调查显示，绝大多数网民对网络公共话题的可信度进行判断时都持谨慎态度，其中86%的受访者持"半信半疑"的态度，其他三个选项分别为"从没想过"（8%）、"深信不疑"（2%）和"毫不相信"（4%），所占比例均较小，可以看出，绝大多数网民在发表评论前还是具有甄别意识的，会做好对真实性的把关。

网民不仅对公共事件的真伪采取审慎态度，他们对网络热门话题的反馈亦是如此。当问及"面对网络上一些热门话题，你会采取什么样的行为"时，50%的受访者选择"只看不做回应"，25%的受访者选择"偶尔附和"。这两个选项比例很高，一方面可以看出网民参与公共讨论的积极性不强，另一方面也可以看出，网民倘若未经过深思熟虑，不会轻易发言，这与中国人一向以来"谨言慎行"的传统有关，而19%的受访者选择"发表自己的见解"，选择"一起起哄"的网民很少（1%），可见绝大多数网民能有意识地避免非理智造成的网络盲从和表达误区，能怀着理性自律，在网上规范自己的言行（见图5-19）。

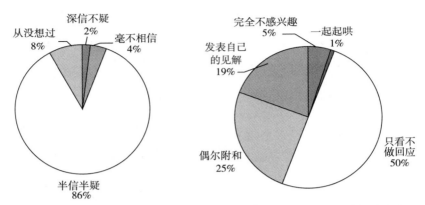

图5-19 网民对网络公共话题可信度的判断以及对热门话题的行为反应

第二，网络论辩过程中的理性程度

调查显示（见图5-20），在公共事件的论辩过程中，网民发表意见的主要依据为"了解事实，依证据评论"（38%），这说明很多网民在论辩过程中有理有据，理性发言。但凭个人直觉行事的网民也不在少数（26%），这些网民发表意见时更倾向于掺杂个人的实践经验和感性认知。此外发表意见看心情（13%）或根据他人的说辞（4%）的情况也占一定比例，可见一些网民在对公共议题发表意见时还存在感性因素，这会影响他们在公众讨论中的正确判断。倘若在公众讨论中网民与他人产生分歧，或事件本身存在争议，大部分网民会迎合网络上大多数人的观点（35%）或者权威人士的观点（32%），也有一些网民会接受广播、电视或者报纸等传统媒介的观点（25%），有8%的网民会持与大多数人相反的观点。这个数据表明，面对公众讨论中的分歧和争议问题，受访者会采取三种较为"保险"的分析方式，其一为"少数服从多数"，参考大多数人的意见作为自己观点的借鉴，其二为利用网络意见领袖，吸纳权威人士或者意见领袖的观点，作为自己参与同种讨论的指导；其三为兼顾传统媒体信息传播的价值，利用广播、电视和报纸的公信力。而少数网民遇到争议事件时要与大多数人持相反观点，这意味着这些网民具有极端的心理倾向，或者故意想显示自己的与众不同和特立独行。

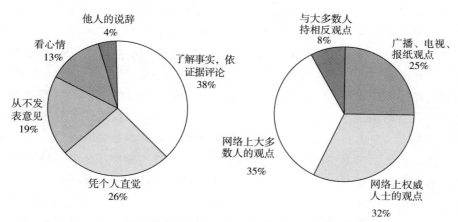

图 5-20　网络发表意见的主要依据和争议事件中网民的判断情况

（五）网民网络行为的现实效果

网民网络行为的现实效果分析包括线上—线下行为与认知分析和微博政治影响的态度认知分析。

第一，线上—线下行为与认知

网络社会归根结底是虚拟社会，它的存在与价值必须以现实社会为基础和准绳。互联网传播影响现实社会的结构，继而影响人们的生活方式、政治结构、经济结构和社会面貌。对网络上的公共话题传播效果的衡量，不仅在于能形成多大的网络舆论，更重要的是在现实社会能产生多大的社会反响，能在多大程度上推动社会民主发展的进程。将网络公共话题由线上引至线下，这有赖于网民的实践行为。调查结果显示（见图 5-21），63% 的受访者表示会偶尔把网络公共话题引入现实生活，

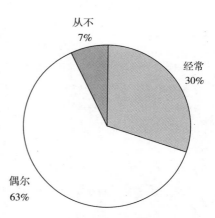

图 5-21　把网络公共话题引入
现实生活情况分析

30% 的受访者选择"经常"，这说明绝大部分网民能有意识地将线上公共事务延伸至线下，以期产生推动社会发展的作用，只有 7% 的受访者从未在现实生活中谈及网络公共话题。

当网民在网上对某一事件或活动有共同兴趣、共同利益时较易达成一致

性或者共识，这会形成临时的集体或者共同体，并将其中建立的关系、交流或者活动延伸到现实世界，以获得更进一步的利益。而在"网民在现实生活中参与过的线下活动"的调查中（见表5-4），选项最多的是"参加有共同兴趣爱好的朋友组织的各种活动"（46.2%），其次为"参加社会公益组织和活动"（26.9%），排名第三的选项为"帮助网络上看到的困难群体"（24.3%）。数据表明，"志同道合"成为共同体形成及在现实世界付诸实践可能性最高的原因，但这种因兴趣而聚集的活动未必都是公共议题，也许只是一场自发的二手商品拍卖活动或者某场相亲活动。参加社会公益活动和帮助弱势群体成为目前网民将公共议题和社会事务进行线上—线下连接的最普遍方式。值得注意的是，"为网络上看到的公共事件给官员或相关组织建议献策"这一选项的比例较低（11.3%），网民不愿选此选项，是害怕接触政治类话题，还是对政府执行力不抱希望，结果不得而知。此外，有20.3%的受访者没有在现实中参与过线下活动，可见一些网民对网络世界和现实世界有较为明确的区分。

表5-4 网民在现实中参与过的线下活动分析

单位:%

选 项	人 数	百分比
参加有共同兴趣爱好的朋友组织的各种活动	192	46.2
参加社会公益组织和活动	112	26.9
帮助网络上看到的困难群体	101	24.3
参加在网络上宣传的生活服务类活动	87	20.9
都没有	84	20.2
参加在网络上宣传的专业性活动	62	14.9
为网络上看到的公共事件给官员或相关组织建议献策	47	11.3
其他	12	2.9

第二，微博政治影响的态度认知

由于一些公共议题具有政治特性，因此本调查设置了微博网民对公共议题尤其是政治议题的态度的相关问题。当问及"政府微博是否加强了政府与人民的沟通"时，半数以上受访者的回答是否定的（56%），21%的受访者表示"不关心"，只有23%的受访者认为政府微博有利于增强政府与人民之间的沟通。分析调查结果，从政府微博层面看，政府微博定位不清晰，导致政府与人民的沟通交流存在障碍；从网民层面看，可能网民对政府部门的"刻板印象"影响他们对政府微博的态度和行为。

虽然大部分网民不看好政府微博的执行力和传播效力，但大部分网民确信网络声音会对政府决策产生影响。数据表明，8%的受访者认为网络声音对政府决策"有很大影响"，56%的受访者认为"有一些影响"，26%的受访者认为虽然现在没有影响，但在将来很有潜力，只有10%的受访者持悲观态度，认为网络声音对政府决策没有影响。由此可见，大部分网民认同网络舆论在现实社会政治发展和政府决策中发挥的重要作用，他们对公共议题的线上—线下勾连促进现实世界政治结构的合理优化、推动社会民主发展持乐观态度（见图5-22）。

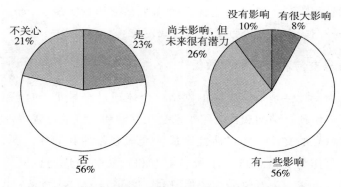

图5-22 对政府微博加强沟通效能的态度及网络声音对
政府决策效果的态度分析

第三节 互联网上的公众特征

网络公众与现实公众相比，发展的历史非常短暂，且网络空间现存法律不健全，网络环境与社会环境也存在区别，这些因素都在一定程度上影响了公众特征的形成。结合上文有关公众的含义，参照调查结果可以看出，网民在互联网上的言行在某些方面能体现作为现实公众的特征，同时也具有网络公众自身的独特特征，网络公众的特征包含以下四点。

一 权力眼睛下的匿名主体

虽然网络给予了人们表达意见和观点的广阔空间，但网络管理的束缚依然存在，网络的管理措施和手段在保护网民网络安全的同时，也在一定程度上产生了某种威慑力。虽然有时产生威慑力的权力一方并未露面，但网民时刻感觉到自己的网络行为受到权力控制，存在各种未知的风险，必须自行小心：一双权力的眼睛正在暗处窥视着每一个人的举动，迫使每个人谨言慎行。福柯在《规训与惩罚》中提到圆形监狱理论时，指出层级监视运用观察来实现控制，惩罚同时被整合进每个人的意识中。每个人都会自觉地在注视目光的压力下成为监视者，从而实现自我监禁。① 而就算此时此刻注视并不存在，但人们在无法确信的情况下仍会幻想行为背后有一双灼热的眼睛正在盯着你看。

运用匿名 ID 是网络公众试图摆脱权力控制所采取的一种策略，为避免被"追踪""盯梢"，网络公众选择隐匿的方式行动。在虚拟 ID 下，公众能摆脱真实身份背景的限制，更愿表达自己的真实感情和真实想法，这有助于网络公众形成一种网络人格并进行全新的自我定位。

二　符号交流和行动的少数派

米德认为，社会是个体交流的网络，个体通过符号赋予自己和他人的行动以意义，一切社会结构和社会组织都是在互动和交流的过程中形成的，② 如姿态和语言符号的交流，能促使社会成为交流合作的共同体。网络公众以虚拟的网络符号作为交流合作的手段，姿态和意义的表达通过网络符号呈现，其中包括语言符号、声音符号、图像符号、表情符号，甚至是网民公众的 ID 符号等。

符号交流和行动的虚拟性还表现在，线上活动延伸至线下的可能性低，在现实世界取得的社会效果和政治成效相对较小，这使网民的符号交流和行动仍停留在虚拟世界。根据考察网民在现实生活中参与的线下活动与网民基本特征的交叉分析可以看出，选择"为网上公共事件给官员或相关组织建议献策"的网民表现为以下基本特征：男性，21 ~ 25 岁，大学本科，企业职员/工人，月收入在 3000 ~ 5000 元，网龄 5 年以上，每天上网时间 1 ~ 3 小时。这一类网络公众不仅是网络公共话题的参与者，而且还在以实际行动对网络公共议题做出回应，并促使它转换成能影响社会的助推器，推动政治经济结构

---

① 包亚明主编《权力的眼睛——福柯访谈录》，严锋译，上海人民出版社，1997，第 158 页。

② 王志琳：《心灵·自我·社会——米德的社会行为主义述评》，《赣南师范学院学报》2003 年第 5 期。

日趋完善，甚至可能推动社会变革。

由此看来，在互联网上，愿意对公共事务进行交流的网络公众还是零散的，并未形成聚合力量，他们势单力薄，推动整个社会民主发展进程的步调缓慢。

三　公共议题虚拟共同体的弱关系群体

人类的群体生活是社会成员行动的集合，人在此时成为一个社会有机体，总是习惯让自己归属于某一个社会群体或者共同体。网络公众的发言或行为同样需要获得他人的认同和理解。虽然网络公众作为符号公众来说带有虚拟性，产生的对个体的认同也是一种虚拟认同，但它同时也传递着"真实"的信息，可以还原现实。在网络上关注并讨论公共议题，对网络公众来说，是一种感情移入过程，[①] 表现为对虚拟事物、事件、人物和人物所在共同体的承认和接纳。和现实共同体不同的是，网络公众所处的群体是公共议题的虚拟共同体，个体使用虚拟 ID 隐藏身份，创建并扮演新的网络角色，个体间互动关系的角色行为所形成的共同体不仅是虚拟的，而且是脆弱的。它不同于现实生活的公共议题共同体，能明确知晓成员的各种信息，网络公共议题的共同体在道德和规范上的力量都是非常微弱的，人们不能获悉网络角色背后的真面孔，既无法防止成员随时退出该共同体甚至反戈相向，也无法预料何时会有新成员的加盟，因此这种虚拟共同体所营造的公众之间的关系松散，共同体容易解散或重组，成员关系容易消失或再生。

关于弱关系，美国社会学家马克·格兰诺维特（Mark Granovetter）根据时间跨度、互动频率、亲密程度和互助互惠四方面，对强弱关系进行区分，[②]他将社会结构紧密联系的那种亲密的亲人和密友之间的关系归为强关系，将几乎很少了解彼此的只是相识的人之间的关系归为弱关系。强关系内的人们有更强大的帮助动力，人们主要通过社会系统、新闻媒体或者他们的密友来获得资讯，但格兰诺维特强调弱关系与强关系一样重要，因为它能为人们提供超越他们自己的社会圈子的信息和资源，具有桥梁（bridge）的作用。[③] 缺

---

① 何明升、李一军：《网络生活中的虚拟认同问题》，《自然辩证法研究》2001 年第 4 期。

② 李林艳：《弱关系的弱势及其转化——"关系"的一种文化阐释路径》，《社会》2007 年第 4 期。

③ Mark Granovetter, The Strength of Weak Ties: A Network Theory Revisited, *Sociological Theory*, Volume 1 (1983), pp. 202 – 209.

乏弱关系的社会系统将被碎片化为支离破碎的状态，因为弱关系能体现信息传播强大的扩散作用。而网络公众具备的多元性和差异性特征是形成弱关系与生俱来的优势，能促进信息资源在不同社会网络的流动，一旦出现公共议题，网络公众间信息和资源的传播范围更广，扩散性更强，对社会结构的现实影响力更大。当形成的公共议题关系到所有网络公众、整个社会甚至全人类的共同利益时，网络公众为实现公共利益的最大化，会选择理性交往和理性行动，从而使互联网上的虚拟共同体的弱关系产生强大的力量。

在不同公共广场中，网络公众之间的弱关系程度有所差别。其中新闻反馈版块和视频网站中，网络公众的弱关系最强，因为在这两个网络公共广场中，网络公众参与的门槛低，尤其是新闻反馈版块，不需注册即能发言，能激发网络公众表达内心的真实想法。其次为网络论坛，网络论坛必须注册才能发言，网络公众将它作为一个社区，里面既有"匆匆过客"，也有"常住人口"。再次为博客，博客是个人观点表达的空间，如果网络论坛是社区的话，那么博客就是网络公众的住房，访客的阅读与评论宛如"好朋友"的来访。微博和社交网络（SNS）的弱关系较弱，其中的好友与现实社会有交集，是人际交往的网络延伸。而即时通信平台（IM），如QQ、MSN和微信等，它们很多是熟人之间交流的工具，网络公众间的关系则更接近强关系。

四　理性人与感性人的融合体

社会学家霍曼斯、英格尔斯和科尔曼都承认人的行为具有理性成分，并认为弱关系能体现理性的社会交换。网络公众在交往中的彼此关系状态，决定着其网络实践的理性程度。调查显示，大部分网络公众在对公共议题的判断认知和参与网络论辩行为方面都保持理性头脑，不盲目跟风，也不煽风点火，能遵从公共利益的原则，谨慎交往和行动。虽然网络交往是网民的个人选择，大多为网民的理性行为，[①] 然而在不同的互联网公共广场中，网络公众在弱关系中表现出来的理性程度存在差别。在新闻版块中，因为参与者无须注册，发言具有隐蔽性，因此该公共广场存在较多非理性言论。而即时通信平台的表达沟通主要是朋友间的感情交流，表达时更容易"真情流露""感情用事"，理性程度相对较弱。视频网站和网络论坛通常以电子邮件或者电话号码作为注册信息，部分地透露了自己的真实信息，因此网络公众在发言时较

---

① 　滕云、杨琴：《网络弱关系与个人社会资本获取》，《重庆社会科学》2007年第2期。

为谨慎，特别是论坛网民为维护自己在论坛的形象，不会随便发言。博客空间的文字写作、图片编辑、版面设计、背景选择等都需发挥博主的用心，博客创作是以较完整的图文形式出现的，能体现网络公众深思熟虑后的想法。自从微博注册实名制后，网络公众的微博发言更为自律，微博公告栏的辟谣公告也起到了警示和震慑作用，再加上《最高人民法院、最高人民检察院关于办理利用信息网络实施诽谤等刑事案件适用法律若干问题的解释》做出了"诽谤信息被转 500 次可获刑"的规定，网络公众在表达沟通时更为理性。社交网站则将现实社会关系圈都连接了起来，在复杂的社会网络中，网络公众在发言前也会事先认真思量自己说的话可能产生的现实结果。而网络百科全书网站主要是分享知识性信息，无论是词条创建、修改还是用户讨论都更倾向于理性。

第六章 互联网的沟通协商

第一节 互联网表达沟通的思想简介

一 表达自由和言论自由的思想简介

西方的表达自由和言论自由可以追溯到古希腊。古希腊三大著名哲学家苏格拉底、柏拉图和亚里士多德都发表过有关自由的言论。苏格拉底一生经营着他引以为豪的职业：讨论哲学。关于他的记载大多来自他的学生柏拉图和色诺芬的对话录，苏格拉底虽然没有著作，但他有很多关于自由的言论。如色诺芬的《回忆苏格拉底》中提到苏格拉底的弟子阿里斯提普斯追求的是"既不被统治，也不过奴役生活"或者"不做一个国家的公民，到处周游做客"① 的自由之路，认为这就是幸福之路，但苏格拉底认为这两种自由都是不现实的，只有出于自愿的选择，在自制力的前提下辛苦工作的人才能获得幸福，而这种注重精神上的理性和耐受力的自由才称得上是真正的自由。柏拉图在《理想国》中指出正因城邦充满了行动自由和言论自由，才能形成多种多样的人物个性，② 而这是政治制度中最美最合理的地方。亚里士多德在《政治学》中着重强调了公民参与政府事务的作用，他指出自由的两个要领是：其一，全体公民人人平等；其二，"人生应任情而行，各如所愿"。③ 城邦的政治生活应由全体公民参加，参与议事、司法和行政机构，表达看法，展开讨论，这是实现至善和幸福生活的途径。此外，犬儒主义代表人物第欧根尼也认为世界上最美好的事物是言论自由。

---

① 〔古希腊〕色诺芬：《回忆苏格拉底》，吴永泉译，商务印书馆，1984，第二卷第一章。
② 〔古希腊〕柏拉图：《理想国》，郭斌和、张竹明译，商务印书馆，2002，第331~332页。
③ 〔古希腊〕亚里士多德：《政治学》，吴寿彭译，商务印书馆，1965，第341页。

第六章　互联网的沟通协商

中世纪对言论自由和表达自由的控制达到了前所未有的程度，这种思想控制更多是由于宗教和政治的抗衡。教会的教义理念通过基督教对中世纪的统治渗入社会。到中世纪末期有学者开始提倡个性解放和思想解放。17 世纪英国随着新兴资产阶级"自由、平等"旗帜的高举，在学术界关于自由的讨论也逐渐增加。关于自由，霍布斯指出世上没有一个国家能制定出足够的法律来规定人们的言行，而一旦法律没有规定，人们可以自由去做那些自己认为理性且对自己最有利的事。① 他认为自由是作为个人主体的最理想状态，但他指出必须区分国家自由和个人自由，如果混淆了两者界限，可能会付出惨痛代价：如果假借国家之名滋长个人自由，那么会影响国家稳定；相反，个人自由对国家自由起制衡和限制作用。

约翰·密尔顿在 1644 年出版的《论出版自由》中全面阐述了出版自由的思想，在整个欧洲产生了深远影响。他抨击了书报检查制度，认为制定《出版管制法》等检查制度不但不能禁止诽谤性和煽动性的书籍，反而会破坏学术，扼杀真理。他认为杀人只是杀死理性的动物，而禁止一本好书的出版相当于直接扼杀了理性，禁止写作相当于熄灭了真理的火花。"有自由来认识、发抒己见，并根据良心作自由的讨论，才是一切自由中最重要的自由。"② 密尔顿看到了发表观点和相互讨论对追求真理的重要性，他心目中自由的最大限度是"开明地听取人民的怨诉，并作深入的考虑和迅速的改革"。③ 而如果对所有言论在一开始就持敌对态度，这会带来危险，而不加理解和判断地进行压制和禁止，则等于是压制了真理本身。密尔顿试图营造的是一个"观点的自由市场"，任何人都可以在这个市场里畅所欲言，自由表意，无论这些意见正确与否。他认为言论自由还包括对各种意见的包容。如果一个人能不加顾虑地表达自己的看法，其实是保证了自己对上下议院的忠诚和拥护。反之，上下议院能谦和地倾听来自不同方面的声音，这能显示出他们对真理的热爱以及正直宽容的精神。约翰·密尔顿的自由精神对法国大革命的思想自由观点产生了重大影响，1789 年法国大革命公布的《人权宣言》第 10 条规定了对言论自由的态度："只要发表意见不干扰法律规定范围内的公共秩序，任何

---

① 〔英〕霍布斯：《利维坦》，黎思复、黎廷弼译，商务印书馆，1985，第 164 页。

② 〔英〕约翰·密尔顿：《论出版自由——阿留帕几底卡》，吴之椿译，商务印书馆，1989，第 45 页。

③ 〔英〕约翰·密尔顿，《论出版自由——阿留帕几底卡》，吴之椿译，商务印书馆，1989，第 1 页。

人不得加以干涉。"第 11 条则明确了对表达自由的规定:"自由表达思想和意见是人类最宝贵的权利之一。每个公民都有言论、记述和出版的自由,但滥用此项自由应承担法律责任。"由此言论自由、表达自由和出版自由伴随人的自然权利以法律的形式确定下来。

功利主义学派代表人物约翰·密尔在他的著作《论自由》中将个人的自由放在崇高的位置上,认为公民的个人自由不应受到干涉、强制或者控制,无论这种干涉、强制或者控制是来自个体的他人还是总体的集体,除非自我防御。① 他认为我们不应该限制人的思想自由和讨论自由,原因有二:其一,如果说我们要讨论的这个是真理,倘若我们的思考和讨论被压制了,那么我们永远都达不到真理;其二,如果我们要讨论的这个不是真理而是谬误,那我们则更需要进行思考和讨论,因为只有这样,真理才能更加凸显出其作为真理的重要性,人们在思想和言语的交锋之中,能更清楚地了解真理和谬误之间的区别,从而使真理熠熠生辉。作为一个功利主义的代表,密尔强调,意见的真确性也是功利性的一部分,但经常会出现这样的情况:衡量一个意见是否应受保护而免于公众攻击的标准,是它对社会的重要性,而非意见的真确性。② 对社会的重要性是短期功利性的表现,但如果说追求并坚持意见的真确性,从长远角度来说,也是对人类有利的。他建议要致力于去寻求真理,依靠自己的理性勇敢地去追求全部真理,而非部分真理,知识界需要有争辩的声音,这有利于人类精神福祉。

保守主义者对密尔的自由原则提出了批判,如英国政治理论家、自由主义思想家以塞亚·伯林认为密尔的自由观混淆了积极自由和消极自由的概念。在他看来,消极自由是"免于……"的自由,即需要保证最低限度的不受干涉的领地内的个人自由,这个领地越大,自由就越大。按照他的理论,言论自由和表达自由可以表现为自由地批判别人的观点,发表自己的看法,但最低限度指的是在法律允许的范围内,在不诽谤他人的前提下。而积极自由是"去做……"的自由,即不受奴役和控制,在思想和行为上成为自己的主人去追求自治和自主的自由。他把个人自由等同于公共权力,认为这是资本主义价值网络中的一个因素,这个价值网络包括个人权利、公民自由、个人人格

---

① 〔英〕约翰·密尔:《论自由》,程崇华译,商务印书馆,1959,第 10 页。
② 〔英〕约翰·密尔:《论自由》,程崇华译,商务印书馆,1959,第 23 页。

的神圣性、隐私与私人关系的重要性等。[①] 他不否认积极自由能激活充满正义的公众运动，有助于实现社会目标甚至全人类所追求的目标，但他认为消极自由不可侵犯、不可逾越，这是参与政治和参与政府的主要价值，也是更真实更有价值的。伯林对密尔的自由观提出质疑，指出密尔所倡导的自由一方面是"不干涉，作为强制的反面，总是好的，虽然它不是唯一的善"，这一点其实就是他倡导的消极自由，而另一方面他认为"人应该寻求发现真理，或者寻求发展某种穆勒所赞同的性格……，只有在自由的条件下，真理才是能够发现的，这种性格才是可以培育的"。[②] 伯林指出，密尔制造了两个真空状态：强制社会和自由社会（纯洁社会），认为强制社会无法获得真理，但历史的实践证明强制社会也会有自由的声音，也会出现真理的空间。

　　有学者从民主社会发展的角度讨论表达自由和言论自由的重要意义。17世纪荷兰哲学家斯宾诺莎（又译斯比诺莎）在他的著作《神学政治论》中，将言论自由作为衡量民主进程的标准。他认为在自由的国家每个人都可以自由发表意见，在民主政治中，绝对不可能形成强制性的言论，不可能剥夺人说话的自由，相反，给予人们这种自由不仅无害，甚至有利于"公众安宁、忠诚，以及统治者权力"。[③] 他把自由当成政治的真正目的，认为一个好的政治制度是容许不同声音和不同判断和谐相处的，言论自由是人的天性之一，如果限制人们表达自己的观点，相当于遏制了人类的天性，最终只会导致政府的暴虐。美国政治学家约翰·罗尔斯在《正义论》中提出了功利主义与自由主义联姻的脆弱性，认为功利主义可能因为整体利益而牺牲个人利益，最终可能导致非自由。[④] 在他看来正义作为民主社会发展的一个原则应引入社会结构之中，公民应自由而平等地发挥自己的正义感，这种道德能力比功利主义更为重要。他认为，自由是这个或那个人（或一些人）自由地（或不自由地）免除这种或那种限制（或一组限制）而这样做（或不这样做），[⑤] 这是一种平等的自由，个体与个体、个体与团体之间的自由都是均等的。罗尔斯认为言论自由，特别是政治言论自由是每个人的基本自由，应确保每个公民自

---

① 〔英〕以赛亚·伯林：《自由论》，胡传胜译，译林出版社，2003，第38页。

② 〔英〕以赛亚·伯林：《自由论》，胡传胜译，译林出版社，2003，第196页。

③ 〔荷兰〕斯比诺莎：《神学政治论》，温锡增译，商务印书馆，1963，第278页。

④ 李强：《自由主义》，中国社会科学出版社，1998，第102页。

⑤ 〔美〕约翰·罗尔斯：《正义论》，何怀宏、何包钢、廖申白译，中国社会科学出版社，1988，第192页。

由而公共地使用自己的理性。① 在讨论和对话中，如果政府用煽动性诽谤罪等罪名来压制不同政见和不同声音，那么公共出版和自由讨论就会不复存在，同时也削弱了更广泛自治的可能性。相反，公开发表的声音反而更能引起人们的重视，有利于民主社会的制度稳定和政治的长治久安。美国政治学家科恩认为言论自由是民主的法制条件，虽然它有时并不美好，但作为自治的社会内部结构或机体的重要组成部分，却是必需的。② 他把言论自由分为两类：建议的自由和反对的自由。公民需有提建议的自由，哪怕提的建议太多或者太分散，也比建议受到限制好太多。同时，公民也可以自由反对任何候选人、政党或者政策。科恩称之为"有条件的绝对论者"，一方面他肯定在民主社会中言论自由和表达自由处于绝对和必需的地位，另一方面他又指出这种绝对是有条件的，即并非基于超自然的根据，而是在民主社会出现后，基于社会需要赋予其这个首要地位的。

二 沟通协商的思想简介

在阿伦特看来，每个公民都拥有公共权力，能积极参与政治决策，在公共协商中能听到自己的声音，并有权决定国家政治事务的进展和决策。她指出判断政治实体宪法的最高标准并非正义，也非伟大，而是自由。③ 她在区分解放和自由时指出，解放并不等于自由，因为解放是免于匮乏和恐惧、禁锢和束缚的自由，只是消极自由，而真正的自由是参与政治事务和公共事务的自由，这是一种全新的政治生活方式。她同时指出沟通协商过程中理性的重要性，她认为这种理性属于人类精神范畴的内容，在行动中源自思考，落脚于判断。思考、意愿和判断被阿伦特称作三种基本心理活动。她认为思考来自人们的经验，而作为共同体的一员，思考必须扩展到政治领域里，想象即再现至今没有的东西及深思熟虑的所有行动也包括在思想之中。④ 思考和想象是密切相关的，人们的思考不是来自感官的刺激，而是来自体验这些知觉之后的感受，在思维的时候仿佛进入想象的世界，任何真实事物都无法看见，

---

① 〔美〕约翰·罗尔斯：《正义论》，何怀宏、何包钢、廖申白译，中国社会科学出版社，1988，第321页。

② 〔美〕科恩：《论民主》，聂崇信译，商务印书馆，2004，第126页。

③ 〔美〕汉娜·阿伦特：《论革命》，陈周旺译，凤凰出版传媒集团、译林出版社，2007，第18页。

④ 〔美〕汉娜·阿伦特等：《〈耶路撒冷的艾希曼〉：伦理的现代困境》，孙传钊编，吉林人民出版社，2003，第152页。

而是通过想象再现现实的经验。因此这种思考和想象能提高我们理智行动的能力，在人类的共同体中形成现实力量。而这种思考与智识能力或认知不同，是内心的孤独对话，注重"意义"的追问和内在的和谐，不受道德和规范的限制。① 因为人只有在孤独的时候才会进行自我的对话，一个自我谈论的是外部世界的生活，另一个自我则对人的行为进行反省和检查，最终形成一致性的意见，从而获得心灵的进化与和谐，有自信能继续信心百倍地生活下去，面对人生。如果没有思考和想象，人们的经验就会产生分歧，甚至没有任何意义。而阿伦特眼中的判断指的是不参与现实世界以便作为旁观者来观察世界，就如同观众之于表演者，他们远离名誉或金钱，不依靠别人的观点，既不同于康德所说的远离现实世界，依赖别人观点的哲学家，也不同于柏拉图口中的"因为优秀而孤独，只能与自己相伴，没有朋友也不需要朋友，他需要的只有自己的最高级的神"②。相反，这种判断是和他人沟通和讨论的，并且是在公开场合表达的。这种判断不仅不是孤独的，它甚至是一种所有人对于共同体的共通感觉，这种共通感觉指的是自己和自己所在共同体同呼吸的感觉，只有在此种感觉引导下才能形成判断，而阿伦特相信这种判断能发挥政治作用——既可能在一个国家范围内，也可能在全人类的范围之内。

如果说阿伦特的沟通协商注重两个自我的对话和沟通，这种沉思已经有反思的意味，那么法国哲学家和社会学家布尔迪厄对反思的研究则更为系统和深入。他认为学者和读者自由地、排除异他性地、带批判性地交流和对话有很多优越之处，而以诚相待的平等谈话和论辩能够给人以启发，并且能帮助参与者对自己的行为进行反思。布尔迪厄认为反思性使一种更加现实、更负责任的政治成为可能。③ 而人与人之间沟通的困难就在于人们往往忽视了观点所处的空间对观点呈现的清晰度的影响，因为同一个场域内包含不同的观点和立场，这些观点要和位置一一对应起来，这样既能客观地"剔除"观点

---

① 江宜桦：《政治判断如何可能？简述汉娜鄂兰晚年作品的关怀》，《当代》2000 年第 150 期，第 30 页。

② Hannah Arendt, *The Life of the Mind*, San Diego New York London: W. W. Norton & Company, 1978, p. 94.

③ 〔法〕皮埃尔·布迪厄、〔美〕华康德：《实践与反思——反思社会学导引》，李猛、李康译，中央编译出版社，2004，第 255 页。

中"专制主义"的奢想，又能对观点进行阐释说明，使之清晰明了，易于理解。① 我们应对所表达的意见和观点在场域之下进行反思，因为这种场域的结构承认并决定了不同声音存在的合理性，即能保证追求真理过程中不同观点和意见的存在和位置的稳定。此外，布尔迪厄特别重视知识分子的独立性，他认为知识分子应以整体的方式，在政治或者经济权威面前保持自主性和独立性，并在此基础上与政治场域内的各种制度合乎理性地进行对话。

美国政治学家罗尔斯注重政治讨论和沟通协商中的理性问题和包容性问题。他提出政治自由主义包含两个重要理念：重叠共识和公共理性。其中重叠共识指的是各合乎理性的学说从各自的观点出发共同认可这一政治观念。② 通俗点说，重叠共识指的是虽然人们的价值观或者政治理论基础存在分歧，但仍能遵守统一的行事规范。重叠共识的基础在于所有完备性学说必须是合乎理性的，这是罗尔斯倡导的公共理性的其中一个部分。罗尔斯认为公共理性具有自由主义的品格，是政治自由主义的特点之一，它包含三层意思：具体规定某些基本权利、自由和集会，并赋予其特殊优先性，同时认可各种手段以确保公民满足各种需要，并有效使用其基本自由和集会。③ 公民倘若认可完备性学说（如宗教学说和哲学学说等）的理性，并拥有政治美德，那么在正确的政治正义框架和观念下的讨论就能成为可能。但是公共理性无法指望所有公民对某一个问题拥有单一的答案，每个人的学说和政治价值不同，因此会因为不一致而发生争执，而如果公民带着真诚和理性来表达自己的意见，那么公共理性仍将存在并发挥作用。虽然辩谈形式或许是不完善的，是缺乏完整真理的，是肤浅的，但唯有这种方式，我们才能按照大家认可的理性来和别人一起过政治生活。④ 重叠共识允许合乎理性的不同完备性学说讨论观点的多元性，罗尔斯把它称为"合理的分歧"。"合理"一方面表现在人的合理，一个人能遵守公平的原则和标准，并相信别人也会遵守，另一方面表现在学说的合理，学说是具有理性的。最终两者结合形成了人和思想的合理性共识：既包括对人的平等、合作和包容的态度上的共识，也包括对不同观点

① 〔法〕皮埃尔·布尔迪厄：《科学的社会用途——写给科学场的临床社会学》，刘成富、张艳译，南京大学出版社，2005，第44页。
② 〔美〕约翰·罗尔斯：《政治自由主义》，万俊人译，译林出版社，2011，第123页。
③ 〔美〕约翰·罗尔斯：《政治自由主义》，万俊人译，译林出版社，2011，第206页。
④ 〔美〕约翰·罗尔斯：《政治自由主义》，万俊人译，译林出版社，2011，第224页。

的系统性和连贯性的思想上的共识。① 虽然罗尔斯也承认，倘若没有足够强大的政治、心理或者社会力量，是无法实现重叠共识或者维持重叠共识的稳定的。但他认为，只要坚持政治的公平正义，并将其作为政治正义的原则，公共理性的价值就能得以体现，政治自由主义亦能成为可能。

哈贝马斯一方面批判工具理性一味追求社会的合理程序，把人当作工具，忽视个人的自由和存在的意义；另一方面认为实践理性的弊端在于将个人孤立于社会，孤立于"它扎根于其中的文化的生活形式和政治的生活秩序"。② 他提出与工具理性和实践理性不同的交往理性的概念，认为人类社会成员之间的交往是为了就某一目的达成共识，从而促进社会协调。交往理性涉及的是由符号构成的生活世界，其核心是成员所做出的解释，并且只有通过交往行为才能得到再生产，③ 它既关注人际关系，也关心人的内心以及社会整体。和工具理性所不同的是，交往理性并非指主体为了生存而进行盲目的自我捍卫，它排除了主体中心的观念，认为目光应转向主体间的相互交往，这种交往是双向的对话和理解，最终能实现社会整合。在哈贝马斯看来，人类是通过交流和沟通才能生存下来的，沟通旨在通过说服达成共识，在此基础上才能产生社会的协调和发展。他认为沟通和表达包含三种有效性要求：其一，陈述的内容是真实的；其二，与规范语境相关的言语行为是正确的；其三，言语者所表现出来的意向是发自内心的心声。④ 即真实性、正确性和真诚性为交往行为有效性的三大要求。他将平等、自由地协商、对话等原则植根于人与人的交往实践中，试图通过以交往理性为根据设计交往行为理论，重建生活世界的合理性。⑤ 与实践理性不同的是，交往理性利用语言使社会整合成为可能。而这种交往理性实现的前提之一是对话双方必须对语言有共同的理解，在此基础上形成相应的大家必须遵循的规范；交往理性不可能给行为提供直接规范，它只是一种弱的先验力量，提供"论辩性的澄清在原则上可以通达

---

① 童世骏：《关于"重叠共识"的"重叠共识"》，《中国社会科学》2008 年第 6 期。
② 〔德〕哈贝马斯：《在事实与规范之间——关于法律和民主法治国的商谈理论》，童世骏译，生活·读书·新知三联书店，2003，第 1 页。
③ 〔德〕哈贝马斯：《哈贝马斯精粹》，曹卫东选译，南京大学出版社，2004，第 378 页。
④ 〔德〕尤尔根·哈贝马斯：《交往行为理论　第一卷　行为合理性与社会合理性》，曹卫东译，上海世纪出版集团、上海人民出版社，2004，第 100 页。
⑤ 陈国庆：《哈贝马斯的"交往理性"及其启示》，《理论探索》2012 年第 1 期。

的那些可批判性表达"。① 理性的交往行动者不是直接和世界发生联系，而是在语言领域提供交流规则，并遵循这种规则进行交流、相互理解，而这个过程是一种反思的方式，是"用其表达的有效性可能会遭到其他行为者的质疑这一点来对自己的表达加以限制"，② 沟通就是通过这种方式进行的。那么作为虚拟话语的规范性和合理性如何落实在行动与事实之中？哈贝马斯找到了进行转化的方法，即商谈。在商谈的过程中，每个参与者都在语言规则的要求下交流、理解、达成共识，最终事实性的规范能得到完善，并获得合理和正当的证明。

第二节　互联网表达沟通特征和模式

一　互联网表达沟通特征

（一）表达沟通的环境：虚拟社区的传播网络

新媒体科技的发展将互联网公众带入了全新的虚拟社区时代，互联网公众通过表达沟通，形成了复杂的传播网络关系。虚拟社区指的是一群可能见过面，可能从未见面的人，通过电脑和网络来交换文字和思想的场所。③ 在互联网上表达沟通的人们，因共同的兴趣爱好，或者出于不同程度的认识而进行交往，共享信息和知识，通过交流获得认同或归属感，这同时也为人际传播、组织传播和大众传播的延伸提供了可能。巴拉苏布拉马尼亚姆（Balasu-bramanian）和马哈詹（Mahajan）提出了虚拟社区的以下特点：人们的聚集、理性的成员、未经人为组织的相互影响、社会变迁的过程和成员分享的目标、财产/身份或利益。④ 有韩国学者（Joon Koh 和 Young-Gul Kim）根据本国的研究发现，虚拟社区中人与人之间的感觉包括以下三重标准：其一是成员关系，人们都能感受到在虚拟社区中彼此的感情；其二是影响，人们彼此间相互影

---

① 〔德〕哈贝马斯：《在事实与规范之间——关于法律和民主法治国的商谈理论》，童世骏译，生活·读书·新知三联书店，2003，第6页，

② 〔德〕尤尔根·哈贝马斯：《交往行为理论　第一卷　行为合理性与社会合理性》，曹卫东译，上海世纪出版集团、上海人民出版社，2004，第99页。

③ H. Rheingold, Virtual Community, in *The Community of the Future*, edited by France Hesselbein et al., Jossey-Bass, San Francisco, 1998, p. 166.

④ Preece, J, *On-line Communities*：*Designing Usability*, *Supporting Sociability*, New York：John Wiley & Sons, 2001.

响；其三是沉浸，人们在虚拟社区的航行中能感觉到自己完全浸入的状态。[①]
可见，虚拟社区和现实社会的社区有相似之处，人们通过信息共享，能建立
起共同的信念甚至价值观念，并形成一定的文化和价值观。而在互联网中，
对个人或团体来说，虚拟社区的动力还在于组织成员能将彼此之间的虚拟合
作转化为线下的实际合作，个人或团体在虚拟社区的虚拟资本也有可能转化
为现实中的社会资本。

互联网与现实社会的区别不仅在于社区本身的差异，还在于社区内传播
网络的差异，虚拟社区的传播网络比现实社会的传播网络更为微妙。美国学
者邓肯·J. 瓦茨在他的著作《小小世界：有序与无序之间的网络动力学》中
曾提到现实社会传播网络的力量："你和这个星球上的任何一个人之间最多只
有六度的分隔。"[②] 六度分离（six degrees of separation）理论源于美国社会学
家、哈佛大学心理学教授斯坦利·米尔格朗的一次关于社会网络的实验，他
要求堪萨斯州和内布拉斯加州的参与者寄信到波士顿，中途只能寄给自己认
识的人，在对信件追踪过程中他发现中介链长度为 6 个人。在现实社会中人
们通过不同的传播方式形成联系通道，而这个通道并非简单直线型的，而是
错综复杂的社会网络，能帮助我们联系世界各地的任何人，让人们感觉彼此
的距离就像生活在社区中那么小。而在互联网虚拟社区中，人与人之间的复
杂关系同样能形成相互交叉密布的传播网络，它甚至重新修正了六度分离理
论。世界最大的社交网站 Facebook 在 2011 年联合米兰大学进行了互联网传播
网络的调查，结果显示 Facebook 上任何两个独立的用户之间的中间链长度为
4.74；调查数据同时表明，Facebook 的任意两个用户，五度分离的占 99.6%，
四度分离的占 92%。[③]

这个新型社区的传播网络与我们通常所说的现实社会传播网络的特征存
在区别。浙江大学吴飞教授在《社会传播网络分析——传播学研究的新进

[①] Joon Koh and Young-Gul Kim, Sense of Virtual Community: A Conceptual Framework and Empirical Validation, *International Journal of Electronic Commerce*, Vol. 8, No. 2 (Winter, 2003/2004), pp. 77.

[②] 〔美〕邓肯·J. 瓦茨：《小小世界：有序与无序之间的网络动力学》，陈禹等译，中国人民大学出版社，2006，第 2 页。

[③] 博宁：《Facebook 称联系世上任意两人只需 4 个中间人》，TechWeb 网站，2011 年 11 月 23 日 09：56，http://www.techweb.com.cn/world/2011-11-23/1122588.shtml。

路》① 一文中考察了社会网络在产生原因、互动手段、大小强度、效果收益和稳定性等方面具有的 5 大特征，参照这 5 个参数，虚拟社区传播网络与现实社会传播网络的特征对比如表 6-1 所示。由此可见，科技不仅拉近了人与人之间的距离，还改变了社会传播网络的核心特征。

表 6-1　社会传播网络与虚拟社区传播网络的特征对比分析

特征	现实社会传播网络	虚拟社区传播网络
产生原因	社会化过程的产物，借由地缘、血缘、业缘、学缘而生成与扩展	大部分都借由共同的兴趣、爱好、情感、认知等生成与扩展
互动手段	社会互动的结果，通过各种媒介手段的沟通进行社会互动	主要通过网络新媒体手段，最先是虚拟社会互动，后可能向现实社会延伸，由虚拟互动转向现实互动
大小强度	社会关系的体现，传播网络的大小与强度和个人地位有关	传播网络的大小与强度和个人的社会地位关系不大，与个人在虚拟社区占用的时间、发表言论等因素有关，与个人在虚拟网络的虚拟社会地位有一定关系
效果收益	获取信息和情感需求、社会认知与认同	获得信息、情感需求和精神共鸣、社会认同、娱乐和休闲的效益
稳定性	一旦形成，具有相对的稳定性	比较松散，稳定性不强，社区人员流动性强，还受到网络管理等因素的影响

（二）表达沟通的性质：弱关系下的连接式交往

在虚拟社区传播网络内部，人与人之间是什么样的关系呢？是否与现实世界的社会关系特点相似？美国社会学家塞维尔·德·索萨·布里格斯（Xavier de Souza Briggs）在研究人们在社区建设和规划中的社会关系时指出，当社区成员参与面对面互动时，社区活动的计划组织者和公共服务的专业人员应学会理解和应对不同传播符码以及其中微妙的权力关系，② 否则参与者将陷入困惑、缺乏信任甚至愤恨的情绪中。相比之下，虚拟社区的传播网络与个人的社会地位和权力关系不明显，网络的隐匿性、分散性和跨时空性等特点，让任何只要拥有电脑网络资源和上网技术的人都可以凭借虚拟 ID 平等而自由地选择和出入虚拟社区。帕特南在谈到社区的社会关系时指出，社区成

---

① 吴飞：《社会传播网络分析——传播学研究的新进路》，《中国人民大学学报》2007 年第 4 期。

② Xavier de Souza Briggs, Doing Democracy Up-Close: Culture, Power, and Communication in Community Building, *Journal of Planning Education and Research*, Fall 1998, Vol. 18, No. 1, pp. 1 - 13.

员间如果是黏合性的社会关系，如亲密朋友关系，那么有利于保持社区现状，如果是连接性的社会关系，如陌生人的交往关系，那么有利于社区获得更多外部社会资本。这里说的连接性的社会关系，与前面提到的弱关系的概念相对应，而黏合性的社会关系则指向强关系的概念。帕特南认为，虚拟社区的人们之间连接性的社会交往多于黏合性的社会交往，形成虚拟社区传播网络弱黏合度的原因在于以下三点：首先，人们可以同时处于不同的虚拟社区空间，在某些社区可能专业程度较低；其次，虚拟社区成员流动快，老成员外流、新成员进入较为频繁；最后，虚拟社区成员有个性化的思想和行为，不似现实社会那样严格遵守规章制度。

在不同的社会关系下，可以形成不同的社会资本，社会资本能使社会网络、规范和信任共同参与并且行动起来，更有效地追求共同利益。[①] 在互联网虚拟社区中，更多的是彼此素不相识的人的交往关系，不同身份背景的个人与群体掌握各种不同的信息资源和知识资源，在虚拟社区的传播网络中这种弱关系充当桥接的角色，在促进信息流通的同时也成为连接不同人群的纽带，群体成员通过这种社会关系可以获得更多的外部社会资本。帕特南将社会资本分为关系紧密的强社会接合的黏合性社会资本（bonding social capital）和弱的、松散的连接性社会资本（bridging social capital）。奥尔德里奇（Aldridge）在帕特南的基础上将新媒体和互联网的社会资本分为三类，增加了一种关联性社会资本（linking social capital），指的是不同层级权力与社会地位之间的垂直型的关联机制，如政治精英和普通大众间的，政策制定者和当地团体间的，不同社会阶层的个体之间的关系。[②] 这三类资本的聚合，在网络公众之间、网络公众与政治家之间、网络公众与社会成员之间流淌，促进网络公众，尤其是年轻网络公众参与网络交往，关注政治事务与公共事务。

而当虚拟社区传播网络与社会传播网络相逢之时，互联网能将流动中本已失去的关系再一次紧密联系起来，[③] 如通过人人网、Facebook 等社交网络，很多许久不见的亲友能在网络上重聚。与此同时，当虚拟社区的成员在现实

---

① Putnam, Robert D, Tuning in, Tuning out: the Strange Disappearance of Social Capital in America, *Political Science and Politics*, 28 (1995), p.665.

② Terry Flew, *New Media: An Introduction, Australia & New Zealand*: Oxford University Press, 2008, p.76.

③ 翟学伟：《中国人的关系原理：时空秩序、生活欲念及其流变》，北京大学出版社，2011，第308页。

生活中见面或接触时，虚拟社区的传播网络的黏合度也会发生变化。虚拟社区中本来隐匿在传播网络背后的社会背景和社会权力地位等因素会在现实社会中浮出水面，影响人们对对方的印象管理：人们可能会采用这些因素来评判对方，并以此权衡彼此在虚拟社区中的交往关系，可能导致传播网络中社会关系的变化。

（三）表达沟通的过程：动态变化的表达沟通

由上述分析我们可以看出，传播网络的状态是随时可能产生变化的。吴飞教授指出，个人只有生活在更庞大的社会网络（利用符号交换信息和思想的动态交换结构）中，才能完成自身的社会化过程，成为社会系统的一分子。[①] 同理，互联网表达沟通的过程，也可以看成一种运动的过程。它不是静止的，哪怕在同一公共事件的发展过程中，个体在公众前后的表达动机和倾向也有可能截然不同，沟通的理性化程度也可能发生变化，因为虚拟社区是一个动态变化的传播网络。

互联网上的表达沟通是个动态的过程，这是个探索和完善的过程，不仅与社会环境和时代背景有关，还与网络法规的动态发展有关。10 多年来政府对互联网信息服务的管理也在慢慢走向成熟。所有这些，决定了在不同时期，网络公众的表达沟通状态各有差异。如在 2000 年 9 月 20 日国务院第 31 次常务会议通过的《互联网信息服务管理办法》中，第十五条明确规定了互联网上言论表达必须禁止的内容，包括以下九条：

（一）反对宪法所确定的基本原则的；（二）危害国家安全，泄露国家秘密，颠覆国家政权，破坏国家统一的；（三）损害国家荣誉和利益的；（四）煽动民族仇恨、民族歧视，破坏民族团结的；（五）破坏国家宗教政策，宣扬邪教和封建迷信的；（六）散布谣言，扰乱社会秩序，破坏社会稳定的；（七）散布淫秽、色情、赌博、暴力、凶杀、恐怖或者教唆犯罪的；（八）侮辱或者诽谤他人，侵害他人合法权益的；（九）含有法律、行政法规禁止的其他内容的。[②]

---

① 吴飞：《社会传播网络分析——传播学研究的新进路》，《中国人民大学学报》2007 年第 4 期。
② 国务院：《互联网信息服务管理办法》，中国互联网违法和不良信息举报中心，2000 年 9 月 20 日，http://net. china. com. cn/zcfg/txt/2005 - 06/02/content_206761. htm。

　　这九条规定在现实社会中也是明令禁止的，很容易找到对应的定罪量刑标准。自2012年6月7日新的《互联网信息服务管理办法（修订草案征求意见稿）》出台后，2000年的条令被废除，但新的管理办法第十八条与旧的第十五条内容保持不变，同时一些互联网服务商也将这些作为制定社区公约的参考（如《新浪微博社区公约（试行）》第十三条也列出上面九点禁止传播的要求）。2010年9月26日国务院颁布的《2009年中国人权事业的进展》白皮书上明确指出互联网已成为人们获取信息和发表言论的重要途径，中国公民在互联网上的言论自由受法律保护。[①] 2012年12月28日第十一届全国人民代表大会常务委员会第三十次会议通过了《全国人民代表大会常务委员会关于加强网络信息保护的决定》，第一条明确指出："国家保护能够识别公民个人身份和涉及公民个人隐私的电子信息。"[②] 这保障了网络公众在言论表达时的个人隐私。从确定互联网应遵循的法律规范，到对互联网言论自由作用的肯定，到对互联网公民言论权益的保护，政策法规的变化让我们看到了互联网公众表达沟通的乐观前景。

　　另外，网络公众表达沟通的底线范围是动态变化的。网络公众发言内容如果过于敏感，将承担法律责任。然而很多网络公共事件中言论表达的底线是无法用法律标准来衡量的，那么应该怎么判断说话的底线在哪里呢？这首先有赖于网络公众探索底线、突破底线的勇敢行动。通常的方法是，网络公众不断触碰敏感问题，来寻找底线的位置。轻触敏感问题，如果言论表达是安全的，那么就继续往距"雷池"更近的方向前进；而一旦踩雷受罚，也就证明底线被找到了。因此，网络言论表达沟通中底线的寻找是充满冒险且需要勇气的，但却是追求自由表达沟通最实际的实践。

　　言论表达和沟通的行动到哪里，底线就在哪里，因为互联网的所有行为都以言论的自由表达和沟通为基础和灵魂。互联网是思想碰撞的场所，是实现民主、产生真理的平台。在虚拟的互联网上，公众自由而平等地表达自己的意见和观点，这有利于形成"观点的自由市场"，就某一公共事件或某一观点与别人展开自由和平等的沟通和讨论，则有利于形成"自我修正过程"。而

---

① 国务院：《2009年中国人权事业的进展》白皮书，新华网，2010年9月26日16：39：35，http：//news. xinhuanet. com/ziliao/2010 - 09/26/c_12606837. htm。

② 《授权发布：全国人民代表大会常务委员会关于加强网络信息保护的决定》，新华网，2012年12月28日15：42：04，http：//news. xinhuanet. com/politics/2012 - 12/28/c_114195221. htm。

要建立这个自由市场，并且促成不同观点的自我修正，则需要积极自由和消极自由的相互融合、相辅相成，即要追求"免于……地去做……的自由"，即在现行法律和网络规章制度允许的范围内，不受限制地去发出自己的声音。网络表达沟通底线的不明晰和变化性，使有些公众在发声前有所顾虑，因为怕踩线而不敢越雷池一步，在言多必失、多一事不如少一事的心理指引下，会放弃表达沟通，选择潜水、围观。而这些都是消极自由（即"免于……的自由"）无法获得明确保障的负面影响，会影响积极自由的彻底解放；而只有不断地去争取网络上更多积极自由（即"去做……的自由"），才有可能将自由表达沟通的底线一降再降，创造更广阔的言论环境。因此，表达沟通的消极自由和积极自由在这里没有孰轻孰重、孰先孰后的区别，它们辅车相依、紧密相关、互为因果。

同时，表达沟通的"底线"不是一成不变的，并且本身的界限是非常模糊的，在不同时代不同国家标准各不相同，甚至在同一时期对待同类事件的不同个案上也会有区别。比如网络对人肉搜索的使用度量就是一个例子。人肉搜索最早出现在2006年2月的网络虐猫事件中，当时有网友愿意用猫扑网的猫币和现金悬赏追查虐猫女，并且大部分网络公众都认同人肉搜索的效用。然而随着人肉搜索暴露出其他问题，它的合理性和合法性在接下来几年中成为大家争议的重点之一。如在2009年的"杭州70码飙车撞人"事件中，网友对"富二代"司机胡斌进行人肉搜索，不仅查出胡斌的家庭地址、电话号码、父母职业、家庭住址等信息，还有好事网友查出与之一起飙车的另一辆台州牌照汽车以往高速的违章记录，并有传言称其中一名同伴为杭州市领导家属，后被证实为虚假信息。人肉搜索掺杂的谣言影响了大家对事件的正确判断，而"药家鑫事件"则将人肉搜索的负面影响引向极致，"富二代""军二代"的言论充斥整个网络。后来中央电视台《看见》栏目对药家鑫的家庭和生活经历做了深度报道，大家才了解了事实真相，药家鑫被判处死刑在某种程度上是网络审判在推波助澜。生命的消逝引起一些网络公众的反思：人肉搜索究竟是"网络新型正义武器"，还是另一种形式的网络暴力？现在很多网民建议慎用人肉搜索，以避免其成为非理性刽子手的杀人武器。

二 互联网公众的表达沟通模式

互联网的虚拟社区传播网络中，网络公众进行弱关系下的社会交往，形成了表达沟通的三要素：言论表达者、公共议题和沟通交流者。言论表达者和沟通交流者是双向互动的传播关系，沟通双方的性格品质、表达方式、思维能力以及公共议题的属性特征等因素都会影响表达沟通的最终效果。个体差异和议题差异既影响"自由市场"中言论表达的有效性、深刻性和反思性，又影响沟通协商中"自我修正"的互动性、理性和多元性。网络公众的表达沟通可以是粗糙的、拙劣的甚至是原始的，也可以随着探索和努力不断去粗取精，向更为成熟和完善的方向发展。同时，言论表达和沟通交流的互动交往是建立在具有共同经验基础上的，这个共同经验包括共同的知识认知、兴趣爱好和相似的人生观、价值观、道德观等。表达沟通的议题围绕公共事件和公共话题展开。针对不同的公共议题，网络公众的言论表达和沟通交流的各个要素在不同层面上具有不同的特征。本研究试拟制网络公众表达沟通模式图（见图 6－1），呈现原始粗糙和成熟理性两个处于两端层面（分别用层面一和层面二来表示）的特征，而在这两个层面之间还存在不同程度的中间状态，模式图不再一一赘述。

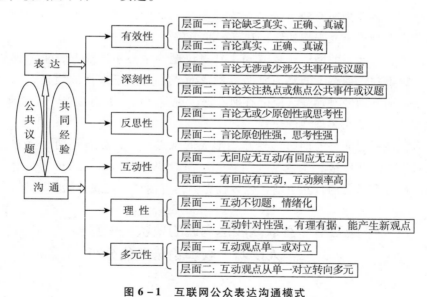

图 6－1　互联网公众表达沟通模式

如图 6－1 所示，在网络公众的言论表达阶段，言论表达者在发表意见和观点的有效性、深刻性和反思性三个方面的不同层面有不同的表现。

有效性：层面一的网络言论大多源自道听途说，缺乏真实可信性，表达的有效性差；层面二的网络言论经过认真的判断核实，更为真实、准确，有效性强，网络公众对言论的审慎态度体现表达沟通的诚意。

深刻性：层面一的网络言论很少或没有涉及公共事件或者公共话题，无法体现共同利益，对现实社会的社会进程以及民主发展没有太大关系，缺乏深刻性；层面二的网络言论以公众的公共利益为基础，话题围绕公众热点或焦点议题展开，有利于引发公众的深刻思考和讨论。

反思性：层面一的网络言论很少或缺乏原创性，只是对他人观点不加修改地简单复制，缺少个人观点的融入，表达缺少反思性；层面二的网络言论以个人原创性内容为主，或对他人观点进行批判性分析，并融入自己的观点之中，博采众长，具有反思性。

在网络公众的沟通交流阶段，言论表达者和沟通交流者之间进行观点和意见的交换互动，主要在互动性、理性和多元性三个方面的不同层面有不同表现。

互动性：层面一的网络言论表达后无回应，或有回应但言论表达者未与沟通交流者进行进一步互动，无法促成公共议题的进一步讨论；层面二的网络言论表达者和沟通交流者能彼此交流想法，形成高频率的互动，不同观点间的撞击有利于个人观点的修正和真理的形成。

理性：层面一的网络沟通互动未针对议题的中心主旨展开，未体现公共利益，论辩观点偏激，有谩骂成分，缺乏重点，是缺乏理性的表现；层面二的网络沟通互动针对性强，论辩有理有据，重点突出，并有助于产生新观点，提供新信息，是充满理性的交锋。

多元性：层面一的网络沟通互动形成的观点单一，或者是两个观点之间极端对立，非此即彼，忽视其他声音；层面二的网络沟通互动更为宽容，允许不同声音和意见的百家争鸣，包容性更强，有助于展现观点的多元性。

第三节 互联网表达沟通的现状——基于 人民网"强国论坛"的分析

一 网络论坛与表达沟通

表达沟通作为说服性话语的组成部分，能使人的态度或行为产生改变。而在梵·迪克看来，说服性话语是对权威性话语的挑战，使对话成为可能。他谈到科技发展对政治民主发展的功能时指出，电子布告栏和其他在线讨论区的交互作用具有对话的功能，有可能创造新的公共讨论的广场。[①] 电子布告栏的使用方式简便，对参与者要求低，任何一个普通人都可以成为信息发布者、故事讲述者、观点论编者、意见倡导者或者活动组织者，任何人都可以参与对公共议题和公共事件的公众对话和公众沟通。此外，网络电子布告栏还能在现实社会产生政治影响。韩国学者（Byoungkwan Lee 和 M. Lancendorfer 及 Ki Jung Lee）通过研究韩国主要报纸和主流电子布告栏关于 2000 年全国大选的报道和信息，发现电子布告栏在大选过程中起到了引导舆论和议程设置的作用。[②] 虽然有人担心电子布告栏等互联网平台可能有滋生民族主义的危险，但谁也不能否认它作为电子民主对现实民主的推动作用。

相对于国外的电子布告栏或者新闻组，在中国 BBS 和网络论坛更为流行。金李文认为网络 BBS 比传统媒体更能适应中国公民，特别是年轻一代的信息和沟通需求，它的发展能促进中国公共领域的实现。[③] 罗伯特·G. 田（Robert G. Tian）和吴艳（Yan Wu）则认为网络论坛使普通中国人强化了作为政治公民的角色。[④] 网络论坛的信息更新及时，具有较强的时效性，有利于形成对公共热点和焦点事件的集中讨论，网络论坛用户的发言逻辑性强，内容更为充实，这为充分而深入的互动沟通提供了有利条件。正如北京大学新闻与传播学院胡泳教授认为的，网络论坛营造了简单的互动沟通环境，对传播探讨公共议题尤其适合。[⑤] 下文将从网络论坛着手分析，以人民网"强国论坛"为例，探讨互联网公众表达沟通的现状特征。

二 互联网表达沟通的现状——以人民网"强国论坛"为例

（一）研究方法、对象和目标

作为"中文第一时政论坛"的"强国论坛"是中国的新闻网站中最早开

---

① Van Dijk, J., Model of Democracy and Concepts of Communication, in K. L. Hacker & J. van Dijk (Eds.), *Digital Democracy*, 2000, London: Sage Publications, p. 40.

② Byoungkwan Lee, M. Lancendorfer & Ki Jung Lee, Agenda-Setting and the Internet: The Intermedia Influence of Internet Bulletin Boards on Newspaper Coverage of the 2000 General Election in South Korea, *Asian Journal of Communication*, Vol. 15, No. 1, March 2005, pp. 57 – 71.

③ Jin, Liwen, Chinese Online BBS Sphere: What BBS Has brought to China, Massachusett: Massachusetts Institute of Technology, Master's thesis, April 2009.

④ Robert G. Tian, Yan Wu, Crafting Self Identity in a Virtual Community: Chinese Internet Users and Their Political Sense Form, *Multicultural Education & Technology Journal*, Vol. 1, Iss: 4, pp. 238 – 258.

⑤ 胡泳：《中国网络论坛的源与流》，《新闻战线》2010 年第 4 期。

办的网络论坛，创办于 1999 年 5 月 9 日，原名"强烈抗议北约暴行 BBS 论坛"，后于 6 月 19 日更名为"强国论坛"，成为我国知名度最高的互动栏目。胡锦涛在《人民日报》创刊 60 周年之际曾在强国论坛与网民在线交流，并称它为"每天上网必选的网站之一"。作为一个发展成熟的时事论坛，"强国论坛"具有典型性和研究价值。根据研究目的，本研究选择强国论坛中的"深入讨论"论坛作为分析对象，因为"深入讨论"论坛在议题选择、言论表达和沟通交流方面更具代表性，能更清晰地展示网络论坛公共对话的呈现过程与公共舆论的生成过程。文本分析截取 2012 年 7 月至 2012 年 12 月六个月的论坛帖子。本研究采用简单随机抽样的方式（抽签法），每个月选择一天进行分析，分别观察 7 月 4 日、8 月 13 日、9 月 8 日、10 月 21 日、11 月 26 日和12 月 31 日 6 天的帖子，共计 885 条。

为能深入了解互联网公众表达沟通的实际情况，研究依照前述互联网公众表达沟通模式的概念，对网络公众表达和网络公众沟通两个层面展开文本分析。主要研究以下问题。

网络公众表达层面：（1）言论表达是否真实可信；（2）网络言论涉及话题是否为公共事件或公共议题，是否能引发深刻讨论；（3）言论是否具有原创性，能否体现作者的思考。

网络公众沟通层面：（1）言论表达是否体现回应和互动的过程；（2）沟通互动是否理性，有针对性；（3）沟通互动观点是否多元，具有包容性。

（二）研究结果

第一，网络公众表达层面

首先，无论是条例限制还是个人自觉，都促进了网络公众表达的真实可信性。一方面，论坛用户在注册时网页会提示须遵守人民网用户协议，《强国社区管理条例》（下文简称为《条例》）规定了用户的权利和责任，对社区禁止内容提出了 26 点要求，论坛用户发言必须遵守这些规定，否则会受到相应的惩罚。如关于使用 ID 和签名档，《条例》做了 9 项规定，包括 ID 和签名档勿以党和国家领导人或其他名人的真实姓名、字号、艺名和笔名，国家机构或其他机构名称注册，勿使用不文明、不健康和容易产生歧义误会，或与其他用户相近的 ID 或者签名档等。这些都是论坛对谣言散布的制约机制。另一方面，虽然从表面上看，强国论坛用户注册的 ID 是虚拟的，但这并不意味着没有人知道你是谁，不需专业技能，我们也能在论坛上发现和用户真实身份相关的"蛛丝马迹"。网民注册时填写的电子信箱和手机号码等信息，就透露了自己的真实情况，而且大家都知道，在高科技时代要找到 ID 背后的真人并不难，所以发言都非常谨慎。所有这些，都能保证信息传播的真实有效。

其次，论坛用户使用真实姓名发言更体现其交流沟通的真诚。大部分论坛用户习惯使用虚拟 ID，但也有一些网友直接使用现实真名，也有用户采用退而求其次的方法，使用姓名的拼音作为 ID（如 ID 为 leining，发帖都以"宁磊:"开头）。论坛用户使用现实真名发帖，"敢做敢当"，体现做事光明磊落、真诚待人的风范和品德。

再次，从发表帖子议题的类型来看，大部分论坛用户的发言都心怀公共利益。根据对收集的 885 个文本进行统计可知，除 4 条帖子与公共议题无关外，881 条帖子关注的都是公共议题或政治议题。其中很多帖子关注最新的热点公共事件。如 7 月 4 日的帖子中涉及的公共议题有山东原副省长黄胜权钱色交易事件和新疆和田反劫机案，8 月 13 日的帖子中涉及的公共议题有陈光标卖空气、奥运会和周克华持枪抢劫杀人案，9 月 8 日的帖子中涉及的公共议题有湖北麻城学生自带课桌上学和陕西"微笑局长"杨达才事件，10 月 21 日的帖子中涉及的公共议题有莫言获诺贝尔文学奖和钓鱼岛事件，11 月 26 日的帖子中涉及的公共议题有雷政富艳照事件、孩子闷死在垃圾箱和白酒塑化剂事件，12 月 31 日的帖子中涉及的公共议题有总书记考察、湖南凤凰县学生营养午餐被瘦身事件。此外，其他帖子中涉及的公共议题包括政治、经济、军事、科技、外交、教育、食品安全、环保、卫生等各个领域的各个方面，可见论坛用户关注的公共事件较为广泛和多元。

最后，从公众表达的原创性来看，论坛用户对原创帖子重视度不高，思考的深刻程度参差不齐。主要表现在两个方面，其一是有些帖子转载他人文章且不交代来源，其二是很多原创文章式帖子在标题和正文中没有明显标识，阅读者无法分辨到底是原创还是转载。文本分析显示，存在论坛用户在转载时没有注明出处的情况。《条例》第五部分"版权声明"中第 2 点规定："转载文章，请注明原始出处和时间，并注意原作者的版权声明，用户需承担转帖可能引起的版权责任。"转载未注明出处是对原文作者的不尊重，可能涉及侵权问题。少部分论坛用户会在帖子标题的显要位置写好"原创"。根据文本统计，只有 94 条帖子在标题位置注明"原创"，占文本总量的 10.6%。标题有第一眼效应，在帖子标题中显示"原创"字样，能增加阅读的点击率。原创帖子比转载的帖子价值更高，因为原创精神的展现依赖于思维的内在性原则以及由此建构的独立人格和完整人格，体现学习和探索精神，① 既是思考的过程，也是对话的过程，更是真理形成的基础。观点的原创性是论坛用户试图真诚沟通互动的表现，能体现原帖作者参与公共议题讨论的积极性，也能体现其思考过程。

也有一些帖子先呈现别人观点，再融入自己的观点，这种展示方式呈现了作者对观点深入探索的过程。如 ID 为"以笔化剑"的网友 2012 年 11 月 26 日发表的题为《从"雷书记"的"雷人语录"说开去》（19：44：45）一文，在开头先引入新闻由头"近日重庆北碚区的雷书记因为那点艳事而蹿红网络，尘埃落定后．'雷书记'在反腐工作中的众多反腐语录又成为了新的嚼头而被人们反复转载和赏析"，交代新闻来源后进行原创性分析，最后指出为官者必须舍弃特权，才能"获得真正的尊重"，"重拾弥足珍贵的真实人性"。帖子有理有据，论证有力，显示了作者的深刻思考。

第二，网络公众沟通层面

首先，从沟通互动的过程来看，论坛用户之间的沟通互动总体来说活跃度不高。调查文本显示，13.6% 的帖子处于无回复状态，发言既无回应也无沟通；13.2% 的帖子处于只有一条回复的状态，也就是说虽然有人对发言回应，作者却没有做出反馈，总体而言，处于高频率回应和互动的帖子非常少。（见图 6－2）

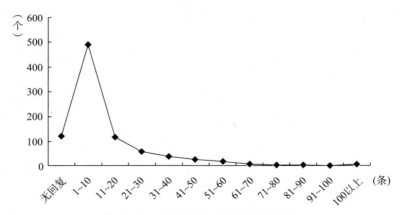

图 6－2　强国论坛帖子回复数量折线

① 李燕：《论人类文化的原创精神》，《哲学研究》2002 年第 7 期。

　　帖子无回复并不意味着该帖子无人关注，一些网络用户会"潜水"阅读，即只看不发言。根据对回复总量排名前十的帖子和人气排名前十的帖子（见表6-2）进行的对比分析发现，帖子的回复与人气无必然联系，两者重合的帖子只有三条（《被日本热烈欢迎的一千五上海游客该不该被骂?》《被"黄三亿"玩弄的"陌生年轻女性"大曝光?》和《习总视察贫困区的愤慨令谁寝食难安?（原创首发）》）。调查发现一些帖子虽然回复率不高，但人气很高。

　　可见，论坛用户的互动沟通欲望不强，高频率沟通互动偏少，一部分用户还停留在只看不发言的"围观"阶段，一来一回的思想碰撞的情况不多，一些发帖用户在发言结束后，也很少愿意再去关注别人的看法，或愿意和别人深入探讨切磋，这样非常难形成观点和意见的自我修正。

表6-2　强国论坛回复总量和人气排名前十的帖子汇总

回复总量排名前十的帖子汇总表			人气排名前十的帖子汇总表		
主题	回复	人气	主题	回复	人气
被日本热烈欢迎的一千五上海游客该不该被骂?	168	36607	被"黄三亿"玩弄的"陌生年轻女性"大曝光?	78	142356
——"没有救世主"，他是大救星	148	4066	习总视察贫困区的愤慨令谁寝食难安?（原创首发）	133	106902
习总视察贫困区的愤慨令谁寝食难安?（原创首发）	133	106902	"46名情妇"、"46处房产"讲了一个啥故事?	49	66329
其实，让人民淡忘毛泽东并不难	111	6023	奥运：为何"申诉必败"成了中国专利?	68	50812
一个农村老共产党员60年经历和见证	102	3702	财政拿不出钱给学生买课桌忽悠谁?	77	49970
凭凭良心说，凭什么不爱中国???	99	18997	从历史大视角看胡温执政十年	5	49098
从江青的批示探究毛泽东启用江青的初衷	89	2665	［原创］军方护航？日本下令拦截中国两岸三地保钓船队	53	43208
胡锦涛主席为啥总是受到人民的欢呼?	87	4107	中国人严重误判日本的形势（转载）	72	41861
［美］莫里斯·迈斯纳：毛泽东时代是世界历史上最伟大的现代化时代之一	87	1920	被日本热烈欢迎的一千五上海游客该不该被骂?	168	36607
被"黄三亿"玩弄的"陌生年轻女性"大曝光?	78	142356	叫喊"延迟退休"论调幕后的几个可能	71	33726

其次，从沟通互动的理性程度来看，大部分论坛用户发帖能准确表达自己的观点，言论具有针对性和条理性。但个别帖子仍存在带主观色彩的谩骂字句，如 2012 年 10 月 21 日 19:57:05 ID 为"屏山石"的网友发表的《被日本热烈欢迎的一千五上海游客该不该被骂?》为调查文本中回复率最高的帖子（回复为 168 条）。从回帖看出，虽然大部分论坛用户在大部分时间进行对话时都能遵从强国论坛的管理条例，但部分用户针对部分话题在表达沟通时感性成分较多，很多沟通互动者出现情绪化的表达，文不对题，甚至存在谩骂成分，既包括对游客进行抨击的内容（51 条），也包括对上海人的固定成见的内容（6 条），还有一些论坛用户的发言文不对题，不明白他想表达什么（3 条），仅有个别论坛用户对上海游客的做法持宽容的态度（5 条）。愤怒情绪占上风，会影响大脑的正常逻辑思维能力，阻碍对话的理性化，不仅使对话无法正常进行，更无法获得具有建设性的结果。同一天 ID 为"最好的坏蛋"的网友也发表了同主题的题为《1500 名中国贱民游日本!》的帖子（2012 年 10 月 21 日 23:03:06），正文内容转载自日本新闻网的新闻，但修改了标题，把赴日旅游的 1500 名上海游客称为贱民，有侮辱人格的嫌疑。回帖共三条：

> 客观上、是汉奸行为。[116.3.163 2012－10－22 06:27:05]
> 有人不怕死，也不相信自己会死。有人不怕败，也不相信会失败。这就是英雄世界观。是不是有点单纯了点。[唐山居士 2012－10－22 08:43:24]
> 上海人，上海人，又是上海人丢上海人的脸。[愚人 2002 2012－10－22 11:54:47]

"最好的坏蛋"发帖时使用"贱民"来形容赴日旅游的上海游客，偏激言论充满敌意。ID 为"116.3.163"的论坛用户将普通旅游称为汉奸行为，评价极端，有失平允；ID 为"愚人 2002"的论坛用户认为上海旅客赴日是丢上海人的脸，"又是上海人"则可以感受出他对上海人的刻板印象；而 ID 为"唐山居士"的论坛用户的发言和主题相去甚远，不知所云。论坛的互动沟通中类似情况时有发生，尤其是当碰到公共议题较为敏感或不同观点交锋较为激烈时，缺乏理性的情况更甚。

再次，从互动沟通后形成的观点情况来看，大部分帖子很少有互动回应，且参与讨论者受感性因素影响比较明显。大多数讨论要么观点单一，如帖子《鲁迅为何被赶出课本》（以笔化剑）的 17 条回帖均对新版语文教材中逐步剔除鲁迅的文章持反对意见；要么观点对立，非此即彼，排斥第三方，如《由讨论王益民文章所引起的思考》（方天佐）和《谢谢方天佐先生在人民网强国论坛给王益民搭建了一个较量的平台》（王益民）两个帖子均是对马克思主义理论正确表述的纯理论探讨，虽然回帖有明显的回应沟通，但进行交锋的主要是方天佐和王益民两名论坛用户，偶有"彭联邦""xueyunluyifu""长江一浪"以及其他匿名网友参与讨论，但很明显无法真正融入两人的讨论之中，因为方天佐和王益民两人忽视了其他不同的声音，且对理论水平较弱的发言用户缺乏宽容性。如在《由讨论王益民文章所引起的思考》（方天佐）的帖子中，"彭联邦"在互动中对"王益民"回帖：

> 唉！再好心提醒一次，生产关系，不仅可以破坏社会生产力，也会促进社会生产力！这就是生产关系的双重性！也不知你还能不能听得进去！［彭联邦 2012 - 07 - 04 11：02：42］

"王益民"的回复为：

> 彭联邦先生，你就不要献丑了。你根本就不懂是：封建社会生产关系束缚机器生产力的发展，是资本社会生产关系适合机器生产力的发展。［王益民 2012 - 07 - 04 11：55：49］

由回复可见，论坛网友"王益民"并不认为与"彭联邦"之间是平等对话，而是把自己放在学术权威的位置，觉得"彭联邦"的理论水平差，不屑与之对话，对不同意见缺乏包容性，这种"气势"会使其他用户不敢开口，无益于观点的多元呈现。

三 结论

文本分析表明，在言论表达方面，在网络论坛中虽然大部分网络公众使用虚拟 ID，但经过自律和自我筛选后，信息传播较为真实可靠，使用真名发言更显示出对话的诚意。网络公众关注的话题绝大部分为公共议题，其中焦点热点事件的关注度更高，但公众表达的原创性意识不强，发帖仍以转载为主，无法显示作者的思考。而在沟通交流方面，网络公众对公共话题的回应和互动的热忱不高，且回应互动时受情绪影响较大，观点易走极端，受刻板印象影响较深，很难吸纳他人的新观点，沟通讨论缺乏包容性，讨论主要呈现单一或对立的观点，很少有多元观点的兼容并包。

　　由上观之，从现阶段来看，我国网络公众的表达沟通处于即时变化的状态，针对不同公共议题，无论是言论表达的有效性、深刻性和反思性，还是沟通交流的互动性、理性和多元性程度都参差不齐，粗糙零散，未见成熟，无法充分体现民主意涵。网络公众通过言论表达和沟通交往，就公共事务达成某种共识，这是促进社会协调，推动人类社会走向民主发展的尝试。若要使网络公众的表达沟通去粗取精，从碎片化走向整合化，从粗糙走向成熟，需要依赖网络公众、网络环境以及现实社会对公共性的认知水平和网络公众自身公共性能力的提高，这需要相当长时间的积淀。

第七章　互联网的公共利益

第一节　网络公共利益的界定

一　网络公共利益的界定

从传统传媒的实践过程中，我们可以看到西方传媒在平衡公共利益和经济利益、平衡公共利益和政府利益中做出的不懈努力以及伴随产生的来自社会各界的压力或争论。"公共服务"以服务民众而非某一利益团体为目的，公共利益也是新闻专业主义的突出特点和世界各国制定传媒政策的依据。[①] 赵月枝在分析欧美广播电视的市场化状况时指出，传媒既要独立于政府，也要独立于商业利益，只有这样它才是维系和发展民主的不可或缺的社会力量。[②] 而这在现阶段来说还很难实现，传媒仍在努力探索平衡之路。

作为新媒体代表的互联网，其信息传播受国家、政治和商业因素等的影响，但相对于传统媒体而言，互联网具有较强的独立性和自主性，能在一定程度上保证传播的信息和交流的观点不受政府或经济的束缚，制造出想象中的远离政府或商业的"纯洁空间"。网络公众期望通过互联网获得更多传播内容，以满足其信息和知识需求。他们关注全社会、全世界或者全人类共同关注的问题，参与信息交流，对不同观点展开论证，希望借此实现全社会、全世界或者全人类的共同利益。网络公众对虚拟社区产生归属感和责任感，这种归属感和责任感又延伸至对社会、国家甚至全人类的道德责任感，从这一角度看，互联网为公共利益的存在和发展提供了更为优越的环境。

杨保军认为公共性的实质就是关注公共利益，传媒就是社会公器，公

---

① 吴飞：《新闻专业主义研究》，中国人民大学出版社，2009，第 81 页。
② 赵月枝：《公共利益、民主与欧美广播电视的市场化》，《新闻与传播研究》1998 年第 2 期。

共舆论公意化的过程就是传媒维护公共利益的过程。① 然而在现实社会中，公共利益仍属模糊概念。中国台湾法学教授陈新民表示，由于对利益形成和利益价值的认定无法固定成型，受益人范围难以确定，对公共一词无法进行完全清晰的定义。② 网络公共利益同样无法确认具体内容及受益对象，因此法律很难对其进行明确规定。虽然对网络公共利益进行界定确实存在难度，但可以明确的是，网络公共利益包含界定主体和受益对象两个基本要素。

（一） 网络公共利益的界定主体：行政主体 + 网络公众

网络公共利益的界定主体，简单来说，即规定网络公共利益的行为主体。在现实社会中公共利益是由国家或政府等行政主体决定的，而在互联网上，除行政主体外，网络公民也可以决定网络公共利益的范围。

首先，国家或政府等行政主体可以决定网络公共利益的范围。亚里士多德在《政治学》中指出，统治旨在照顾全邦共同利益的公务团体，就是正宗政体。③ 他所指的"全邦共同利益""全邦人民公益"就是公共利益。同理，国家或政府等行政主体在制定互联网管理规章、确定网络发展的战略方向时，也是以"全邦"公共利益为出发点和归宿的，也是为全体人民的公共利益服务的。

有人认为，公共利益能促使全人类的生活变得更加美好，那么舍弃少量自由也是可以理解的。为营造健康和谐的网络环境，以实现网络公共利益，国家或政府等行政主体必须制定虚拟社区公约和网络行为规范。按照卢梭的观点，这类社会公约在促使人们遵守的同时也使人们享受了权利，因为网络公民的行为虽然受到了约束，但促进了公共利益的实现。而主权者只认得国家这个共同体，④ 作为个人为了实现公共的幸福就必须做出必要的自由让渡，个人的处境变得比以前好了，也就不存在牺牲自由的说法了。但这种"牺牲小我，成就大我"的观点很可能成为国家或政府越权的借口。罗尔斯曾忧虑国家作为执行者角色可能会带来对公民自由的限制，他认为国家打着保障公共利益的旗号，表面上是作为公民的代理人，实际上也是在运用手中的权力，而公民的良心自由要因公共秩序和安全的公共利益而

---

① 杨保军：《新闻领域的中国模式——描述、概括与反思（下）》，《国际新闻界》2011年第5期。
② 陈新民：《德国公法学基础理论（上）》，山东人民出版社，2001，第187页。
③ 〔古希腊〕亚里士多德：《政治学》，吴寿彭译，商务印书馆，1965，第145页。
④ 〔法〕卢梭：《社会契约论》，何兆武译，商务印书馆，2003，第40页。

受到限制。① 行政主体的权力介入可能会影响互联网的言论表达与沟通自由。行政主体以公共利益之名，遏制那些与自己相悖的言论，会在无形之中约束网络公众的网络行为，这种道德和人性上的双重约束会扼杀多元言论的表达与沟通过程，从这个角度来说，网络公共利益与网络言论表达自由理念相悖。

网络公民也可以决定网络公共利益的范围，这在一定程度上避免了行政主体影响下网络言论和表达自由遭遇让渡的可能。网络公众的言论表达不受现实社会身份背景以及权力机构的限制，评判网络公共议题的标准不需要根据行政主体的现行标准。网络公众能结合网络事件发生的情境对网络热点事件进行关注、分析和评价，具有灵活性，且能随着事态的发展进行另类更新、挖掘和解读。如果说国家或政府等行政主体对网络公共利益的界定具有行政的普遍性的话，那么网络公众对网络公共利益的界定和分析更具草根的精确性。

（二）网络公共利益受益对象的分类

"谁是网络公共利益的受益人"是富有争议的问题。网络公共利益既独立于政府利益和商业利益，也区别于集体利益、组织利益和个人利益。它既不能代表大多数人的利益，但也不能只代表少数人的利益，因为它既不属于竞争中的优胜者，也不特别眷顾弱势群体，而注重的是各种利益的长远而共同的平衡。我们不能将网络公共利益看成无数个人利益的组合，不然就会如英国经济学家亚当·斯密一样，过分追求个人利益的合理性，而忽视了个人利益的不稳定性。亚当·斯密认为，公共利益是由无数个人利益组成的，指出事实上我们并不是关心公共利益，因为"我们对整体的关心是由我们对不同个体的特别关注混合而成的"。② 由此他认为公共利益实际上是个人利益混合而成的，即公共利益是各种私人利益的汇总，公共利益的受益人是私人。个人利益是不可能完全一致的，就算一致，也无法断定保持一致的时间有多长。如果无数的个人利益是一致的，那么确实可以形成一股强大的社会力量，但问题在于，其一，个人利益要达成一致的概率是微乎其微的，其二，就算个

---

① 〔美〕约翰·罗尔斯：《正义论》，何怀宏、何包钢、廖申白译，中国社会科学出版社，1988，第 202 页。

② 〔英〕亚当·斯密：《道德情操论》，杨程程、廖玉珍译，商务印书馆国际有限公司，2011，第 59 页。

互联网的公共性

人利益达成一致了，这也只是一种短暂的一致，因为个人利益是时刻处于变化之中的，无法预测个人利益将走向何方，因此一致无法持久。卢梭认为，"公意"和"众意"存在区别，公意以公共利益为归依，以公共幸福为目的，由国家对各种力量进行分配运用。而众意指的是私人意志的综合，"除掉个别意志间正负相抵消的部分，剩下的总和是公意"，[①] 所以不能把公共利益看成个人利益的简单叠加。此外，"公共"一词包含了所有人，但倘若说代表所有公众，那么"公众的整体利益"这个概念就过于含糊了，因为无法找出整体利益到底是什么。

虽然我们无法判定网络公共利益的具体受益对象，但根据不同的分类方式，网络公共利益的受益对象可做以下分类。

按空间范围来划分，网络公共利益的受益对象可以分为互联网范围内的受益对象和现实社会的受益对象。互联网范围内的受益对象指的是互联网上的虚拟 ID 扮演的角色。如网络公众对《互联网个人信息保护法》的讨论，旨在保护网民的隐私和信息安全，保障其在虚拟 ID 下进行正常的网络行为，所追求的网络公共利益的受益人为虚拟 ID 扮演的角色。现实社会的受益对象指的是网络公众的互联网行为在现实社会受益的公众。如 2011 年 4 月 15 日中央电视台播出《胶囊里的秘密》，引发了网络公众对毒胶囊事件的持续关注与热议，网络舆论推动监管部门对被曝光的黑心企业展开了调查，彻查毒胶囊产业链，促使国家加大了对药物监督的力度，公共利益的受益人则是全体社会成员。

按精神和行为因素来划分，网络公共利益的受益对象可以分为偏倚精神利益的受益对象和偏倚物质利益的受益对象。偏倚精神利益的受益对象不重视网络公共利益提供的具体有形的物质利益，而是重视其能否满足非实体和非物质的公共精神需求和信息需求等，表现为网络公众获得平等和公正的精神利益的满足。如网络上对由彭宇案及类似事件引发的"是否应搀扶老人"的热议是最近几年持续不断的有关伦理道德的公共话题，而争论的焦点已并不仅仅针对该事件本身，而是上升至对"做好人，行善事"的精神层次的追问，此公共话题的利益对象指向了受益者的精神领域。偏倚物质利益的受益对象指的是网络公众的网络实践最终可转化为物质的、有形的、可衡量的公共利益的受益对象。如 2010 年 4 月青海玉树地震期间，网络公众情系玉树，

---

① 〔法〕卢梭：《社会契约论》，何兆武译，商务印书馆，2003，第 35 页。

在网络上自发兴起各类志愿者活动和捐款捐物活动等，利益对象指向受灾地区的人民。

按时间来划分，网络公共利益的受益对象可以分为短期的受益对象和长期的受益对象。短期的受益对象通常指的是某一个网络公共事件或公共事件某一阶段的受益人，获得的是短期的、即时的公共利益。长期的受益对象指的是虽然在现阶段不明确，但随着时间推移会逐渐出现并明晰起来的网络公共利益受益者。比如拥有多块名表的"表哥"和多套房产的"房哥"的网络曝光和监督，短期来说推动了有关机构对该事件的监督和彻查，长期来说有利于当地政府官员保持清正廉洁，造福当地百姓，推动社会民主法治的进步和健全，福荫后世。

二　网络公共利益的特点

（一）平等公正

麦奎尔认为，公共利益的履行需要有一套完整的媒介运作体系，同时遵循正义、公平、民主以及与当前值得向往的社会与文化价值观念相一致的原则。[①] 网络公共利益并非为网络某一特定社区、特定群体或某一特定利益团体提供特殊利益，满足其特定需求，网络公共利益必须秉承对全体网络公民都适用的原则，只有这样才能实现真正的公平。网络公众平等地参与网络公共议题的讨论和对话，目的是实现网络公共利益；而反过来，网络公共利益意味着能让每个网络公众平等地获得各种公共服务。

（二）动态变化

网络公共利益的发展是一个动态的过程，主要表现在两个方面。其一，由于不同时期关于公共利益的界定有所区别，网络公共利益的内容和范围一直都在修订。其二，很多网络热点事件的演变迅速多元，复杂多变，有时倾向于私人的内容，有时又会呈现公共的特征，这些网络事件是否能产生公共利益，能在多大程度上实现公共利益，对性质的认定不能用静止的眼光去妄下结论，而应从历史的、辩证的视角给予判断和评价。

（三）非营利性

网络公共利益并非以营利为目的，也不追求利润，它的产生和存在是一

---

① 〔英〕丹尼斯·麦奎尔：《麦奎尔大众传播理论》（第四版），崔保国、李琨译，清华大学出版社，2006，第120页。

种人类福祉，为的是增进网络公众以及全社会的整体福利。网络公共利益既不存在互利互惠的原则，也不存在特殊组织或群体的交易性质的服务，一些互联网站打着网络公共利益的旗号进行自身的品牌宣传或者产品营销，这需要网络公众慧眼明辨，区分公利与私利。如一些微博账号发布寻人事件或捐款事件，微博中包含类似"转发一次获得 5 分钱捐款"的内容，号召大家转发评论。事实上该微博并非真正关心捐款情况，只不过利用网络事件换取网络公众的关注，促其微博涨粉。发帖表面上看是网络公共服务，实际上以商业获利为目的，这不属于网络公共利益。

（四）共享性

马克思认为公共利益存在于个体间相互依存的关系之中，并指出这种关系是在现实社会的社会分工中形成的，[①] 而在不同个体之间的分享中能产生公共利益。网络信息的共享功能强化了网络公共利益的共享性，网络公共利益并非某一个网络公众、某一个特定社区的特权，网络公众间、不同网络空间之间都可以在相互依存的关系中分享公共服务；此外，它甚至不只是上网者的特权，因为网络公共利益可以延伸至现实社会，现实社会的普通公众同样有资格享有网络公共利益。

三 网络公共利益的实现条件

张春华在《传媒体制、媒体社会责任与公共利益——基于美国广播电视体制变迁的反思》一文中剖析公共利益和传媒体制之间的关系时指出，传媒对公共利益的维护包括多元化的信息与传播渠道、普遍服务和优良的信息品质。[②] 但她也担心媒体的商业化运作会损害公共利益。网络媒体同样无法避免商业渗透会压缩信息传播的公共渠道。一方面我们需要承认网络商业利益存在的合理性，而另一方面，我们也应争取更广阔的与政治、经济、科技、文化、教育以及与人类生活息息相关的公共议题表达的平台和渠道，为网络公共利益的实现提供可操作性环境。要实现网络公共利益，就要依赖正当的法律规范以及正义法则和社会责任。

（一）正当的法律规范

网络公共利益的定义必须在宪法和法律基础上明确规定，唯有如此，公

---

① 《马克思恩格斯全集》（第 3 卷），人民出版社，1960，第 37 页。
② 张春华：《传媒体制、媒体社会责任与公共利益——基于美国广播电视体制变迁的反思》，《国际新闻界》2011 年第 3 期。

共性的网络言论和沟通才能受到保护。这种正当的法律规范的建立必须具备两个基础。其一，网络公共利益应以现实社会对公共利益的法律规范为基础。现实社会对公共利益的界定应纳入宪法或法律之中，因为公共利益以宪政之名确立，能维护人的尊严，实现人的价值，并能促进法治、民主和人权。① 其二，网络公共利益应以完善的网络法律规范为前提。现有的《互联网新闻信息服务管理规定》《互联网出版管理暂行规定》《互联网视听节目服务管理规定》《中国互联网行业版权自律宣言》《关于互联网应用法律若干问题的解释》等条例的颁布，目的是满足公众的网络信息需求，维护国家安全和公共利益，然而目前所能参考的均只是条例或法规，全面系统的网络信息法的修订迫在眉睫。只有完善网络法律和信息法规，才能确保网络公共利益的法律地位。

（二）　正义法则和社会责任

法制规范与规则的确立确保网络公共利益的实现有法可依，这是外部环境。而从网络公众内心道德自律的角度来说，网络公共利益的维护要求相关人员必须遵循正义法则并承担相应的社会责任。罗尔斯在《政治自由主义》中曾提到，政治的正义观念有三个特征：为政治制度、社会制度和经济制度创造出来的道德观念。② 亚当·斯密也指出，只有遵守正义法则，社会才会存在，必须以对社会整体利益的关心，以心忧天下的情怀来压倒我们软弱狭隘的同情心。③ 从中我们可以看到正义中包含着善的意思。中国传统《三字经》中"人之初，性本善"和"与人为善"的思想观念指的是作为个人的善念，延伸至"老吾老以及人之老，幼吾幼以及人之幼""忧国忧民忧天下"的大爱原则，这与西方政治学上的共同之善非常相似，均可成为网络公众进行网络实践的道德准则。要想互联网的公共性正常运作，必须形成新的价值规范，即"善意"与"义行"。④ 网络道德观念作为一种基本理念，隐含在互联网的公共政治文化之中。在这种共同之善的正义道德原则指引下，网络公众会以实现网络公共利益作为崇高的道德精神目标。

从传媒责任的角度看，确保网络公共利益的实现也是对互联网社会责任的

---

① 范进学：《定义"公共利益"的方法论及概念诠释》，《法学论坛》2005 年第 1 期。

② 〔美〕约翰·罗尔斯：《政治自由主义》（增定版），万俊人译，译林出版社，2011，第 10 页。

③ 〔英〕亚当·斯密：《道德情操论》，杨程程、廖玉珍译，商务印书馆国际有限公司，2011，第 58 页。

④ 郭玉锦、王欢：《网络社会学》，中国人民大学出版社，2005，第 112 页。

要求。早在 20 世纪 40 年代，美国新闻自由委员会撰写的《一个自由而负责任的新闻界》就曾提到传媒必须负有为公共利益服务的社会责任，这成为传媒社会责任论的奠基。网络媒体的信息传播和交流必须对社会负责，对公众负责。网络媒体应增强社会责任意识，成为一股独立的力量，来维护和保障网络公共利益。网络媒体要体现世界多极化、经济全球化、文明多样化的现实，充分反映中国社会在建设发展中的主流和趋势，以及变革中的多元文化和价值。

第二节　网络公共利益的生成：网络
公共议题的形成和发展

网络公共利益通常通过网络公共事件和公共议题的出现而进入网络公众的视线范围，网络公共议题在网络公众的讨论交锋中进入舆论传播阶段，公共利益能在此过程中得以实现。

一　网络公共议题的分类

有学者把 2003～2006 年称为我国网络公共事件的起步阶段。[①] 这一时期出现的"非典"事件、孙志刚事件和马加爵事件等，都使网络公众认识到网络信息传播快捷性、透明性和辐射性的优势，同时初步形成了自觉关注网络公共事件的意识，并对保障公民自身的知情权和参与权有了较早的尝试。在起步阶段，我国的网络公共事件发生的频次不高，而现在已进入网络公共事件频发的时期。原因包括两个方面。一方面是从外部社会环境来看，当前世界均已进入风险社会。贝克认为，全球风险社会中存在三个层面的危险：生态危机、全球经济危机和自"9·11"事件以来跨国恐怖主义网络所带来的危险。[②] 而在国家范围内，不仅存在以上这三层危险，还存在其他复杂风险。贝克认为，中国压缩的现代化既加强了风险的生产，又没有给风险的制度化预期和管理留下时间。[③] 我国处于社会转型期，一些体制的弊端逐渐暴露，社会

---

① 郝继明、刘桂兰：《网络公共事件：特征、分类及基本性质》，《中共南京市委党校学报》2011 年第 2 期。

② 〔德〕乌尔里希·贝克：《"9·11"事件后的全球风险社会》，王武龙编译，《马克思主义与现实》2004 年第 2 期。

③ 贝克、邓正来、沈国麟：《风险社会与中国——与德国社会学家乌尔里希·贝克的对话》，《社会学研究》2010 年第 5 期。

问题日益增多，人们为维护现存秩序的稳定，实现社会发展的平衡，被迫对风险做出反应，不得不采取应对行动，不得不和其他人或团体发生各种联系，因而各种力量汇聚在一起形成爆发之势。风险社会不仅促使人们沟通合作，并且为公民参与公共事件的行动催生了新的力量，有利于推进公共利益的形成和实现。另一方面，从网络公众自身来看，越来越多网络公众的民主权利意识增强，将互联网作为精神家园，并将其作为参与公共事务讨论的平台，希望通过它来行使公民的政治权、经济权以及其他正当权利，网络公众参政议政的热忱和表达意识随着网络公共议题的增加而逐年高涨。

网络公共议题复杂繁多，根据不同分类标准可做以下划分。

根据网络公共议题产生的状态，网络公共议题可以分为突发性公共议题和常规性公共议题。突发性公共议题指的是无法计划或预期而产生的公共议题，不仅突然发生，而且无法控制发展走向，如汶川地震事件。常规性公共议题指的是按照预期发生、发展和结束的公共议题，常常是日常生活、工作中较为普通的公共议题，如北京首堵事件。

根据网络公共议题产生的领域，网络公共议题可以分为公共政治议题、公共经济议题、公共文化议题、公共军事议题、公共科技议题、公共卫生议题、公共交通议题、公共教育议题、公共安全议题等。如党的十八大召开属于公共政治议题、富士康 12 连跳事件属于公共经济议题、韩寒状告百度文库侵权属于公共文化议题、2012 年中俄军事演习属于公共军事议题、神八天空对接事件属于公共科技议题、产妇肛门被缝事件属于公共卫生议题、上海地铁相撞事件属于公共交通议题、罗彩霞事件属于公共教育议题、杨佳袭警案属于公共安全议题。

根据网络公共议题的倾向性，网络公共议题可以分为积极的公共议题、揭露批评性公共议题和争议性公共议题。如"最美妈妈"事件属于积极正面的公共议题、"天价烟局长"周久耕事件属于揭露批评性公共议题、彭宇案属于争议性公共议题。

二　网络公共议题的舆论传播过程

虽然网络公共利益的生成依赖网络公共议题的形成和发展，但并非所有的网络议题都能形成网络公共议题。在某些条件因素允许的范围内，普通议题（个人/社会议题）经过线上和线下行为主体的行动，有可能发展成网络公共议题，甚至能成为现实社会的公共议题，网络公共利益的发展过程同时也是个人利益—网络公共利益—社会公共利益的转化过程。这一过程的形成首先依赖于议题的可塑性。麦库姆斯指出，只有锁定对某个问题的关注，才可以借此设置议程。麦库姆斯指出媒体的议程设置包括三个层面：第一层面是客体显要性的转移，第二层面是属性显要性的转移，第三层面是属性议程设置。[①] 网络公共议题的舆论传播伴随着议程设置以及被设置议题的意义建构发展。在第一层面要解决的是吸引公众注意，第二层面要解决的是强化公众注意议题的某个或某些方面，第三层面要解决的则是议题的某个或某些方面在传播后出现的实质性效果。在经历三个层面的过程中，公众在不同阶段会产生不同的内在选择机制：[②] 第一阶段为对议题的选择性注意，第二阶段为对议题的某个或某些方面的选择性理解，第三阶段为对议题的某个或某些方面的选择性记忆，在脑子中形成根深蒂固的认知。结合麦库姆斯的议程设置理论、克拉帕的受众选择性心理因素理论和斯图亚特·霍尔的表征理论，本研究设计了网络公共议题的舆论传播流程图（见图7-1），以揭示网络公共议题的议程设置过程、意义建构过程以及舆论发展过程。

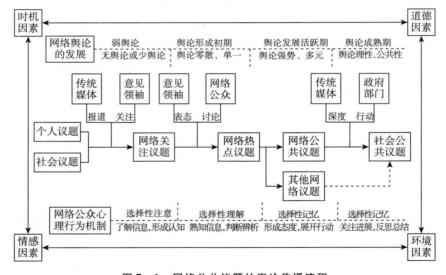

图7-1　网络公共议题的舆论传播流程

---

① 〔美〕马克斯韦尔·麦库姆斯：《议程设置：大众传播与舆论》，郭镇之、徐培喜译，北京大学出版社，2008，第81~99页。

② 邵培仁：《传播学》，高等教育出版社，2000，第217页。

第七章　互联网的公共利益

（一）　网络公共议题的议程设置

网络公共议题的原型通常为普通的个人议题或者社会议题，经过多方的催化作用后才形成网络公共议题。在传统媒体时代，议程设置的主动权始终保持在传媒手中，传媒不仅能够决定受众关心什么，而且能够赋予不同的议题以不同的显著性方式，从而影响大众对各类议题重要性程度的判断。而在互联网媒体时代，议程设置的主动权不可能集中在某个单独机构或某类人群手中，从普通议题到公共议题需要经过几个阶段的发展，而在每个阶段都有不同行为主体为议程的设置推波助澜。

在网络公共议题的传播初期，个人议题或社会议题通过传统媒体报道、意见领袖传播后进入网络媒体，能从普通议题升格为网络关注议题。而当该议题传播到一定程度后，越来越多意见领袖加入传播阵营，强化了事件的重要性，网络公众积极参与讨论或对话，该网络关注议题的热度和人气上升，升格为网络热点事件。在意见领袖和网络公众持续的关注之下，网络热点议题会分化成两类议题：网络公共议题和其他网络议题（其他网络议题指的是该事件之中与公共性无关的议题）。在网络公共议题部分，面对网络公共议题的持续升温，传统媒体可能会继续进行深度报道和追踪，政府有关部门也会在民众呼声下对该事件展开行动，由此网络公共议题发展成为线下的社会公共议题，而随着有关部门对该事件的妥善解决，公共利益得以实现。

并非在所有网络公共议题的形成过程中，传统媒体、意见领袖和网络公众这些行为主体都会"准时"出现，不过有时传统媒体或意见领袖一方缺席，也不会影响网络公共议题的产生。比如在突发性网络公共事件中，由于事件的突发即时性，在最初阶段传统媒体和意见领袖可能来不及介入报道，但事件也可能直接成为网络关注议题。如雷政富事件最初系 2012 年 11 月底重庆市北碚区区委书记雷政富的不雅照片在网上流传形成舆论，网络公共议题就此形成。后来重庆市纪委介入调查，免去其北碚区区委书记职务，并对其进行立案调查，随后传统媒体陆续跟进报道，政府官员党风廉政监督的社会公共议题得以强化。

多方议程设置主体的共同参与排除了议程设置过程中权力方的干扰，任何一方都不可能彻底控制网络公共议题的发展方向，同时，网络表达的平等性和多元性促使网络公共议题呈现多样化发展的态势。

（二）网络公共议题的意义建构

斯图亚特·霍尔指出，意义是被生产的，依靠译解的实践，而译解又靠积极使用编码以及对意义进行解码来维持。[①] 在他看来，信息传播中的意义并非由编码者（信息生产者）决定（他们只能决定信息的表现方式），而是由译码者（信息接受者）决定的。虽然传统媒体和意见领袖在网络公共议题的形成过程中，多多少少会影响网络公众对议题的观点和态度，但网络公众对网络公共议题的意义建构具有主动性、独立性和创造性。

从心理和行为机制角度看，网络公众对网络公共议题的意义建构包括四个阶段。第一阶段为对网络关注议题的选择性注意阶段。麦库姆斯指出，新闻媒介中、公众中以及各种公共机构中的注意力是一种稀缺资源，[②] 虽然网络议题容量很大，但是公众议程的容量很小，因此网络关注议题在网络议题中所占比例不大。在此阶段，网络公众会有重点地寻找重要议题，并初步形成自己对该事件的看法。第二阶段为对网络热点议题的选择性理解阶段。网络公众获得更多网络关注议题的具体实在的信息，对事件中自己可感知的部分进行吸收和解读，形成自己对该事件的价值判断。在此阶段，网络公众在接收众多事件信息的同时会产生情感和情绪的变化，对该事件的判断夹杂着众多网友编织而成的共同想象。第三阶段为网络热点议题的选择性记忆阶段。网络公众对网络热点事件已了然于胸，不仅形成了较为成熟的态度倾向，而且还会产生进一步的行动。第四阶段为网络公共议题的选择性记忆阶段，网络公众关注公共议题的进展，并能对公共利益实现的过程和效果进行总结和反思。与第三阶段不同的是，在本阶段网络公众对和公共利益有关的价值信念更为坚定，行为也更具现实行动力。而且第三阶段出现的其他非公共议题在此阶段有转为社会公共议题的可能性。网络公众的总结和反思有助于形成更为理性的态度和行为，有助于促进一些议题发生质的转化。如在艳照门事件中，网络热点议题包括对网络个人隐私的忧虑、对明星当事人的指责、对香港娱乐圈丑闻的挖掘以及对网络监

---

① 〔英〕斯图亚特·霍尔编《表征——文化意象与意指实践》，徐亮、陆兴华译，商务印书馆，2003，第62页。
② 〔美〕马克斯韦尔·麦库姆斯：《议程设置：大众媒介与舆论》，郭镇之、徐培喜译，北京大学出版社，2008，第44页。

管必要性的呼吁等问题，既包含网络公共议题，又包含低俗八卦议题。而到事件末期，网络公众从喧哗恢复平静，冷静思考事件脉络，认清该事件的根源在于照片泄密者违背伦理道德和法律，此后的探讨集中在明星自律、网络监管和网络个人隐私维护等公共议题上。

（三）　网络公共议题的舆论发展阶段

通常来说，网络公共议题的舆论发展会经历四个阶段。第一阶段为弱舆论阶段。在这个阶段，传统媒体和意见领袖对个人议题或社会议题的报道是原始而粗糙的，网络公众中关注者少，持续度不高，网络舆论要么并未形成，要么力量处于微弱状态。第二阶段为舆论形成初期。在这个阶段，由于事件信息逐渐浮出水面，参与发言和讨论的意见领袖和网络公众增多，无数个体意见汇集在一起形成网络舆论，但此时各方意见争鸣，议题讨论缺乏固定方向，网络舆论处于无数单个小舆论的零散状态。第三阶段为舆论发展活跃期。在这个阶段，各方对事件的信息掌握愈加充分，判断分析更为深刻，对议题的舆论定位也从繁杂转向集中，之前的无数单一小舆论的支流汇聚成几个大舆论，星星之火形成燎原之势，强度更大，影响更深。其中既包含网络公共舆论，也包含网络其他舆论。第四阶段为舆论发展成熟期，在这个阶段，传统媒体和有关部门的行动对网络舆论的发展起到规范和指导作用，事件舆论会朝着更为理性的方向发展，与公共利益有关的舆论渐趋浮现并成为主流。

（四）　网络公共利益的实现因素

普通的个人议题或社会议题转化为代表网络公共利益的公共议题，需要具备四个因素：时机因素、环境因素、道德因素和情感因素。时机因素和环境因素属于外部因素，时机因素指的是网络公共议题舆论的传播需有恰当的时机才能"激活"。环境因素指的是网络公共议题的舆论传播所需的环境，包括国际环境、社会环境、政治环境、经济环境、文化环境和媒介环境等。如2011年染色馒头事件和牛肉膏事件在网络上形成强大舆论浪潮，部分原因是这两个事件均发生在2011年4月初即"3·15"消费者权益日之后，网络公众维权的热度尚未降温（这是网络公共议题产生的时机因素），食品质量出现问题刚好处于风口浪尖。而最近几年从全社会范围来看，食品质量监督问题已成为老百姓密切关注的一个话题（这是网络公共议题产生的环境因素），因此在当时这两个事件成为关注焦点。道德因素和情感因素属于内部因素，道德因素指的是网络公众参与网络公共议题的舆论传播时具有的道德素质和媒介素养。情感因素指的是网络公众判断审视网络公共议题时的情感变化以及心理反应，包括感性的情感因素和理性的情感因素。

三　网络公共议题的发展特点

（一）网络公共舆论生成迅速，生命周期短

与传统媒体相比，网络媒体的特性决定网络公共舆论生成更为迅速。传统媒体受媒体发布内容、程序的限制以及受众面可控性影响，生命周期长，给政府反应留有足够时间，[①] 因此形成的社会舆论发挥作用相对缓慢。生命周期原为生物学上的概念，指的是生物从出生、成长、成熟到衰亡的过程，该名词后被应用于政治、经济、社会等诸多领域。舆论生命周期同生物和产品的生命周期一样，会先后经历初创期、成长期、成熟期和衰退期等四个阶段。传统媒体形成的社会舆论和网络公共舆论在不同阶段的表现各不相同（见表7-1）。报纸媒体的信息生产周期按天计算，广播和电视媒体的信息生产周期按分钟计算，而网络媒体的信息生产周期按秒来计算，网络公共舆论无论在深度、广度、亮度和强度上都比通过传统媒体形成的社会舆论更有优势，更能反映动态变化的舆论需求。

表7-1　传统媒体形成的社会舆论与网络公共舆论生命周期各阶段对比

	传统媒体形成的社会舆论	网络公共舆论
初创期	报道新闻/日（或分钟），读者、听众、观众个人表达意见（人数有限，反馈弱，区域性）	报道新闻/秒，网络公众个人意见表达和沟通（即时反馈、即时互动，人多面广）
成长期	以人际传播为主，部分受众交流形成零星意见（人数有限，反馈慢，区域性）	以人际传播和大众传播（包括网络传播）为主，意见迅速集聚，形成无数舆论分支
成熟期	随着时间推移，越来越多受众参与讨论，社会舆论形成（人数有限，区域性）	各方力量加入，若干舆论支流汇集成一个舆论洪流，舆论高度集中，影响力大，打破区域限制
衰退期	逐渐消减（新舆论形成周期长，未能迅速替代旧舆论吸引受众关注）	舆论迅速消减，无数新议题迅速产生，网络公众转向新议题

从传统媒体形成的社会舆论和网络公共舆论生命周期的比较图（见图7-2）可以看出，与传统媒体形成的社会舆论相比，网络公共舆论的爆发力更强，从初创期到成长期已相当活跃，从成长期到成熟期呈直线上升趋势，可

---

① 张玉强：《网络舆情危机引导策略研究》，《理论导刊》2012年第1期。

以看出网络舆论能在短时间内集聚强大的能量、形成全方位的弥散影响，而从成熟期到衰退期则直线下滑，这是因为网络信息传播的繁复多样影响网络公众持久地保持对某一具体舆论事件的专注力，当舆论发展到成熟期阶段，网络公众往往已另有关注。网络公共舆论的生命周期曲线看起来像过山车，"来也匆匆，去也匆匆"。不过，网络公共舆论的发展也存在特殊情况，有的网络公共事件能迅速发展直接进入成熟期。如 2013 年 3 月的长春偷车案两岁婴儿被掐死事件，从 3 月 4 日上午 7 点事件发生到 3 月 5 日下午 5 点犯罪嫌疑人投案自首，网络公共舆论在 36 个小时内迅速转向成熟期，多方意见展开辩论，舆论鼎沸；而有些网络公共事件由于各种原因则在未成长成熟时就销声匿迹了，这种情况也是存在的。正因如此，人民网舆情监测室指出，面对网络媒体，以往处理突发性公共危机的"黄金 24 小时"法则已不适用，应改成"黄金 4 小时"法则。①

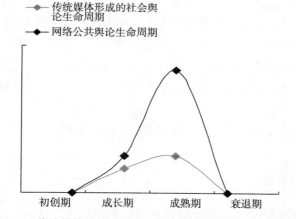

图 7 - 2　传统媒体下的社会舆论和网络公共舆论生命周期比较

（二）网络公共利益碎片化

公共议题的多元特性使网络公共利益呈现碎片化的特点，一些公共议题仅止于网络讨论，在现实社会未具整合性功能。如在李天一事件中，形成的公共议题包括公共安全问题、司法公正问题和家庭教育问题等多元公共议题，但大多讨论都停留在就事论事，就人论人阶段，大家过了一把讨

---

① 李鹤：《新媒体时代：处置突发事件的"黄金 4 小时"法则》，《人民日报》2010 年 2 月 2 日第 19 版。

论的"瘾",事后这些问题没有得到多大的改善。这是因为,很多公共议题来自独立的个案,公共问题无法以聚合的方式呈现,网络公众很难形成持续、重点关注的力量,导致很多问题止于虚拟的讨论,在现实社会无疾而终。当然也存在特例,只是比例偏少,如孙志刚事件推动《城市生活无着的流浪乞讨人员救助管理办法》的出台,对中国法制建设进程起到了一定的推动作用。

(三) 网络意见领袖的信息把关和舆论引导

在网络公共议题的舆论传播过程中,意见领袖扮演着信息的守门人和舆论的引导者的角色。在普通的个人/社会议题——→网络关注议题——→网络热点议题——→网络公共议题这三个网络舆论发展阶段,通常都能看见意见领袖的作用。首先,在普通的个人/社会议题——→网络关注议题发展阶段,意见领袖充当了守门人的角色,对个人议题或社会议题进行筛选、修改、加工,然后将其纳入传播渠道,进行二次传播,他们决定了信息传播的数量和方式,制造了信息的意义,因此网络关注议题包含着意见领袖的个人倾向及态度。其次,在网络关注议题——→网络热点议题——→网络公共议题发展阶段,意见领袖充当了舆论引导者的角色,他们通过阐明事件、评述观点、互动沟通等方式成为网络意见表达的活跃群体,网络公众对网络公共事件的态度和行为容易受其影响。

第三节　互联网的民主发展

一　传媒与民主

无论是学者还是公众,在内心深处都会将追求公共利益与民主发展联系起来。传媒作为公共利益的代言者,与民主发展有着千丝万缕的关系。不同传媒服务于不同的民主概念,传播者终究是在既定的、由法律与市场编织的传播秩序之中从事采编与报道工作的,反过来,不同的民主理论对传媒的传播行为都会有所要求和期待。沃伦指出,传播和投票一样对民主政治而言都是核心问题。观点在传播过程中受到启发,有利于人们判断能力的提升和辩解结果的呈现。[①] 媒介学者詹姆斯·凯瑞也认为,新闻"是民主的另一个名

---

① Warren, G, Deliberative Democracy, in A. Carter and G. Stokes (eds.), *Democratic Theory Today.* Cambridge: Polity Press, 2002, p. 173.

称，离开民主的语境是不可想象的"，① 媒体需致力于传播公民的各种声音和观点，允许他们进行公共争辩，以通过政治实现对社会的重建。

查尔斯·埃德温·贝克在《媒体、市场与民主》一书中结合美国的民主发展状况，分析了精英民主论、自由多元论、共和民主论和复合民主论四类民主理论的传媒任务。② 本研究综合不同的民主理论在参与者、实现程序、特点和相应的传媒表现之间的异同，试分析不同民主模式下媒体与政治、市场和大众之间的关系，以及实践中三方在实现公共性中扮演的角色（见表7-2）。

表7-2　民主理论的特点及其对应的传媒表现分析③

民主理论	参与者	实现程序	特点	相对应的传媒表现
代议制民主	精英、专家	观点的自由市场	市民无须参加关于政治事务的公共话题	重视看门狗的功能，制止政府滥用职权，认为对政府腐化的监督比对私人部门监督更重要
自由多元论	大众	协商	市民积极参与政治，在开放领域内进行公共争辩	应在人们的利益陷入风险时，适当提供相关信息；信息传播便利不同参与者和利益；当公民需要与决策者需要存在落差时，尽力让决策者知道人们需求的内容及强度
共和民主论	大众	协商	对话讨论后形成被大家认可的共同目标，追求公共利益和共同之善	既提供事实，又提供兼容并蓄的观点；重视社会责任
复合民主论	大众	协商	在正义和共同之善引导下，追求个人或个人所属群体的价值与利益	承认差异，保证各群体参与政治协商，以获得相应利益；在典章制度之下，追求整个社会公认的"公共之善"

代议制民主的主要参与者为精英或者专家，这类似于美国政治学者彼得·巴克拉克所说的"民主精英主义者的学校"。这种理论认为精英分子能冷静而理性地讨论，不会因个人偏好攻击意见不合者。该理论认为市民作为"乌合之众"无需参加政治讨论，政治家会对他们负责，而市民唯一要做的就

---

① James Carey, Afterword: The Culture in Question, in Eve Munson and Catherine Warren, James Carey: *A Critical Reader*. Minnesota : the Regents of the University of Minnesota, 1997, p. 332.

② 〔美〕查尔斯·埃德温·贝克：《媒体、市场与民主》，冯建三译，上海世纪出版集团，2008，第171~200页。

③ Myra Marx Ferree, William A. Gamson, Jurgen Gerhards, Dieter Rucht, Four Models of the Public Sphere in Modern Democracies: *Theory and Society*, Vol. 31, No. 3 (Jun., 2002), pp. 289-324.

是选择加入哪个团体。媒介需在揭示政府腐败和不称职时扮演积极、正面的角色，并为公众提供真实可信的信息。

自由多元论支持市民对与自己生活有关的公共决策的最大程度的参与。不同阶层市民的差异以及个体差异使讨论和观点表达无须采用标准模式，但总的来说仍以公共协商的方式进行，参与公共决策使市民形成了判断政治事务的能力，而参与公共决策使市民向公民转变。由于市民的参与热情在记者和专家引导讨论之前就被激活了，那么作为媒体需要提供的不是观点，而是保证能满足不同参与者利益的信息，尤其是必须承认不同个体和群体间的差异，保证少数人的需要能为决策者所了解。

共和民主论同样倡导市民参与协商，但规定了参与决策和对话的前提必须是形成大家认可的共同目标、公共利益，并以正义和共同之善作为对话的道德规范，因此协商和观点表达建立在相互尊重和推动民主发展进程的基础之上。媒体怀有社会责任，不仅要对自己传播的信息负责（如在信息的真实性、客观性和准确性方面有所要求），而且要对自己提供的观点负责，保证观点的兼容并包，避免观点的偏向性。

复合民主论整合了自由多元论和共和民主论的理论特点，认为参与协商的民众既要追求公共利益和共同之善，同时也要兼顾个体或个体所属群体的利益。该理论指导下的媒体既要在承认差异的同时保证不同个人和群体的需求，同时也要在正义道德规范和法律规范指导下保障全社会甚至是全人类的共同利益。根据上述特征，互联网的传媒表现更加倾向于类似复合民主论的特征。

二 互联网民主的表现形式

加拿大学者莫斯可认为，公共性的内涵应为实行民主的一系列社会过程，也就是促进整个经济、政治、社会和文化决策中的平等和最大可能的公众参与。[①] 因此不能仅把公共利益的实现作为网络公众在互联网上进行公共表达和沟通的终极目的，网络公共利益不是终极目的，而是实现民主的条件。在现实中，民意缺乏表达和公共参与的通道，特别是民主决策程序的虚置常使公共利益难以落到实处。[②] 而互联网成为民主发展的新平台，网络公众政治参与包括关注网络政治新闻和政治事务的发展进程、参与和政治议题有关的对话

---

① 〔加〕文森特·莫斯可：《传播政治经济学》，胡正荣等译，华夏出版社，2000，第165页。

② 周林彬、何朝丹：《公共利益的法律界定探析——一种法律经济学的分析进路》，《甘肃社会科学》2006年第1期。

与讨论、通过互联网的社会传播网络加入某一政治团体或者参与某项政治运动等。其中关注网络政治新闻和政治事务的发展进程为最基本的形式，如近年来网络视频不断发展，这种图文并茂、视听结合的传播方式更能激发网络公众的政治兴趣。皮尤研究中心的调查显示，在 2012 年的美国总统大选中有55% 的选民在线观看竞选以及与政治事务有关的政治视频，其中 48% 的选民观看新闻类的在线选举视频或政治视频；40% 的选民观看网络竞选演讲、新闻发布会或辩论会。[1] 网络视频因具独特的视觉化和听觉化的特点，更具说服人的力量，也更容易形成媒介预期的态度和行动。此外，移动网络的推广为美国公民的网络政治参与开辟了新途径。2012 年的美国总统大选期间，有88% 的选民利用他们的智能手机接收选举信息，关注政治团体动态，与其他网民对话政治议题。[2]

社会化媒体成为年轻网络公众政治参与较为频繁的网络形式，调查结果表明，在美国有 60% 的成人网民正在使用类似 Facebook 和 Twitter 这样的社会化媒体，而其中有 66% 的网络使用者曾通过社会化媒体参与社会活动或者政治运动。社会化媒体使用者多为年轻人，有 38% 的使用者声称自己的政治观点会受网络上发表的政治或社会问题的文章的影响；35% 的使用者会鼓励其他人投票，并在社会化网络中参加某一政治团体，或追随某一竞选团队；34% 的使用者在社会化媒体上愿意发表自己的观点；33% 的使用者会转发政治或社会问题的文章；31% 的使用者会鼓励其他人参与政治行动。[3] 在最近的一次美国总统大选中，有 40% 的网民通过社交网络好友的推荐收看选举或政治视频。社会化媒体不仅加强了熟人间的联系，还使有共同兴趣爱好和政治倾向的网民能够迅速集中在一起，形成政治共鸣。而相对来说年轻人参与团体活动的热忱更高，行动力更强，这加速了网络政治转化为现实政治参与和政治行动的进程，加速了网络民主转化为现实社会民主的进程。

---

① Aaron Smith and Maeve Duggan, Online Political Videos and Campaign 2012, Pew Research Center's Internet & American Life Project, Nov 2, 2012, http://pewinternet. org/Reports/2012/Election - 2012 - Video. aspx.

② Aaron Smith, Maeve Duggan, Presidential Campaign Donations in the Digital Age, Pew Research Center's Internet & American Life Project, Oct 25, 2012, http://pewinternet. org/Reports/2012/Election - 2012 - Donations. aspx.

③ Lee Rainie, Aaron Smith, Kay Lehman Schlozman, Henry Brady, Sidney Verba, Social Media and Political Engagement, Pew Research Center's Internet & American Life Project, Oct 19, 2012, http://pewinternet. org/Reports/2012/Political-Engagement. aspx.

概括而言，互联网的民主具有以下四种表现形式。

（一）网络监督

结合拉斯韦尔的传播 5W 模式，网络舆论监督的信息传播如图 7 – 3 所示。

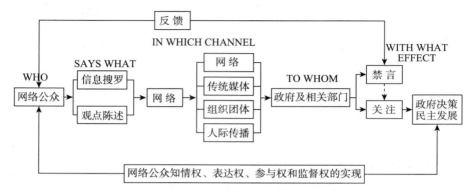

图 7 – 3 网络监督的信息传播模式

由模式图可以看出，网络监督主体为网络公众，他们拥有参与政治和社会事务的热情，能对政治和社会信息做全方位搜索，并多角度地陈述观点。最初在互联网上传播信息，紧接着网络监督会通过网络、传统媒体、组织团体以及人际传播等多种渠道进行，以期获得政府和相关部门重视。政府及有关部门通常会采取两种方式应对，关注或禁言。"关注"指对存在的问题非常重视，并认真予以解决；"禁言"有可能产生"防民之口甚于防川"的反弹效应，形成新一轮网络舆论监督，迫使政府及有关部门予以重视和解决。由此可见，网络监督不仅使网络公众的知情权、表达权、参与权和监督权得以满足，而且能促进政府决策，推动民主的建设和发展。

按网络监督的对象分，网络舆论可以分为网络反腐监督、网络卫生监督、网络食品安全监督、网络社会治安监督、网络环境监督、网络交通监督、网络教育监督、网络司法监督、网络财政监督等。中国传媒大学网络舆情（口碑）研究所/艾利艾咨询机构（IRI）联合发布的《2009 年中国网络舆论研究指数年度报告》显示，反腐倡廉、房价问题、就业问题、户籍制度、养老保险、食品安全、医疗保险和交通安全问题为当今网络公众最关注的 8 大热点方面。[①]《2010 年中国网络舆论研究指数年度报告》分析指出，征地拆迁、反

---

① 曾利明：《中国网民社会舆论作用日显　最关注房价等 8 大热点》，2010 年 3 月 18 日 15：52，中国新闻网，http：//www.chinanews.com/gn/news/2010/03 – 18/2177706.shtml.

腐倡廉和涉警形象为当年关注度最高的 3 大热点。① 《2011 年中国网络舆论研究指数年度报告》显示，2011 年网络公众最关注的问题为交通运输、司法执法和企业财经领域的问题。②

按网络监督的阶段分，网络监督可以分为事前网络监督、事中网络监督和事后网络监督。事前网络监督指的是虽然尚未造成明显的后果，但网络公众已发现存在的问题，给予网络曝光，形成舆论，敦促有关部门重视。事前网络监督的一个特点是发现问题是偶然的，往往只因某一契机才导致监督的产生。如由"郭美美事件"监督中国红十字会，由广西来宾市烟草局局长的"香艳日记"监督其受贿行为，这些事件最初以私人事件形式出现，但网络舆论监督最终指向网络反腐。事中网络监督指的是事件发生过程中，网络公众时刻关注事态的进展，以保证问题的有效解决。如江西宜黄拆迁自焚事件、抢盐风波、上海黄浦江水域死猪漂浮事件等。事后网络监督指的是严重性后果发生后，网络公众掀起舆论讨论，并对最终处理结果进行监督，保证其公正性和合理性。如甘肃正宁校车事件、双汇"瘦肉精"事件和蒙牛"问题奶"事件等。

（二）网络选举

不少政客将互联网作为争取选民支持的绝佳阵地。2008 年美国总统大选时互联网成为奥巴马竞选的重要舆论阵地，他开设了竞选的官方网站和官方博客，并在 YouTube 和 Second Life 开设竞选专区，在 Facebook 开设个人主页，精心设计竞选邮件，在 Twitter 和 MySpace 中开辟个人竞选专栏，同时采用搜索引擎、Banner、电子邮件广告和网络游戏内置广告等方式做宣传，这帮助他获得了大量小额捐款。为了在年轻选民中拉选票，他的竞选阵营还开发出一款名叫"奥巴马08"的 iPhone 应用软件，这款软件能帮助使用者提醒朋友为奥巴马投票。经过长期的经营，奥巴马的 Twitter 粉丝已达 2700 多万人，Facebook 上的好友达 3500 多万人。在 2012 年美国总统大选期间，投票给奥巴马的年轻选民比 2008 年多 125 万多人，③ 因此奥巴马胜选后也被称为"互联网

---

① 牛纪伟、王晓磊：《中国网络舆论指数报告发布：拆迁、反腐关注度高》，新华网，2011 年 3 月 24 日 16:29:41，http://news.xinhuanet.com/2011-03/24/c_121227816.htm.

② IRI：《2011 年中国网络舆论研究指数年度报告》，艾利艾，2012 年 3 月 7 日 09:42:23，http://www.iricn.com/index.php?option=com_content&view=article&id=308；2011&catid=31；2011-03-31-18-06-25&Itemid=78.

③ 王丰丰：《奥巴马：将"粉丝"变成支持者》，《国际先驱导报》2013 年 2 月 25 日 08:52，参考消息网，http://ihl.cankaoxiaoxi.com/2013/0225/169437.shtml.

总统"。在 2012 年的美国总统大选中，有 13% 的美国公民为他们所支持的总统候选人捐款，其中 50% 的美国公民进行了在线或电子邮件捐款；有 16% 的美国民主党和共和党人为自己所支持的总统候选人捐款，其中进行在线或电子邮件捐款的民主党人占 57%，共和党人占 34%。[①] 在本次美国总统大选中，奥巴马还利用明星的网络效应来为自己助阵，支持他竞选的明星有奥普拉、乔治·克鲁尼和莎拉·杰西卡·帕克等，他们的粉丝不仅数量庞大，而且还愿意投钱参与各类策划活动，如筹资聚会、与明星或奥巴马本人共进晚餐的竞标等都获得了很可观的经济收益。

由此看出，互联网已成为很多国家总统竞选的助力平台，总统候选人不仅能通过互联网发言塑造个人的鲜活形象，拉近与选民之间的心理距离，提升个人亲和力，推动选民主动投票、拉票，而且还能吸引各大财团尤其是电子商务财团的目光和倾囊捐赠（互联网捐赠的快捷功能方便迅速吸入大批小额捐款）。因此互联网成为很多国家政要参与竞选和政治营销的重要平台。如 Twitter 粉丝数排在奥巴马之后，在全球领导人中位列第二的委内瑞拉总统查韦斯也善用微博，他的微博粉丝数超过 400 万人。当地时间 2013 年 2 月 18 日他发表微博，写道："我回到委内瑞拉了，感谢上帝！谢谢你们，亲爱的人们，回到这里，我将继续接受治疗。"这条微博不到 24 小时就被转发 2 万多次。[②] 他的粉丝不仅在政治上和他站在同一阵营，而且在感情上也"亲如一家"，而这种微博政治营销的方式打破了传统的政治辩论或者政治宣传硬生生的传播模式，达到了更好的传播效果。日本自民党于 2013 年 1 月 30 日推出网络选举提案，允许政党、候选人以及支持者在竞选期间通过邮件、网页、Facebook、Twitter、博客等进行拉票，并承认政党有在网络上做广告的权利。[③] 这个提案降低了网络竞选的门槛，受到资金有限的候选人或政党的欢迎，并刺激了年轻选民参与政事。

（三）网络问政

政府部门普及电子政务是网络问政的一种途径。电子政务指通过网络和

---

① Aaron Smith, Maeve Duggan, Presidential Campaign Donations in the Digital Age, Pew Research Center's Internet & American Life Project, Oct 25, 2012, http://pewinternet.org/Reports/2012/Election-2012-Donations.aspx.

② 谢来、黄莹莹:《外国政要们的粉丝团》,《国际先驱导报》2013 年 2 月 25 日，参考消息网，http://ihl.cankaoxiaoxi.com/2013/0225/169445.shtml。

③ 《自民党推出网络选举提案》,2013 年 2 月 6 日，瞭望日本网，http://cn.j-cast.com/2013/02/06164061.html。

信息的使用增强政府的服务能力和执政能力。早在 1995 年，美国总统克林顿就签署了《文牍精简法案》，采用无纸化办公，这是建立"电子政府"的最早尝试。日本也在 2000 年 3 月启动了"电子政务"工程。英国首相布莱尔在任期间，要求将英国政府实现电子政务的时间从原定的 2008 年提前到 2005 年。近年来我国从中央到地方各级政府陆续创建了官方政府网站。政府网站不仅能提供即时信息，保证信息的公正透明，而且通过网络完善为民服务，加强了与百姓之间的平等对话和互动。

微博问政是最近两年在中国非常流行的一种网络民主形式。政府及相关部门在微博上开设官方账号，与民互动。政务微博有助于政府迅速及时提供本职范围内的信息和服务，同时进行自我宣传和推广；当遇到职权范围内的突发事件或危机事件时，政务微博能第一时间通过危机公关进行补救，把握网络舆论导向，防止流言和谣言的滋生，增强政府公信力。随着微博在中国网民中影响力的逐年提升，最近两年新浪网、腾讯网、新华网和人民网上的政务微博数量呈飞速上涨趋势。2011 年被称为中国政务微博元年，国家行政学院在 2012 年 1 月 8 日发布的《2011 年中国政务微博客评估报告》数据显示，截至 2011 年底，中国政务微博总数达 50561 个，较 2011 年初增长了 776.58%。[①] 2012 年政务微博继续呈高速发展态势，并逐渐走向运作的成熟化，不少政务微博已通过实名认证，保证了权威性。截至 2012 年 6 月 10 日全国通过微博认证的政府机构及官员微博达 45021 个，其中政府机构微博为 25866 个，党政官员微博为 19511 个。[②] 人们关注政务微博，民众和政府之间的界限从"隔重山"变为"隔层纱"，这种平等对话的方式让民众感受到了政府部门的亲和力。

（四）网络投票

网络投票也是网络民主的一种表现形式。早在 2002 年爱沙尼亚就通过了《地方政府会议选举法》，允许选民进行网络投票选举，在 2007 年选举新一届议会时爱沙尼亚成为世界上第一个通过互联网举行议会选举的国家，3 月 4 日的议会选举中有 94 万名合格选民可以在 4 日至 7 日进行网上投票，行使自己的投票权。爱沙尼亚法律还规定，如果选民对网络投票反悔，还可以去投票

---

① 《国家行政学院发布〈2011 年中国政务微博客评估报告〉》，《电子政务》2012 年第 Z1 期。
② 温薷：《2012 年上半年政务微博报告："官微"每天增百家》，《新京报》2012 年 7 月 14 日 A06 版。

站用纸质选票再投一次,[①] 以保证投票真正体现选民深思熟虑后的决定。爱沙尼亚的做法开创了世界选举方式的网络创新先河,很多国家开始尝试将网络投票作为选举的一种途径。

在 2012 年香港特别行政区行政长官选举期间,香港大学民意研究计划组织了"民间全民投票",通过网络投票调查香港市民投票意向,该投票于 2012 年 3 月 23 日凌晨 0 点 0 时 0 分开始,到 3 月 24 日下午 5 点结束,市民通过投票网站或智能手机进行投票。经统计共有 222990 名市民投票,其中 66005 名市民通过互联网进行投票,占 29.6%,有 71831 名市民通过手机进行投票,占 32.2%。[②] 虽然这只是一次模拟网络投票,旨在对公投的民意进行学术研究,但为香港市民参与政治议题的讨论提供了更大的创新空间。网络投票不仅局限于专门的投票网站,还可以借助各大讨论区作为投票社区,有网民模仿香港大学民意研究计划在 Facebook 开设了模拟网络投票。

在社会化媒体进行的网络投票,无形之中会形成舆论,对现实政治产生巨大影响。调查显示,在美国,年龄为 18 ~ 29 岁的选民通过社会化媒体参与网络投票的意识更为强烈。在 2012 年的美国总统大选中,22% 的选民通过如 Facebook 或者 Twitter 等社会化媒体告诉别人他们打算投票给谁,其中有 25% 支持奥巴马,20% 支持罗姆尼。社会化媒体同时还是选民说服朋友参与竞选的绝佳平台,有 30% 的选民表示 Facebook 或者 Twitter 中的家庭和朋友试图说服自己为奥巴马或罗姆尼投票,有 20% 的选民以同样的方式被鼓励为其他候选人投票。[③]

除竞选外,网络投票还经常被用于对常规政治议题或公共议题的民意调查。如中国的新浪微博、腾讯微博、网易微博和新华微博等设有微投票,发动网络公众对最新最热事件投票。各政府网站、综合性网站或媒体网站也会举行投票评选活动,如央视网的"感动中国 2012"网络投票、中国文明网的"第三届全国道德模范风采"网络投票、搜狐网的"首都十大健康卫士"网络评选等。网络投票网页通常有较清晰的操作界面,操作便捷,投票者的投票行为不受时空限制,且可以在无旁人的情况下独立完成,投票结果更能体

---

① 新华社:《网络投票选议会 爱沙尼亚首开先河》,《今日早报》2007 年 3 月 1 日 A15 版。

② 2012 年行政长官选举,维基网,http://evchk. wikia. com/wiki/2012% E5% B9% B4% E8% A1% 8C% E6% 94% BF% E9% 95% B7% E5% AE% 98% E9% 81% B8% E8% 88% 89。

③ Lee Rainie, Social Media and Voting, Pew Research Center's Internet & American Life Project , Nov 6, 2012, http://pewinternet. org/Reports/2012/Social-Vote – 2012. aspx.

现投票者的真实意愿。与现实社会的投票相比，网络投票更能激发网络公众自主参与的主动性，更能保证真实性、公正性和准确性，而投票的结果对公共议题和政治事务能产生较大参考价值。

三　互联网的协商民主特点

在达尔格伦看来，西方国家的人民已对代议制民主失去兴趣，他们更关注微观政治范围内的政治合法性和政治承认，寻求阶级、性别和种族差异下的身份认同。① 人们希望打破参与者的局限性，允许广大市民参与政治和公共事务协商。柯伦认为，"民主的媒介系统的基础需求应该是代表社会中所有重要的利益。它应该便利公共领域中的参与者，使他们能贡献出公共的争论，并能参与讨论公共政策的框架"，② 即平等地参与协商。同样地，互联网上的民主发展则最大限度地依靠网络公众协商的力量，以确保公共利益能够达成。

关于协商民主的概念，约瑟夫·毕塞特在 1980 年发表的《协商民主：共和政府的多数原则》一文中主张公民参与而反对精英主义的宪政解释，并首次提出了"协商民主"。之后乔舒亚·科恩对协商民主有更为具体的解释，他认为，协商民主指一个团体的事务由成员公正和平等地共同协商决定。③ 后来罗尔斯和哈贝马斯等相继发表著作和论文，对协商民主进行进一步阐释，使协商民主理论逐步流行起来。协商民主是民主理论发展的一种新方向，它支持创设公平机会让各群体得以妥协或商议，并善待差异；强调公共利益基础上的政治讨论，注重决策的公平性和合法性。可以说，协商民主实际上受自由多元论、共和民主论和复合民主论的影响较深。

陈家刚将协商民主看成一种治理形式，在这种治理形式下，公民平等、自由地参与公共协商，说明自己的理由，与他人争辩，最后达成共识，同时

---

① Peter Dahlgren, Media, Citizenship, and Civic Culture, in *Mass Media and Society*, ed. James Curran and Michael Gurevitch, London: Arnold, 2000, pp. 310 – 328.

② James Curran, Rethinking the Media as a Public Sphere, in Peter Dahlgren and Colin Sparks, editors, *Communication and Citizenship*: *Journalism and the Public Sphere*, London: Routledge, 1991, p. 30.

③ Joshua Cohen, Deliberative Democracy Unfair to Disadvantaged Groups? *Democracy as Public Deliberation*: *New Perspectives*, Edited by Maurizio Passerin D'entreves, Manchester: Manchester University Press, 2002, p. 201.

赋予立法和决策以合法性。① 互联网为协商民主提供了相对自由的舆论空间，网络公众就公共议题平等地对话、协商，保证给予弱势群体发表观点的机会，这种网络协商能突破时空限制，最大限度地激发网络公众的民主意识，② 这些互联网具备的协商民主优势吸引了网络公众参政议政，推动了民主发展的进程。综合而言，互联网的协商民主在参与主体、参与过程、参与理念和参与渠道四方面具备以下特点。

（一）参与主体：草根崛起

互联网从来不属于特权阶层，任何人在网络上都拥有同等的权利。互联网上的协商民主参与主体包含很多社会下层平民百姓，这群来自社会底层的人群被称为"网络草根"。哈贝马斯很重视草根组织的价值，他认为，政治团体应以最少的官僚化、中心化的形态来为生活世界成员的政治讨论服务。一个运行良好的公共领域应同时包括来自外围的人员，也就是说，市民社会的人员尤其是草根组织。③ 由于在现实社会中草根平等自由表达观点的机会相对较少，因此网络成为汇聚草根意见的场所，而草根的意见聚集和交流提供了与政治精英不一样的视角和观点。网络社区成为草根意见发挥影响力的话语平台，"华南虎事件""虐猫事件""5·12汶川地震""南方雪灾"等社会热点事件都在社区的讨论中形成了网络助推动力。如天涯社区作为最有影响力的网络社区之一，参与者多为普通网络公众，他们以观点表达和思想交流来影响社会的进程。

（二）参与过程：包容性的公共争辩

乔舒亚·科恩提出"协商包容原则"。他认为协商观念不仅指平等对待他人利益，而且还要包容他人所提出的可接受的，或者政治上可行的理由。④ 他认为在互联网上除了学会表达观点，说服别人外，还要学会倾听别人的观点，这不仅是尊重他人的表现，而且只有认真倾听才能做出理性判断，确认对方

---

① 陈家刚：《协商民主：民主范式的复兴与超越（代序）》，载陈家刚选编《协商民主》，上海三联书店，2004，序言第3~4页。

② 王淑华：《以2009年"两会"为例看网络媒体协商民主的实践》，《中国广播电视学刊》2009年第6期。

③ Myra Marx Ferree, William A. Gamson, Jurgen Gerhards, Dieter Rucht, Four Models of the Public Sphere in Modern Democracies, *Theory and Society*, Vol. 31, No, 3（Jun. , 2002）, p. 300.

④ 〔美〕乔舒亚·科恩：《协商民主的程序与实质》，张彩梅译，载陈家刚选编《协商民主》，上海三联书店，2004，第176页。

的理由是否值得信服。林肯·达尔博格指出，在互联网上对话首先应做到尊重他人的倾听，要鼓励参与者设身处地换位思考，并承认接下来对话的差异性，这种自我管理能帮助保证对话的有效性，提升讨论的质量，形成有价值的持续的民主。① 互联网给予了不同宗教、种族和民族等多元背景的网民平等表达的机会，网络协商民主的关键不在于将其调和成一种意见，而在于形成多元化声音，在这种包容之下，讨论和对话才能继续。最近几年中国的天涯社区论坛在社会宽容度、文化宽容度和政治宽容度等方面也呈逐渐上升趋势，② 为网络表达和网络对话的充分开展提供了基础。

　　对话和争辩是网络协商的重要过程，网络公众对自己关注的公共议题充分表意，认真对待他人的争辩，同时进行回应，这是在履行协商的职责。网络上的公共声音是协商的，意味着它能批判性地相互检验，在不放弃差异的情况下进行辩论，这种辩论能激发互联网公众的民主意识，促其在现实社会中学会采用协商方式维护自身基本权利。

（三）参与理念：正义之道德

　　詹姆斯·D. 费伦认为，讨论不仅是提出建议或投票，而且会促进参与者的特定技能甚至美德的发展。③ 马修·费斯廷斯泰因指出，协商责任是公民相对于他人的特殊责任，其责任特征源于这种公民联系的价值。④ 这种价值并非只是法律上的价值，更重要的是道德问题。虽然从现实来看，由于很难保证所有参与者都是自治的理性主体，所以网络公众可能拥有的只是"部分的正义"，即便如此，这"部分的正义"也能加快网络协商，反过来，协商也能帮助辨别道德和不道德，能从公共精神的言论中区分出自我利益的言论，从长远看，也能使网络公众在协商的过程中，提高自己的道德素质、民主知识和素养。如"9·11事件""日本海啸事件"和上海"楼倒倒事件"发生后，网络上很多讨论都围绕恐怖组织、自然灾害和工程质量安全等问题展开。在协

---

① Lincoln Dahlberg, The Internet and Democratic Discourse: Exploring the Prospects of Online Deliberative Forums Extending the Public Sphere, *Information, Communication & Society*, 4：4，2001，p. 625.

② 郑春勇：《网络宽容度比较研究——以强国论坛和天涯论坛为例》，《中国传媒大学第五届全国新闻学与传播学博士生学术研讨会论文集》，2011，第 145 页。

③ 詹姆斯·D. 费伦：《作为讨论的协商》，载〔美〕约·埃尔斯特主编《协商民主：挑战与反思》，周艳辉译，中央编译出版社，2009，第 61 页。

④ 马修·费斯廷斯泰因：《协商、公民权与认同》，〔南非〕毛里西奥·帕瑟林·登特里维斯主编《作为公共协商的民主：新的视角》，王英津等译，中央编译出版社，2006 年 9 月，第 58 页。

商中网络公众能分辨道德与不道德、公众利益或个人利益，网络公众的协商民主能力在此过程中得到了提升。

（四）参与渠道：广泛性

在现实社会中，公众参与协商的渠道不仅狭窄，而且门槛高、缺乏选择性，而互联网为网络公众协商民主开辟了广阔的平台。网络协商可以通过百科全书网站、新闻网站、网络社区论坛、博客、微博及各类社会化媒体等虚拟社区进行。互联网上的协商能充分发挥网络公众的自主性和选择性，网络公众可以根据自己的实际情况选择参与渠道和方式，一个热点议题可能会在无数的互联网公共广场开出"协商之花"，产生强大的协商影响力。以2013年全国两会的网络协商民主为例，全国两会期间中国各综合性网站、新闻网站和视频网站都对两会内容进行了报道，如新浪网、搜狐网、网易、新华网、优酷网等均在显要位置出现了相关文字、图片以及视频新闻，并开设了专版或专题重点报道，其中网易更发挥其新闻跟帖的优势，促进了网络公众的沟通互动。以网易新闻2013年3月17日11点左右发表的《李克强约法三章：人民过好日子政府就要过紧日子》为例，新闻发布21小时内，就有3887人跟帖，[①] 不少人表达了对新一届政府的信心，并提出建议。同时两会代表纷纷开通博客、微博，在网络论坛或者人人网等社交网站与网民互动，征询大家对提案的意见和看法，"两会博客"更成为一个专业名词，在2007年8月成为教育部公布的171个汉语新词之一。在微博方面，以新浪微博为例，截至国务院总理李克强召开记者会后24小时，与总理记者会相关的微博共有30879条，既有总理与中外记者答问实录全文，也有记者会观感，既有网络公众对未来的展望，也有人们对现实存在问题的监督。网络公众民主意识增强，怀着对新一届政府的殷切期望热忱建言，协商势头高涨，不同意见汇集成河，成为政府公共决策的重要依据。

---

① 中国广播网（北京）：《李克强约法三章：人民过好日子政府就要过紧日子》，2013年3月17日11:04:19，网易，http://news.163.com/13/0317/11/8Q5P8FQA0001124J.html.

第八章　互联网公共性的转型与实践

第一节　互联网公共性的结构转型

美国社会政治学家罗伯特·帕特南指出，现在工作和生活已很难分开。他在《独自打保龄球》中写道，美国人在工作上花的时间越来越多，工作已经不再是一维空间的行为，而牵涉到了同个人生活（家庭）和公共（社会和政治）生活相关的更多内容。① 同样，互联网的个人生活与公共生活也存在"剪不断，理还乱"的现象。除此之外，互联网给人们生活带来的并非都是"正能量"。一些网络公民高喊"推动民主"的所谓公共性的口号，却沉溺于网络娱乐的无尽欢乐之中，一些网民在网络上见多了令人失望的真相后，渐渐地不再关心、信任和留恋现实社会，选择将自己封闭在孤独但安全的内心世界。所有这些，都预示着在互联网的实践中，公共性面临着结构转型。

一　互联网公共性和私人化的融合

在都市的快节奏与科技的加速度双重推动下，人们从无暇区分公私发展到忘记区分公私。在日常生活中，忙碌及复杂化的生活使公和私的区分变得很困难，这种混杂现象成为生活的一种习惯。公私不分已成为常态：单位来不及完成的工作，带回家继续；早上起床来不及做早餐，在办公室边工作边吃。这或许是很多人曾经或者正在经历的事。哈贝马斯在分析资产阶级公共领域时指出公共领域和私人领域融合趋势的主要表现为"私法的公共化"和

---

① 〔美〕罗伯特·帕特南：《独自打保龄球》，刘波、祝乃娟、张孜异、林挺进、郑寰译，北京大学出版社，2011，第89页。

互联网的公共性

"公法的私人化"。① 一方面，私人自律被国家法律所替代，另一方面，国家又将公共权力转移到私法代理人手中，公共因素和私人因素糅合在一起，形成一个既不能被称为公共领域，又不全然是私人领域的新的领域。然而撇开法律制度和国家机构等宏大角度，网络大众"继承"了现实社会公私不分的习惯，使互联网上也出现了公共性和私人化的融合现象。

首先，互联网上的一些公共广场本身存在公共领域私人化的特点。互联网允许公共话题和私人话题同时进入，且并未对哪一类话题特别眷顾，这使网民在使用互联网时，既可以把它当成表达公开内容的"前台"，也可以把它看成表达私密内容的"后台"。美国社会学家戈夫曼认为，"前台"指的是个人要在与他人互动中获得良好的印象就需要进行表演，表演者在前台的表演应该得体、自信，按照程序来扮演好自己的角色，以呈现让人可信的形象；而与前台对应的则是"后台"，这里是表演者卸妆的地方，表演者可以摘下面具安全地释放自己，不用再伪装。互联网既是前台，也是后台，并促成了两者的合并，这里不仅是公共事件讨论的场所，一些不为人知的私人内容也能呈现其中，而每个在互联网上发言的网友都是表演者。如木子美在博客公开自己的性爱日记，跳楼女姜岩写死亡博客曝丈夫有第三者，女模周蕊微博曝与两会代表干爹的照片等。这些属于两性、家庭和婚姻的私人内容，难登大雅之堂，在公开场合避讳提及，本应出现在家里、卧室里，但却在互联网上公然传播，众人皆知，这是网络公共空间私人化的表现。面对这类"揭私性"话题，在匿名面纱遮掩下的网络公众，撇开现实社会道德、法律和价值的束缚，毫不避嫌地以"业务研究"或者"道德审判"之名参与讨论和沟通，执着于探人隐私的快感。参与者的无限制入场（任何人，任何时间）促成了私人空间和公共空间的糅合，最后无意进行私人/公共角色定位的转换，无意区分前台和后台，私人领域的范围越来越小。

其次，很多公共事件和公共议题最早产生于私人议题，呈现出私人议题公共化的特点。比如"郭美美事件"的曝光源自 2011 年 6 月 20 日郭美美在网络上发帖炫耀自己的奢华生活。她声称自己"开玛莎拉蒂，住大别墅"，随后网友发现她的微博认证身份为"中国红十字会商业总经理"，在重重挖掘下，中国红十字会的问题渐渐浮出水面。虽然 6 月 22 日新浪取消了"郭美美

---

① 〔德〕哈贝马斯：《公共领域的结构转型》，曹卫东、王小珏、刘北城、宋伟杰译，学林出版社，1999，第 177 页。

Baby"的实名认证，中国红十字会也在其网站上发布声明，称没有"中国红十字商会"这一机构，与郭美美毫无关系，郭美美本人也在微博中称自己与红十字会没有联系，又在 6 月 26 日的微博中承认自己并未在中国红十字会工作，这个身份是自己杜撰出来的，并向网友公开道歉，但此时网络舆论已转为质疑"给红十字会的捐款到底用到哪里去了"的公共话题。继而调查组展开了对郭美美和中国红十字会各类问题的调查，虽然调查结果显示郭美美与中国红十字会总会和商业系统红十字会没有任何关系，但这一事件引发了全国范围内的慈善信用危机，直接导致 2011 年中国捐赠金额骤减，中国慈善机构的透明度和专业度问题也因郭美美事件再次成为该年度中国社会热点问题之一，慈善立法和慈善机构改革问题也随之提上了公共议事日程。民政部于 2011 年 12 月 16 日出台《公益慈善捐助信息公开指引》，明确提出要增强慈善捐助信息的透明度，提高慈善组织的公信力。互联网为个体的私人化展现提供了更为广阔的舞台，网络让个体的表演欲望能极尽所能地发挥，但表演场次越多越容易穿帮，观众练就了一双慧眼，瞬间就能看穿表演中的漏洞。倘若个体事件牵涉到社会问题，那么网络公众的焦点也会从私人转向公共性，以此推进公共议题的积极发展。

最后，网民掀起的网络舆论浪潮也可能会促成公共议题私人化，一些公共事件和公共议题的发展走向可能会转向私人问题。如在 2013 年 3 月发生的"李天一事件"中，李双江的儿子李天一因涉嫌强奸被刑事拘留这一事件本身是公共安全事件，但大部分网络舆论探讨的焦点却集中在揭露李双江的隐私、曝光李天一的奢侈生活以及对仇视"星二代""官二代"的讨论上。

二　从推动民主到大众娱乐

有人认为互联网使公众更加关心政治，但调查研究结果却截然相反。一项对五个东亚城市青年使用网络和其他媒介的动态关系的研究表明，交流/娱乐是青少年使用网络最常见的动机，其次为信息/研究，最后才是表达/参与，研究针对的五个城市分别为香港、新加坡、首尔、台北和东京。① 此项调查表明，青年人关心娱乐多于政治。在美国情况也并不见得好多少，在皮尤（pew）公司进行的 2012 年新闻消费调查中，只有 13% 的美国成年人表示他

---

① Joo-Young Jung, Wan-Ying Lin and Yong-Chan Kim, The Dynamic Relationship between East Asian Adolescents' Use of the Internet and Their Use of Other Media, *New Media Society*, 2012. 14, pp. 969 – 986.

们曾使用 Twitter 发布新闻或阅读新闻，只有 3% 的受访者表示经常或有时会在 Twitter 上发布或转发新闻或新闻标题。[①] 相对于政治而言，美国网民更愿意关注或参加娱乐事件或活动，如选秀在美国网民中的吸引力就高过政治。

互联网推动社会和民主发展，有时只是无意而为，只是娱乐消遣的伴生物。上网本身也是很多上班族工作的伴生物，也就是说，如果你是在工作时间上网，那么无论你上班时间在网上做什么，都属于业余活动（无论是关注娱乐还是关注政治，都是如此）。以微博为例，李开复在《微博改变一切》中指出，工作日上午 9 点半至 12 点、下午 3 点半至 5 点半、晚上 8 点半至 11 点半为发微博的黄金时段，用户较为活跃。周末上午看微博的人少，下午和晚上会多一些。[②] 数据显示，微博活跃时间很大一部分为上班时间，工作日上班族上网做一些与工作无关的事，这既是对工作的一种调节，也是对工作的一种隐性反抗：对于在工作中必须使用互联网的人来说，在上班时间上网做私事，感觉自己"赚到了"。隐性的反抗与工作相对，私人事务与工作事务相对，因此不管你在网上关注的内容是什么，相对工作而言都是业余活动。然而哈贝马斯认为业余活动没有政治色彩，因为它参与生产与消费的循环，从而无法建立一个从直接生活需求中解放出来的世界；虽然个人需求的实现会有公共性质，但公共领域本身不可能从中产生出来。[③] 人们在工作时间使用网络进行信息传播和沟通表达，这种业余活动的目的首先是进行文化消费，休闲消遣是最主要的动机，政治参与伴随其中（从上班族的心理来看，参与公共议题与工作相比，更具正当性，但无法改变其仍在漫长的工作时间"偷懒"的事实，政治参与只不过是换种口味或者说是更高层次的休闲消遣而已），推动民主只不过是在休闲消遣之余产生的另一种影响。

中国《2011 年未成年人互联网运用及社交网络运用状况调查报告》指出，在中国未成年人中，以娱乐和放松休息为上网目的的占 64.5%，只有 13.5% 的人表示通过上网扩大知识量。[④] 中国大学生博客和微博使用动机的小

---

① Doug Gross, Study: Twitter Opinions Don't Match the Mainstream, CNN, March 4, 2013, http://edition. cnn. com/2013/03/04/tech/social-media/twitter-reactions-public-opinion/index. html.

② 李开复：《微博改变一切》，上海财经大学出版社，2011，第 106 页。

③ 〔德〕哈贝马斯：《公共领域的结构转型》，曹卫东、王小珏、刘北城、宋伟杰译，学林出版社，1999，第 188 页。

④ 《2011 年未成年人互联网运用及社交网络运用状况调查报告》，中国网，2012 年 3 月 16 日，http://www. china. com. cn/guoqing/2012 – 03/16/content_24913295. htm。

范围调查表明（见图8－1），休闲娱乐是青年接触网络的主流：消遣娱乐成为中国大学生博客使用动机排名第一的选项，虽然微博使用动机排名第一的为获取信息资讯，但排名紧跟其后的依次为记录生活抒发情感、密切关注明星、无聊打发时间、盲目跟风和紧跟时尚等，这些都属于娱乐休闲的私人内容，关心政治和公共事务并非中国大学生使用微博的重点。[①]

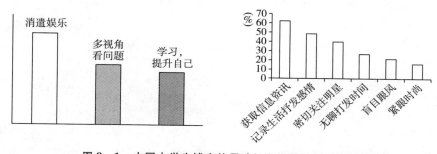

图8－1 中国大学生博客使用动机和微博使用动机排名

网络炒作和网络成名也在为互联网的大众消费推波助澜。如芙蓉姐姐和凤姐就是通过网络炒作而成名的典型。从2004年开始网络拍客将芙蓉姐姐的照片上传至水木清华BBS、猫扑网和北大未名BBS上，随后她迅速成为网络红人，拍写真、开演唱会、拍电影、出席各种商业活动。网友将"S型"身材看成她的象征性标志。而当芙蓉姐姐减肥成功后，更爆出"芙蓉姐姐都瘦成这样了，你还好意思再胖下去"的网络新闻。凤姐则是通过雷人言论在网络上迅速走红的，她自称"9岁起博览群书，20岁达到顶峰，智商前300年后300年无人能及"。2009年她在上海大规模发放征婚传单，且择偶条件非常苛刻，由此受到网民关注。她时不时会爆出一些雷人事件和雷人语录，如2010年11月到美国中文电视台应聘，发表"我要烧了美国移民局"的言论，当2012年2月林书豪崛起，被《纽约时报》称为"尼克斯队10年来最受欢迎的球员"后，凤姐发表了"林书豪长得不够帅。我希望将来我和老公走在一起，人家会很羡慕地对我说：哇，你老公真帅！而不是：哇！你老公居然是林书豪。我觉得帅可以当饭吃，但是篮球不能当饭吃，找个明星结婚，老公身边

---

① 数据来源为笔者参与的2009年中国广播电视协会媒介素养专项课题《从大学生博客看青年媒介素养现状及发展趋势》，以及笔者主持的2011年中国广播电视协会媒介素养专项课题《基于微博的青年网络媒介素养教育及应用策略研究》。

永远有很多粉丝，容易带来生命危险"的微博，借势进行炒作。作为公共广场的互联网成为发布芙蓉姐姐和凤姐等人的私人生活和私人故事的空间，网络公众逐渐被以娱乐为主要目的的消费大众所取代：网络大众只记得芙蓉姐姐的"S型"身材，却不会注意她一直坚持不懈地参与社会公益活动；网络大众反感凤姐哗众取宠式的炒作，但又沉溺于审丑文化中乐此不疲（凤姐的新浪微博粉丝数超过200万个，而她发表的近2000条微博，几乎每条都有上百条的转发和评论，人们抱着娱乐的心态消费这些微博，把她当成茶余饭后的谈资，凤姐也借此获得了很多商家的活动邀请，获得了商业利益）。网络炒作或者网络成名最终以商业消费为目的，互联网作为公共空间的政治特征将逐渐丧失。

三 从关注社会到回归个人

（一）网络公众恐于关注社会

通常来说，互联网中负面信息传播的速度更快，传播范围更广，影响更大，而典型网络公共事件的负面传播效果更是让网络公众对社会产生失望或恐慌的心理。2007年南京彭宇案中，彭宇做好事扶起跌倒老太，结果老太却状告是他撞伤自己的，引来民事诉讼。这件事在网络上广为传播，由此兴起"是否要做好人，做好事"的讨论。在天涯社区曾发起一项"彭宇事件"调查投票，当被问到"今后遇到此类事情，您还会帮助老人吗？"，参与投票的15907人中，选择不会的占79.2%，选择"会"的占10.5%，选择"不清楚"的占10.3%。① 3年后发起一场类似投票，结果仍未改变。童话大王郑渊洁于2010年12月30日在微博里发起"见到老人摔倒你会救助吗？"的投票，结果显示仍有57%的网友选择不会救助倒地者。② 后来网络上出现的"小悦悦事件"又进一步验证了人们对社会、对他人的冷漠。由此很多网络公众心生感慨：做好事献爱心反遭厄运，社会过于冷漠不如明哲保身。在这种价值观影响下，网络公众为求自保，远离社会，养成了隔岸观火的旁观者心态，不愿积极融入社会活动中。

网络推手的运作也让网络公众因害怕被利用或欺骗而不愿关注社会。网络推手常通过导演策划耸人听闻的事件，制造舆论，吸引眼球和网络点击率。

---

① 弋之莲：《彭宇事件——雷锋精神已逝?》，天涯社区，2007年9月11日18:31:00，http://blog. tianya. cn/blogger/post_show. asp? BlogID=1223242&PostID=10980647。
② 武威、邱瑞贤：《调查显示近六成人面对倒地者不敢施救》，《广州日报》2011年1月3日A7版。

在早年的"别针换别墅事件"中，网络推手立二制造出了一个充满梦想的女孩艾晴晴，演绎了一个普通女孩用一个别针换了一套别墅的神话，并在博客上将每一次的经历记录下来，之后又跳出来说所有事情都是他一手策划的，目的就是为了个人成名。立二信奉"娱乐至死"原则，善于策划"轰动"事件吸引眼球。还有一些网络推手直接策划新闻实现网络成名。如在 2011 年 3 月的"谢三秀跪地救女儿事件"中，谢三秀在网络上为患眼疾的女儿筹集医药费，一名广州网友发帖说，如果谢三秀在广州街头跪地前行 1000 米，他愿意捐款 2 万元。可是当谢三秀按要求做完后，该网友反悔了，拒绝付钱，网络上骂声一片，好心网友慷慨相助，在网络上自发兴起为她筹集医药费的活动。可是后来大家发现，所有的事情都是这个广州网友一手策划的，在他看来，他这么做，既能使自己出名，也能让谢三秀获得医药费，一举两得。然而所有这些却是建立在对善良的网民实施欺骗的基础之上的，当人们知道真相后，变得越来越吝于奉献自己的爱心。

"一朝被蛇咬，十年怕井绳"。网络公众时刻感觉自己生活在充满危机和欺骗的世界中，对一直相信的价值观、社会观和人生观产生了怀疑，内心已变得过于敏感和紧张。网络公众在参与网络社会活动之前会习惯性地迟疑片刻，思量其可信性，防御意识和戒心增强，行动畏首畏尾。长此以往，网络公众恐于关注社会和外界信息，更倾向于将自己封闭在个人空间，更关注个人工作、生活或内心领域。

（二）关注点回归个人工作和生活

从"旁观者"转变成"当事人"，展现私人化的平民生活成为网络公众网络行为的一大重点，尤其是社会化媒体让人们意识到自己才是现实生活的主角和焦点。网络公众在网络上讲述自己的工作或生活，暴露现实世界的真实内容，这里成为日常生活中工作和生活的延伸。网络"晒"文化，既满足了网友自我表演的欲望，也满足了别人的观赏欲望：[①] 叙述和记录既可以是孤芳自赏式的，也可以是心灵交流式的，关于生活和内心的思索，还有助于获得生活和工作的灵感，获得意外收获。

有人认为名人意见领袖在互联网公共性传播中发挥重要作用，他们的关注、转发或评论能推动公共事务发展。但名人意见领袖扮演的角色是多重的，

---

① 詹小路、王淑华：《从大学生博客使用看网络媒介素养现状及教育走向》，《中国广播电视学刊》2010 年第 4 期。

他们既是公共事务的传播者，同时也是私人故事的讲述者，更是个人工作的推广者。而在上述三种角色定位中，公共事务传播者并非最主要的角色。本研究考察新浪微博名人意见领袖的微博属性，数据表明，他们发表的微博中，公共事务的比例低于私人和工作。该调查选择 2012 年 11 月排名前三十的新浪微博名人意见领袖，随机截取 2012 年 12 月每个名人意见领袖在某一时间点往前推的 100 条微博进行文本分析。数据表明，三十位名人意见领袖所发的 3000 条微博中，公共微博占 24.5%，私人微博占 41.5%，工作微博占 34%（见表 8-1）。其中，发布公共微博超过 50% 以上的名人意见领袖只有李开复、舒淇、袁裕来律师、芮成钢和韩志国等 5 人，占 16.7%，而发布私人微博超 50% 以上的名人意见领袖比例为 36.7%，发布工作微博超 50% 以上的名人意见领袖比例为 20%。由此可见，很多名人意见领袖的网络行为重心在个人工作和生活上。

表 8-1　排名前三十的名人意见领袖微博及类型分布

单位:%

排名	名人意见领袖	公共微博	私人微博	工作微博	排名	名人意见领袖	公共微博	私人微博	工作微博
1	李开复	52	15	33	16	潘石屹	47	19	34
2	何炅	19	40	41	17	舒淇	51	45	4
3	任志强	36	30	34	18	王力宏	20	30	50
4	薛蛮子	7	3	90	19	乐嘉	4	12	84
5	谢娜	9	62	29	20	羅志祥	10	60	30
6	张小娴	0	90	10	21	炎亞綸	23	44	33
7	思想聚焦	19	34	47	22	袁裕来律师	95	0	5
8	陆琪	0	67	33	23	刘同	5	78	17
9	阿信	5	49	46	24	夢想家林志穎	0	78	22
10	吴奇隆	22	32	46	25	芮成钢	80	10	10
11	加措活佛-慈爱基金	5	0	95	26	韩志国	83	10	7
12	姚晨	12	86	2	27	延参法师	20	60	20
13	陈坤	38	54	8	28	蔡康永	10	70	20
14	马伊琍	45	32	23	29	郭敬明	4	46	50
15	杨幂	13	60	27	30	潘瑋柏	1	30	69

由此可见，在互联网这个公共广场上，无论是平民还是名人，网络行为的重心都渐渐回归个人生活和工作。

（三）个人内心的表达与分享

麦克卢汉曾说过，嘴是"心"的媒介。互联网延伸了嘴的功能，它成为个人内心思想栖息的一个平台。和关注公共事务相比，互联网上更多人愿意进行个人内心的表达与分享。笔者曾对浙江某高校在校本科生的博客使用情况进行问卷调查，结果表明，大学生中开设政治、经济或军事等博客的数量为0。在大学生开设的博客类型中，排在第一位的是"心灵独白或心灵记录"（见图8-2）。在大学生最喜欢的博客类型中，政治、经济、军事等选项所占比例也最低。[1] 微博和微信使用也大同小异，很多人使用微博和微信来分享心情，他们不在乎能否与他人交流沟通，发布内容更像是自说自话或心灵独白，与其说这形成了较现实生活世界膨胀得多的自我中心意识，[2] 倒不如说网络传播已经从更广泛的传播渠道慢慢缩小至自我传播的范畴。

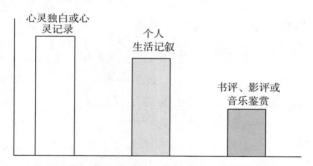

图8-2　中国大学生开设博客排名前三的类别

传播局限于心灵独白或者心灵记录，从传播学角度来说属于自我传播范畴。自我传播注重个人内心的思想交流和碰撞，而恰恰是因为没有外人参与，无论内心的想法善或者不善，人的本性都可以自然流露不受拘束。在传统的自我传播中，信息的传播者和参与者融为一体，没有外人参与和分享，因此也没有外人对传播内容以旁观者的身份进行审查和把关。当自我传播遭遇互联网时，本属私人领域的内心深处的内容，通过公开的网络平台进行传播，

---

① 詹小路、王淑华：《从大学生博客使用看网络媒介素养现状及教育走向》，《中国广播电视学刊》2010年第4期。

② 张放、尹雯婷：《从独白式微博书写看媒介中介化自我传播》，《当代传播》2012年第4期。

造成了私密的公开化,① 人们能在网络上知道别人心里在想些什么,继而会形成对他更为深入的形象定位。在互联网上,自我传播的特点发生了变化:很多个人将内心中善的东西无限呈现或放大,而内心中不好的那面被刻意掩饰;更多对内心反思和追问的声音,希望能引起共鸣;透露不为人知的内心思想,期图现实中的无助和无奈能在网络上找到出口。虽然有时个人只在进行内心独白,但偶尔也会遇到无意间的"闯入者"进入内心,打破孤独,甚至改变个人的生活轨迹。如"自杀微博"的发布者悲观沮丧、轻视生命的情绪伴随着残忍的自杀细节,蔓延并侵蚀着网络大众的心理,有时还会出现相约自杀的其他微博,引起社会恐慌,影响公共心理安全,私人化的自我传播也随之演变成公共议题。有些网络公众会果断进行心理和行为干预,将当事人从消极厌世的情绪中拯救出来。网络公众的入场打破了自杀微博博主打造的个人封闭的小世界,改变了他(她)的人生,同时也体现了网络公众对生命的尊重和敬畏。

四 虚拟资本的运作与现实资本的移植

布尔迪厄在《实践与反思——反思社会学导引》中提出,场域是在各种位置之间存在的客观关系的一个网络,或一个构型。② 这些位置的存在迫使每个行动者或机构对其进行承认,并且根据不同位置上权力(或资本)的分配情况来调整与其他位置之间的关系,每个获准进入场域的行动者也都认同这种游戏规则。而另一方面,场域中的权力是不断转移和变化的,每个行动者必须谋求更多资本,以长久性地在场域中获得支配性位置。

每个人根据自己对场域的认知找到合适自己的位置,而位置的选择取决于场域中权力关系的保存和移动,③ 互联网是个微观的权力场,不仅有虚拟的权力资本,也融入了现实权力。

(一) 虚拟资本的运作

用户等级是互联网上最基本的虚拟权力资本。互联网的虚拟权力为信息

---

① 王淑华:《平民生活博客的角色表演及其互动发展》,《重庆社会科学》2010 年第 8 期。

② 〔法〕皮埃尔·布尔迪厄、〔美〕华康德:《实践与反思——反思社会学导引》,李猛、李康译,中央编译出版社,2004,第 133 页。

③ Pierre Bourdieu, The Political Field, the Social Science Field, and the Journalistic Field, In *Bourdieu and the Journalistic Field*, Edited by: Benson, R. and Neveu, Cambridge, England: Polity, View all references, p. 30.

共享和言论表达设置了门槛，很多论坛和网站给用户设置等级。如浙江大学 BBS 飘渺水云间根据相应的经验值设置等级，包括灌水一族（经验值＜0）、新手上路（经验值 0～100）、一般战友（经验值 100～450）、中级战友（450～850）、高级战友（经验值 850～1500）、老战友（经验值 1500～3000）、元老级（经验值 3000～5000）、开国大老（经验值 5000～10000）和飘渺游侠（经验值 10000 以上）9 个等级。经验值根据用户发表的文章、上站次数、登记账号以来的天数、每天上站的时间等来确定。如新浪微博根据用户活跃天数确定等级，用户只需每天登录并使用微博，积累在线时长，就可以获得活跃天数，从而获取等级，同时还提供与其他用户 PK 的 PK 勋章。而一些 QQ 用户为提高等级，养成了开机先登录 QQ 的习惯。

设置等级在无形之中形成了权力层次。虽然有时等级高并不意味着能享有特权，很多时候只不过是一种荣誉的象征，但荣誉本身也是一种权力。如经验值和用户等级成为元老级的人物拥有的虚拟文化资本，不仅能打造自己的虚拟社区的权力和形象，甚至还能决定别人在该场域的位置。元老级人物作为 BBS 上的意见领袖，发言更具影响力，他们拥有"无形的权力"，比如受言论表达的限制少，偶尔违反一下版规，版主也会因其知名度而网开一面；倘若一个新手受到元老级人物的推荐提携，论坛其他用户很快会把他当成自己人，给予优待。

（二）现实资本的融合与移植

除利用虚拟资本的虚拟权力外，网络大众还会利用现实社会的经济资本来实现虚拟资本的增值，改变自己在互联网中的权力位置。购买高级会员资格是最直接的方式，通过金钱交易方式，网民可以迅速升级为元老级，并能在较短时间内获得各种特权。

可见现实的社会经济资本与网络资本的勾连一直存在，现实社会的身份地位和背景会影响人们参与网络表达的权力与位置。现实社会的个人身份、地位、背景和经历都是一个人的标签，可影响他人对其网络行为的印象，也会在彼此的网络交流和沟通中影响判断的客观性。Kony 2012 是看不见的孩子（Invisible Children）组织拍摄的纪录片，控诉乌干达反政府武装头目 Kony 使用童子军和屠杀等暴行，于 2012 年 3 月在国际互联网上广泛传播，仅在 YouTube 上发布 6 天就获得了超过 6000 万次的浏览量。

这部纪录片的制作者是杰森·拉塞尔（Jason Russell），他从他和他儿子的生活开始说起。观众通过视频看到的是杰森·拉塞尔的故事，这同时也是他儿子的故事，Kony 的故事，杰森·拉塞尔所在组织的故事。所有的事情都产生某种关系，这是该视频的力量和诱人之处。[①] 而在观众眼中，杰森·拉塞尔是一个正义战士、好朋友、好父亲、值得信赖的人。杰森·拉塞尔的人格魅力是该视频广为传播的关键，而看不见的孩子组织利用杰森·拉塞尔制造的全球影响力，计划在 4 月 20 日组织"覆盖黑夜"（Cover the Night）的线下声援活动，希望全城人民能走出家门，在全城范围内传递和平理念，然而当天晚上什么也没发生，Kony 2012 以失败落幕。原因是什么？"覆盖黑夜"活动的失败虽然有很多原因，比如受众注意力过于短暂，病毒式营销的必然规律，看不见的孩子组织中心转向等，但最重要的是视频制作者杰森·拉塞尔本人的原因。杰森·拉塞尔因不光彩的事情在圣地亚哥被捕之后，他头上的光环消失了，他作为道德卫士的形象不复存在，网民愤怒地称他为败类和欺骗者，怀疑他之前拍摄视频的真实性，并抵制看不见的孩子的各种活动，最终导致 Kony 2012 无疾而终。在互联网上，信息提供者的权力资本（形象、地位及影响力）成为网络公众评判信息价值的标准，网络公众会将其信息提供者所处的现实权力位置"安装"至互联网场域内，以此对信息提供者进行评价和定位。

人们在社交网络上的权力位置更易受现实情况影响。有学者研究了 100 所美国大学的学生在同一时间（2005 年夏天某一天）Facebook 上的"朋友关系"，并按性别、年级、专业、毕业高中和居住地等变量进行分类。数据分析表明不同高校在 Facebook 的使用上差别明显：居住地影响朋友关系，毕业高中的名气会影响大学社交网络朋友关系的建立，女性更倾向于在本地交朋友，比男性交友范围更广。[②] 由此可见，现实生活中的社交网络会影响网路社交网络，在虚拟世界，并非所有人都站在同一条起跑线上，现实资本会在互联网上被移植并重置。

第二节　互联网公共性的功能转化

虽然互联网公共性的动力和最终目标是造福人类、实现公益，但人们追

---

① Megan Garber, How Kony 2012's Big Event Fizzled Out, Apr 24 2012, 7:02 AM, www. theatlantic. com. http://www. theatlantic. com/technology/archive/2012/04/how-kony-2012s-big-event-fizzled-out/256261/.

② Amanda L, Traud, Peter J, Mucha, Mason A, Porter, Social Structure of Facebook Networks, 2166 v1〔cs. SI〕10 Feb11, 2011, pp. 1-82.

求网络公共性的过程并非总是正义的，动机也并非总是纯洁的，符号暴力的伤害、资本权力的交易等时不时会干扰网络公众的心智，将人引向歧途。抛开普通的网络公众，就连具有专业素养的新闻媒体从业人员，在面对互联网的公共性时也会深陷角色定位的困惑。网络公众在实践中发现，互联网公共性并非成长于真空的纯净环境中，其功能正在慢慢转化。

一 从公众参与到网络暴力

在理想状态下，网络公众能通过互联网上的信息传播密切关注一切和公共利益有关的事务的发展动态，以推动其朝着有利于民主建设、法治完善或全人类进步的方向发展。但实际情况是，无法保证网络公众在面对公共事务时，能时刻保持理性自律，公众参与有变成公众审判的危险，网络监督可能会变成网络暴力。

网络暴力指的是一群有一定规模的有组织或者临时组合的网民，在"道德正义"等"正当性"的支撑下，利用网络平台向特定对象发起的群体性、非理性、大规模、持续性的舆论攻击，以造成被攻击对象人身、名誉、财产等权益损害的行为。[①] 如有些网民对未证实或已证实的网络事件产生群体性的极化心理和行为，通过虚拟和现实权力资本的交融，制造网络上的符号暴力，并将这种线上的非肉体伤害和破坏蔓延至线下。

（一）乌合之众的众声狂欢

从参与公众表达沟通的主体来看，网民的身份背景、年龄层次、受教育程度、知识含量、网络媒介素养、所处阶层、与事件的相关程度、心理机制和性格特征等因素都会影响其网络行为。因此就一个具体的网络公共事件来说，会有立场坚定者、态度摇摆者、煽风点火者、纯粹看热闹者、盲目跟风者、道德正义者和围观潜水者，甚至还有从属某个利益的别有用心者，多股力量交汇作用，使网络讨论和表达无法预测和控制。从信息传播状态来看，海量信息源源不断地涌入，虚假信息、无用信息和低级信息夹杂在真相信息和有用信息之中汹涌而至，网络公众无法在第一时间进行正确筛选和判断。尤其是社会热点事件或突发事件的信息传播具有突如其来之势，人们很难理性地抓住事件的核心。快节奏文化影响下网络公众的信息接收具有浮躁心理，不愿花更多时间对事件进行深度剖析。现实生活平淡枯燥，网络公众需要制

---

① 张瑞孺：《"网络暴力"行为主体特质的法理分析》，《求索》2010 年第 12 期。

造某种带有狂欢色彩的信息来刺激大脑神经，填补生活的空虚，释放现实生活中的负面情绪。当乌合之众占据优势地位时，众声狂欢可能会催生网络暴力。网络暴力的行为主体数量庞大、时空分离、形象虚拟、彼此陌生，成员庞杂而责任分散。① 正因如此，网络公众产生法不责众的侥幸心理，而"为民除害"的正义之名又为网络暴力提供了道德动力。

法国社会学家莫斯科维奇指出，当人聚集在一起时，群体就诞生了。这个群体混杂、融合、聚变，获得公有的、窒息自我的本能，群体里的人屈从集体的意志，而自己的意志则默默无闻。② 网民通过网络形成虚拟的网络社群，当参与热点社会公共事件的讨论时，有些网民会拒绝思考、感性冲动、盲目跟风，狂热迷恋虚构的暴力，形成群体极化心理和极端的行为。如杨佳袭警案后，很少有人哀悼受害警察，还有网民称杨佳为"大侠"；北京奥运会前夕奥运火炬在法国传递受阻后，网络公众相约攻击法国在中国的家乐福超市，则是网络群体极化在现实社会中的极端行为，产生了强大的破坏力量。虚构的暴力并非只产生虚构的影响，它是社会暴力在网络的延伸，同时也加剧了社会暴力，对现实社会的法制建设、民主规范和价值观等均产生了负面作用。

（二）虚拟资本和权力为网络暴力推波助澜

虚拟资本和权力成为网络暴力的刺激源。如一些网民会为获得虚拟赏金或网络声望，从事"人肉搜索"这一网络职业。"人肉搜索"是最为常见的网络暴力，最初源于通过网络社区号召广大网友追查某个人的隐私或某件事的真相，曝光于网上。如"虐猫女事件""铜须门事件""史上最毒后妈事件""姜岩自杀博客事件""兰董事件""Kappa女事件""贾君鹏事件"等都是人肉搜索的典型个案。人肉搜索最早产生于猫扑网，以回答提问，并获得虚拟货币 Mp 作奖励为雏形。如果你回答了猫扑网的提问帖，就可以获得一定数量的 Mp。猫扑网上有很多以赚 Mp 为乐的人，被称为赏金猎人，他们会根据用户需要运用各种网络或线下资源进行搜索，并把答案回复至帖子里邀功。虽然 Mp 只是并不产生实际经济价值的虚拟经济资本，却成为人肉搜索的动

---

① 姜方炳：《"网络暴力"：概念、根源及其应对——基于风险社会的分析视角》，《浙江学刊》2011 年第 6 期。

② 〔法〕塞奇·莫斯科维奇：《群氓的时代》，许列民、薛丹云、李继红译，江苏人民出版社2003，第 18～19 页。

力，甚至催生了一大批赏金猎人形成竞争，提升了人肉搜索的速度、全面性和精确性。虚拟货币 Mp 让赏金猎人获得了虚拟世界的虚拟经济资本，同时他在与竞争对手的较量中获得了激励和肯定，在猫扑网获得了知名度和尊重。他们不在乎人肉搜索会给当事人和社会造成什么影响，他们只在乎自身金钱和权力的增殖。

此外，网络意见领袖在人肉搜索中发挥的作用不容小觑，作为舆论权威的网络意见领袖倘若参与网络暴力，追随他的众多粉丝就会如潮水般涌入网络暴力的舆论巨流中，形成强大的舆论浪潮，产生的社会影响则比一个人制造的网络暴力要强百倍千倍。

（三）现实资本的网络标签效应影响下的公众审判

对网络公共事件的感性和偏见评价，很大部分来源于网民长期形成的刻板印象和标签效应，这些标签如同导火线般容易点燃，如网络上出现的"富二代""官二代""军二代""星二代"的社会标签等。一旦某一公共事件涉及这类人群，仇富和憎恶权势的心态迅速滋生，网络暴力之火会迅速燃烧并在网络蔓延。这种社会标签刻板印象的根深蒂固影响了网络公众参与表达对话的理性和公正性。如"药家鑫事件"中，药家鑫被冠上了"军二代"的标签，在法院还未做出最终判决的情况下，无数网络公众在网络上已判了他死刑，这种网络暴力在一定程度上干扰了法院审判的司法客观性和公正性。

网络暴力的特点在于极化，缺乏包容的理性，当有不一样的声音出现时，与之争辩的人也可能成为网络暴力的受害者。以"舒淇删博事件"为例，2012 年 3 月初，赵文卓和甄子丹因拍戏产生冲突，形成网络对骂，舒淇在新浪微博中支持甄子丹，却遭网民炮轰。3 月 10 日有网民在天涯娱乐八卦版贴出其早年艳照，舒淇迫于压力在 26 日凌晨 1 点 30 分删除了自己的全部微博，并取消所有关注。虽然在现实社会中舒淇让人不堪的那一页已经翻过去，但互联网是时间倒/错置的场域，艳照的再现唤起了公众的记忆，此时舒淇成为网络暴力的攻击对象，只因她发出了和某些网民不一样的声音。因此无论是普通人还是公众人物，都可能成为网络暴力的受害者，网络暴力影响网络公众表达沟通的积极性。正因如此，网络围观/潜水成为网络公众保护自己的一种选择，网络公众删除自己言论的情况也在近几年开始流行。一个删除自己微博的网友说明了理由："你写微博发表自己对公共事件的真实想法吧，要么会遭致反对者痛骂，要么可能会被系统删除、禁言，严重的可能被监控。你写微博说说自己生活吧，说自己幸福，别人要嫉妒，说自己不幸，有人说你装可怜博同情，你发微博太多，领导又认为你工作不努力。总之就是不能发微博，一开口就遭遇各种网络暴力。"网络暴力下很多网络公众选择沉默，"观点自由表达和交流市场"呈萎缩趋势。Twitter 曾在 2011 年发表博文称，有 40% 的用户在潜水，香港大学一项研究数据显示，57% 的新浪用户从未发帖。① 如果在网上发言的只是少数人，那么网络观点就无法代表所有网络公众的观点。

二 公共性遭遇现实社会资本的渗透

互联网的公共性虽以网络公众的正义为道德准则，以平等参与作为沟通对话的标准，以实现共同利益为目的。但现实社会经济资本、文化资本和政治资本的渗透，导致互联网无法成为一个独立自主的公共场域，会遭遇某一种或者几种权力交融的影响，网络公共性随时面临崩溃的危险。

（一）商业利益干扰

互联网虽具公共空间的特性，但该场域同时也包含商业化的行为主体及行为，赢利成为商业网站运作的主要目的。在以市场逻辑为驱动力的模式中，互联网的发展成为以赢利为目的的私人资本领域，这种模式的逻辑就阻碍了公众与网络的接触和互动。② 互联网的广告传播是影响公共性最直接最明显的方式，广告的出现干扰了网络公众信息接收的注意力，影响了网络公众信息接收的情绪和效率。当网络公众打开一个网页时，经常遇到弹出一个或多个无关广告网页的情况。很多视频网站在传播视频信息的同时出售广告，视频在打开前会出现 15 秒或 30 秒（甚至更久）的广告，视频中段也会出现广告，要想屏蔽它们的干扰，就必须成为收费会员。

借力营销作为一种商业利益与公共性融合的方式，指的是商业网站等借助网络公共议题为自己做广告推广，创造效益。主要表现在两方面：一方面，商业网站利用网络公共热点事件来为自己创收。如网站迅速传播最新的热点新闻，精心策划报道，吸引更多网络公众成为网站的忠诚用户；选择具有分歧性的话题，提供不同意见的交锋，在舆论人气上升的同时增加网站自身的影响力；有

---

① 阳光：《华尔街：研究表明 57% 新浪微博用户是僵尸》，搜狐网，2013 年 3 月 13 日 10:34，http://it.sohu.com/20130313/n368655208.shtml。

② 〔加〕罗伯特·哈克特、赵月枝：《维系民主？西方政治与新闻客观性（修订版）》，沈荟、周雨译，清华大学出版社，2010，第 144 页。

意识地保留公共事件中非理性的信息内容或歪曲本意的新闻报道，弱化或删除理性讨论的内容，刻意延长网络舆论周期，制造争议，增加网站的点击率。另一方面，商业机构或企业利用公共热点事件来提升品牌知名度。如 2012 年奥运会期间，新浪耐克官方微博"Just Do It"在一些国人关注的比赛结束后，即刻发布"活出你的伟大"系列文案。林丹夺冠、刘翔摔倒、陈一冰失利，无不成为广告的创意素材，精炼的文字加上贴切的图片深受网民喜爱。如 8 月 6 日 9 点 30 分的奥运会男子吊环比赛上，陈一冰以 0.1 分劣势落后于巴西选手，仅获银牌，半小时后"Just Do It"发布以吊环作背景的微博文案，广告文字为："没有绝对的公平，但有绝对的伟大"，微博配发文字为："伟大不需要通过裁判来鉴定，他在你我心中已赢得伟大，伟大的'赢'牌！"该微博在半小时内即被转发 2 万多次。刘翔摔倒后发出的微博文案则为耐克赢得了更多潜在消费者，一位疑似"Just Do It"官微管理员贴出的截图显示，在有关刘翔摔倒的微博发出 30 分钟后，微博新增了 8101 位粉丝，评论数 5619 条，转发数 78667 条。[①] 借助公共热点事件，以公共性之名推销自己的产品，耐克使企业赢得了品牌知名度和美誉度。

当网络公共议题与商业利益发生冲突时，公共性可能陷入被摒弃的危险。如在中国毒奶粉事件中，三鹿奶粉被查出有三聚氰胺，三鹿公司由公关公司采取"商业化的公关策略"，出资数百万元向搜索引擎百度要求屏蔽毒奶粉新闻，百度虽然拒绝了，但资本对舆论无孔不入的渗透和影响让人警醒。[②] 企业陷入网络公关危机时会采取各种方式挽回企业声誉，或买通搜索引擎，屏蔽不良信息，使网络公众无法知晓事态发展的全貌，使舆论偃旗息鼓；或请网络写手或网站进行宣传报道，重塑企业公信力；或雇佣网络水军，灌水炒作，诋毁竞争对手，转移网络舆论风向。商业资本的侵入，打破了互联网内信息传播的平衡性，使多元声音受到遏制，尤其是真相信息无法获得公平传播的权利，公共讨论无法平等而公正地展开，网络公众的正确判断受到干扰，公共性遭到侵蚀。

（二）底层人群的缺席及不被承认

虽然有人认为互联网是草根的活动舞台，但事实上底层人在互联网中仍

---

① 孙嘉夏：《潜伏者耐克　奥运情感式营销热捧之后引争议》，每经网，2012 年 8 月 15 日 00:59，http://www.nbd.com.cn/articles/2012-08-15/674340.html.

② 周兆呈：《资本的"忽悠"》，联合早报网，2008 年 9 月 21 日，http://www.zaobao.com/special/china/milk/pages/milk080921b.shtml.

处于缺席和不被承认的状态。这里的底层人群包含两类：缺席人群和不被承认人群。前一类指的是无法进入互联网的人群。因为经济因素、社会条件以及受教育程度等因素，一些底层人在现实社会中无法接触电脑和网络，数字鸿沟依然存在。这类人群只能通过代表为他们代言。这些网络上的代言人或是网络精英阶层，或属底层人群，他们在替底层人说话时所表达的"我们"是否能代表那些缺席的底层人群的真实需要和真正想法，值得商榷。

另一类不被承认人群指的是在互联网的公共讨论和对话中处于底层地位的人群，由于人微言轻，声音被忽视或不被承认。底层地位指处于互联网权力竞争的边缘、虚拟资本稀缺，如网龄低的网民、某一社区或论坛的新人、社会化网络中的非活跃分子等即处于这种地位。他们想要融入一个社区比较困难，哪怕发表的帖子是谈及公共热点议题的，也可能会遭冷遇，除非能想办法改变自己的底层位置，否则不能换取自身在互联网的权力。

斯皮瓦克认为，底层人通常不能代表自己，要由他们的代表来说话，然而他们的代表是他们的主宰，是高高在上的权威，① 这些代表所说的话真的是底层人原本想要说的话吗？斯皮瓦克深表怀疑。事实上就算底层人真的努力发出了自己的声音，也可能因为声音太小而不被人重视，掌握权力的人听不见或不想听，底层人的权益就无法得到表达。那么底层人应该怎样说话，才真的既能表达自己的想法，又能让全世界听得到呢？从操作层面来说，第一个要解决的问题是如何满足其畅所欲言的自由和权利，第二个要解决的问题是如何说话，因为并不是所有底层人的社会认知程度、教育程度以及思维能力都高到自己的表达能使人理解的程度，第三个要解决的问题是所说的话能在多大程度上影响或者改变整个权力机构或者整个社会，因为就算给予底层人说话的自由，也并不意味着他们能得到相应的权利。

与底层人群相对应的群体是网络意见领袖，包括专家型意见领袖、草根型意见领袖和媒介型意见领袖等。他们拥有充裕的虚拟资本，能够被承认和被尊重，并且在互联网中占据着优越的权力位置，他们不仅说话的声音响亮，而且一呼百应，感召力强。网络意见领袖发挥作用最为明显的公共广场有视频网站、网络论坛、博客、微博和社交网站等（与综合性网站和新闻网站相比，这些网络公共广场的社区化特性更为显著，对 ID 的辨识度更高，社会化

---

① 〔美〕佳亚特里·斯皮瓦克：《从结构到全球化批判：斯皮瓦克读本》，陈永国、赖立里、郭建英主编，北京大学出版社，2007，第 95 页。

网络更为成熟）。在虚拟社区中，网络意见领袖和新人处于权力的两端，网络意见领袖虚拟社会资本丰富，无论他是否说话，说话内容是否有价值，在社区中都是舆论权威。同一个公共事件，网络意见领袖的传播效果比普通网民的传播效果要强很多。如杭州出租车宰客收费现象久已有之，在网上经常能看见普通网民的曝光微博，但效果甚微。直到 2012 年 11 月 16 日香港卫视执行台长杨锦麟发布一条微博讲述他在萧山机场打车时的被宰遭遇，事情发生了变化。杨锦麟的微博写道："杭州萧山机场出租车管理无序，价格昂贵，刚刚问了一辆自称特殊价码的出租车，司机问了目的地，开价 350 元，好家伙，这应该是全世界最贵的出租车价码。价码器基本是个摆设。明目张胆地宰人，居然堂而皇之，无人过问。去过不少地方，却未见这么明目张胆宰客而依然牛逼的计程车司机！果然领教了！"接下来又连发 4 条相关微博。由于转发和评论数量多，很快引起杭州市政府有关部门跟进调查，杭州市运管部门立刻对涉嫌违章的司机进行了处罚，杭州市政府副市长也特地致电杨锦麟表示歉意，同时表达了杭州将借此加强交通运输管理力度的决心。杨锦麟凭借自身网络意见领袖的舆论权威，捍卫了自己的正当权益，并将杭州市出租车市场监管提上议事日程，而对普通网民来说，这简直就是"难以完成的任务"。

很多网络意见领袖并不是一个人在战斗，他们身后往往是一个团队，他们自身就是各种利益关系的代表，虚拟权力的增长会帮助网络意见领袖攫取更多现实社会的权力资本，而现实资本也决定了其说话的内容和方式。倘若网络意见领袖在商业资本利益之下，打着公共利益的旗号，利用其影响力进行网络营销，则将面临诚信危机。如 2013 年 3 月 15 日中央电视台"3·15"晚会曝光苹果手机的售后问题后，何润东立即有了回应，但所发的微博最后多加了一句"大概 8 点 20 分发"，看起来像是转发已经设置好的短信。虽然何润东马上又发了一条微博，声称自己的微博被盗，但收钱当托的嫌疑无法撇清。网络公众顺藤摸瓜，经过研究分析，发现当天 8 点 20 分左右发微博声讨苹果手机的还有郑渊洁、"叫兽易小星"和"留几手"等，这种意见领袖集体"抹黑"苹果的行为，不禁让网民怀疑其中是否存在某种商业交易。

（三）政治资本的强制与规训

互联网不仅包含经济资本、文化资本、虚拟符号资本，还包含政治资本的权力制约。政治资本的制约通常包括两种手段：强制与规训。

首先，政治权力可能以维护社会稳定为目的对网络公众的表达沟通进行限制。如政府面对公共突发事件，为避免谣言的广泛散播，可能采取关闭网站、关闭评论等方式；为控制敏感性话题的传播时间和空间可能采用设置敏感词、删除相关信息、封锁发言者 ID 或者撤销账号等措施；为避免国外不利社会稳定和可能影响社会安定团结的信息，可能采用设置防火墙，安装绿坝软件等方式，阻止国际互联网信息的共享。此外，网络公众对公共议题的表达沟通还可能承担现实社会的政治风险。如跨省追捕就是政治资本干扰网络公共性的典型。2007～2008 年，身在青岛的内蒙古乌海市人吴保全帮朋友在网上发帖批评鄂尔多斯市郊巴格希村和寨子塔村被强行征地，因诽谤政府罪先后被跨省追捕两次；2009 年 2 月，身在上海的王帅在网上发帖批评家乡河南灵宝市政府非法征地，因言获罪，于 3 月 6 日遭灵宝市网警跨省追捕；2010 年 11 月甘肃省图书馆助理馆员王鹏因多次在网上发帖举报大学同学马晶晶在公务员考试中作弊，被宁夏吴忠市利通区公安局以涉嫌诽谤罪跨省追捕。这些跨省追捕案例的共同之处在于一些政府部门或政府官员利用公权力铲除障碍，对网络言论表达进行限制，使宪法赋予网络公众的政治参与权和表达权无法得到保障，这不仅严重打击了网络公众网络反腐、网络监督的积极性，同时这种行为违背了法律精神，令政府部门和政府官员丧失了公信力。

同时政治权力还具有福柯所说的"规训力量"，让网络公众自觉承认政治权力的合法化，自愿以"守法网民"的要求约束和规范自己，并形成以"网络良民"为傲的自觉意识。这种权力并非禁锢人的肉体，而是使网络公众通过自我改造，按照权力提供的模式规范和驯服身体，使其服从并被整合到社会秩序之中。① 政治权力的强制行为以及它所带来的惩罚性后果，无疑起到了"杀鸡儆猴"的作用，让网络公众处于言论表达的恐惧之中，不敢随意发布敏感话题，不敢说真话，久而久之，网络公众的批判性减弱，网络反腐和网络监督能力下降，网络上的声音由多元趋向一致，公共议题的讨论减少，私人议题的内容增多。

政府部门为树立形象，常运用电子政务实行网络问政，建立与公众互动、提高服务水平的平台，如开设网站、政府官方微博、政府官员博客或微博等。表面上政府和政府官员与网络公众是一种平等对话的关系，实际上政府试图通过政治权力的温柔一面，换取网络公众的臣服。以政务微博为例，在很多政务微博中私人领域话题占主流。本研究选择 2012 年 11 月排名前二十的新浪政务微

---

① 贺建平：《检视西方媒介权力研究——兼论布尔迪厄权力论》，《西南政法大学学报》2002 年第 3 期。

博,分别截取 2012 年 12 月连续 100 条微博进行文本分析。数据表明,二十个政务微博所发的 2000 条微博中,新闻报道类微博占 33.6%,生活休闲类微博占 31%,工作微博占 35.5% (见表 8 - 2),三类比例较为平均。其中具有私人议题色彩的生活微博给政务微博穿上了"亲和力"的外衣,消除了网络公众对公权力对抗性的心理,网络公众在接受私人议题的同时也能在潜移默化中接受政务微博中其他带有驯服理念的微博,自觉为成为合法网民而努力。

表 8 - 2 排名前二十的政务微博及类型分布

单位:%

微博排名	新闻微博	生活微博	工作微博	微博排名	新闻微博	生活微博	工作微博
1. 上海发布	64	25	11	11. 北京发布	38	50	12
2. 上海铁警发布	48	42	10	12. 江宁公安在线	46	6	48
3. 广州公安	45	38	17	13. 警民直通车 - 上海	34	18	48
4. 成都发布	49	33	18	14. 深圳交警	0	30	70
5. 上海地铁 shmetro	60	10	30	15. 服务乐清	27	51	22
6. 平安中原	37	32	31	16. 山东省旅游局官方微博	9	28	63
7. 公安部打四黑除四害	70	20	10	17. 余杭公安	30	9	61
8. 中国广州发布	5	65	30	18. 微博云南	38	33	29
9. 平安北京	30	5	65	19. 平安南粤	7	56	37
10. 南京发布	34	40	26	20. 汉唐网	0	28	72

由是观之,互联网的公共性遭遇了现实社会各种资本的渗透。查尔斯·埃德温·贝克指出,一旦传媒之区隔只是反映了科层力量或金钱之导航机制,而不是反映了群体的需要与价值,我们就说这是堕落。[1] 由于互联网公共性面临结构转型和功能转化,网络民主的发展面临着以下障碍:其一,从表达沟通看,网络公众知识文化水平参差不齐,底层人群的网络运用能力不足,网络民主的理念无法在全社会范围内普及,同时,受教育程度低的人无法准确地在网上表达自己的观点,参与理性公共协商的能力不足;其二,从参与平等看,底层人群受经济条件限制,无力购买电脑,无法参与网络民主;其三,从公共

---

[1] 〔美〕查尔斯·埃德温·贝克:《媒体、市场与民主》,冯建三译,上海世纪出版集团,2008,第 234 页。

利益的执行看，由于公民的道德素质参差不齐，无法保证这种公众精神真的能够实现，无法保证参加讨论和协商的人能完全排除私利；其四，从互联网的权力位置分布看，话语权掌握在政治资本、经济资本和文化资本较强的人或群体手中，弱势群体虽能通过网络表达自己的呼声，但声音微弱，无力改变现状；其五，从产生的效果看，网络民主的效果缺乏考核机制，很多网络公共议题无疾而终，网络民主对政府执政、社会变革和民主发展的影响程度无从了解。

三　新闻媒体及媒介从业人员的网络定位

在"李天一事件"中，杨澜因发了一条"劳教一年对一个因为冲动打人的未成年人来说是否惩罚过重？"的微博，遭到了网民的批评质疑和谩骂。面对压力，她不得不在微博上两度道歉。虽然有人认为对杨澜的要求过于苛刻，但仔细想来，网民是将其角色定位为媒介人士，认为她的网络言论必须符合媒介从业人员的专业标准，而对事实进行客观公正的报道和评述是对媒介从业人员的基本要求。

在媒体融合的趋势下，传统和新闻媒体和媒介从业人员把网络作为信息传播的一个平台，实践中其网络角色的正确定位显得尤其重要。

（一）新闻媒体的网络角色定位：真相报道者还是谣言制造者？

2012 年 4 月 11 日凌晨 1 点，美国洛杉矶南加州大学校园附近的雷蒙德大街发生枪击案，两名南加州大学电子工程专业的中国留学生在车中遭枪击身亡。这条新闻首先在美国媒体报道，随后迅速成为国内网络媒体传播的热点。很多报道将关注焦点放在了全新宝马以及对两个逝者身份和关系的推测上，网络新闻制作的焦点集中在两个方面：其一，新闻标题制作扩大标签效应。如《洛杉矶时报》的网站 4 月 11 日对此事报道的标题为《USC 谋杀：两名中国研究生或被枪杀　死在他们的宝马车内》，腾讯新闻 4 月 12 日转引中央电视台的报道时，将原题《两中国留学生校园外遭枪击身亡》改成了《两中国留学生在洛杉矶被枪杀　死于宝马车内》，都突出了"宝马"这一标签。法国社会学家古斯塔夫·勒庞指出，事件发生和引起注意的方式会对民众想象力发挥不可思议的作用。他指出，对事实进行压缩和加工，会产生瞠目结舌的惊人形象。① 在网络阅读碎片化、快餐化时代，网民往往只通过标题来判断新

① 〔法〕古斯塔夫·勒庞：《乌合之众——大众心理研究》，冯克利译，中央编译出版社，2000，第 53 页。

闻的大致情况，标题中出现了"宝马"和"留学生"，容易让人产生"这两个人可能是炫富过于招摇而遭来横祸"的想象，从而影响了对此事的正确判断。其二，新闻内容失实。如美国《每日新报》网站4月12日报道的标题为《USC研究生在宝马车被枪杀可能源于抢劫》的新闻，正文第一句就强调这是一辆全新3系宝马车，售价6万美元，而最早报道的美联社的信息则是"一辆全新3系宝马车可以卖到6万美元"。根据死者朋友陈述，死者购买该宝马二手车实际只花了1万美元。可见，原先警方估算的价格未经核实就被媒体直接当成一个已被确认的数字被广泛传播，强化了网民对"富二代"的负面情绪。

新闻媒体服务的对象是公众利益，而非市场，媒体扮演的应是中立、平衡、全面的真相报道者角色，而非哗众取宠者和唯恐天下不乱的谣言制造者。媒体应正确使用互联网信息，如实还原事件真相，不偏不倚、不带任何意见和感情的表意，能更加接近事实本身，这是媒体报道的最佳理想状态。然而一些新闻媒体网站在对热点事件进行报道时，截取事件中的一些敏感词或者争议点来做片面报道，辅以更多煽情语言进行哗众取宠式描述，为受众提供歪曲的想象空间，满足其低级趣味，试图掀起舆论高潮，以获得高点击率或其他经济收益作为终极目的。公共利益屈服于经济效益，这既干扰公众的理性判断和理性行为，也与新闻专业主义精神相悖。

（二）媒介从业人员的网络角色定位：公共性和私人性混杂

互联网已成为媒介从业人员了解新闻信息、寻找新闻线索、获取消息来源、追踪事件动态、丰富新闻素材的重要渠道。互联网的特性不仅有助于新闻采访和报道，而且有助于加强媒介从业人员与社会各类群体的沟通联系，推动采访报道向深度挖掘，实现新闻报道的良性循环。然而，媒介从业人员既代表新闻媒体的媒介形象，同时又是独立个体，在使用网络进行信息传播时，面临更多角色丛的身份建构。首先，媒介从业人员扮演职业传播者角色，如柴静的博客有《看见》的节目预告和她的采访札记及感触，通过这个博客，信息传递、处理反馈、修正传播内容等职业传播者常规工作得以完善。其次，媒介从业人员扮演网络意见领袖角色。以微博为例，张志安于2012年3月9日发布的《中国微博意见领袖研究报告》数据显示，中国微博意见领袖排行榜前百名中，媒体人的比例最高，占33%。[1] 尤其是实名认证的媒体人微博

---

① 姜泓冰：《〈中国微博意见领袖研究报告〉首发　潘石屹、马云等商界人士领先》，人民网，2012年3月9日18:33，http://society.people.com.cn/GB/17343260.html。

内容更具可信性，成为其他网络公众获取新闻信息和观点参考的重要途径。再次，媒介从业人员扮演普通网民角色。他们和普通网民一样，通过互联网满足私人的生活需要。

这些复杂的身份定位的交织，使媒介从业人员在网络上集权威性和个人性于一体，网络行为呈现私人性和公共性混杂的状态。从网络活动区域看，媒介从业人员开设博客、微博和微信，参与社交网站、加入论坛；从身份的公开性来看，媒体从业人员身份既有实名认证的，也有非实名认证的；从发布内容看，有些内容以公共讨论为主（如胡舒立、何力、曹景行），有些以工作推广为主（如谢娜、小 S），有些以生活展示为主，有些则糅合了以上两类或三类，其中生活展示的私人话题虽有亲民性，但会使网络公众陷入大众文化消费或私人话题的消费之中，不利于培养具有公共意识的网络公众。

"赵普事件"成为探讨媒介从业人员网络角色定位混杂性的典型个案。赵普在 2012 年 4 月 9 日发微博提醒"大家最近别吃果冻和老酸奶，内幕不细说，很可怕"。该微博被转发了 13 万次，虽然他后来删除了这条微博，但还是引起了人们各种猜测。赵普发的这条微博是否真实？是代表自己的立场，还是媒介机构的立场？是出于正义的曝光，还是未经单位允许的抢新闻？真相虽难以知晓，但需要反思的是媒介从业人员在网络角色定位时面临的问题：媒介从业人员在互联网上应持何种角色定位？他们如何面对在网络与现实世界中身份建构不一致的情况？如何对自己发表的网络言论负责？面对新闻专业主义，媒介从业人员如何进行自我审查？

第三节　弱者的抵制与资本的转化：公共性的实践

可喜的是，虽然网络公众实践受各种因素的影响和控制，公共性面临转型的危险，但网络公众并非完全被动地默认或接受这些压力或转变，而是会通过自己的策略进行弱者的反抗和抵制。正如列斐伏尔所说，"适应环境的人已经克服了强制，……适应吸收了强制，并把强制转变成各式各样的产物"。[①]网络公众常利用日常生活的智慧，对权力控制进行巧妙的规避和抵制，在此过程中，作为权力弱势群体的网络公众为共同价值而不懈努力，甚至可能成

---

① 〔美〕约翰·费斯克：《理解大众文化》，王晓珏、宋伟杰译，中央编译出版社，2001，第 40 页。

功"逆袭",将虚拟的网络社会资本转化为现实社会富有价值的政治资本、经济资本或文化资本,改变自身在互联网和现实场域中的权力地位,推进互联网的公共性。

一　抵制与反抗:弱者的实践

在德塞图看来,既然人们无法改变现存体制以及强加于身的各种权力压力,那么只能学会适应,并在适应之后想办法将这些压力化解,改变现状。大众势单力薄,不可能与权力进行强硬或公然的对抗,因此可以采取迅速而隐蔽的方式进行对抗,这样既不会消耗自身实力,也能在小范围内赢得胜利。他将这种行动称为战略(strategy)、战术(tactics)、游击战(guerrilla warfare)、偷袭(poaching)、诡计(guileful ruses)与花招(tricks)。斯科特将这种避免直接地、象征性地与官方或精英制定的规范对抗的形式称为"弱者的反抗"。① 虽然互联网的公共性受到权力的压制,随时面临遭遇侵害的威胁,但网络公众并非毫无抵抗能力的群体,为避免被权力收编,他们通过空间实践来进行游击战,总结抵抗和规避之路。如使用网络流行语、进行网络恶搞、使用马甲、用符号和图像表意等,都是网络公众表达抵制和反抗常用的战术,此外,网络公众还会寻求与网络意见领袖结盟,以抱团方式对抗权力压制。

(一)　网络流行语:嘲讽修辞与情感移植

网络流行语指网络上的热门语言或词汇,它随着使用频率的增加逐渐发展成一种被认可的交流媒介。网络流行语最开始时以恶搞或表达心情感受为主,然而最近几年,反映社会热点事件的网络流行语逐渐增多,这种网络流行语既能反映网络公众对事件的态度和情感内蕴,也能体现一个时期、一个地区或者一个国家的时代特征。

讽刺是网络流行语主要的修辞方式。如"很傻很天真""做人不能太CNN""我爸是李刚""至于你们信不信,反正我信了""临时性强奸""谢绝跨省追捕"等网络流行语,无不蕴藏着网络公众对现实的嘲讽。嘲讽是一种语言策略,运用幽默、夸张或犀利的文字来表达意义。维特根斯坦把由语言和行动(指与语言交织在一起的那些行动)所组成的整体叫作"语言游戏",

---

① 〔美〕詹姆斯·C. 斯科特:《弱者的武器》,郑广怀、张敏、何江穗译,凤凰出版传媒集团、译林出版社,2007,第35页。

他指出"想象一种语言意味着想象一种生活形式"。① 网络流行语类似于"语言游戏",本身在不同场合代表不同的意义,而网络公众将网络流行语带入他们设定的情境之中,产生他们想要的意义。每个网络流行语背后都包含一个故事、一个事件、一个人物,而网络公众在"语言游戏"中产生的意义是与故事、事件和人物既相联系又相对抗的意义。这种意义的创造性生产带有评论的偏向性,网络公众企图通过自己的话语方式,来对所评论事件形成支配性权力。一些网络流行语表达的是逆反机制,如"很傻很天真"(实际否定了艳照门女主角的无知),一些网络流行语带有批判的性质,如"做人不能太CNN"(嘲讽 CNN 主持人卡弗蒂报道的极端倾向性),还有些网络流行语则直接表现对抗的态度,如"谢绝跨省追捕"。

从社会影响看,网络流行语具有延伸性,这表现在两个方面:其一,网络流行语可以衍生出许多种语言体例和使用方法,网络公众将网络流行语发展成"通用语法"(如从"很傻很天真"衍生出"很……很……"的句型),来表达自己对某人某事的情绪和态度。其二,网络流行语是网络公众情感的延伸,网络流行语的表达是网络公众内心积聚情感的发泄。如 2012 年 3 月,嘉兴电视台就国家发改委上调油价采访市民,市民在镜头前说"我能说脏话吗?不能吗?那我就无话可说了"。后在网络上热传,形成"脏话体"。

　　(链接脏话体) 某记者随机采访某资深购物网友:"请问你对富安娜进行盗链而败诉和罗莱商标侵权有什么看法?"

　　网友:"我能说脏话不?"

　　记者:"不能。"

　　网友:"那我没什么好说的了……"(事不关己,高高挂起,风言风语,不关我事)

　　(大葱脏话体) 记者菜场随机采访了一位大妈:"请问您对大葱暴涨至 10 元 2 根有什么看法?"

　　大妈:"俺能说脏话不?"

　　记者:"不能。"

　　大妈:"都吃不起大葱摊鸡蛋了,那我没什么好说的……"(内心:哎,看来我得去尼姑庵了,不仅肉吃不起,连蔬菜也没得吃喽……)

---

① 〔奥〕维特根斯坦:《哲学研究》,李步楼译,北京:商务印书馆,2000,第 7、12 页。

从以上两则运用"脏话体"的例子可以看出，"我能说脏话吗？不能吗？那我就无话可说了"成为一种无声的抗议，用于表达各种欲言又止的无奈情境。网络流行语成为一种语言模式，这不是权威机构设置的，而是由网络公众发掘的，当网络公众将网络流行语安装到自己认为重要的事件上，引起大家的关注和重视，表达对权威议程设置的抵抗和蔑视时，网络公众也就完成了情感倾注和移植。

（二）网络恶搞：背离性编码下的挪用快感

网络恶搞是典型的向经典、传统和现实宣战和抗议的网络表达。中国最早的知名网络恶搞作品是 2005 年胡戈制作的《一个馒头引发的血案》。该视频恶搞陈凯歌的电影《无极》，由此引发了网络恶搞风潮。网络恶搞除采用视频的方式外，还包括图片恶搞、歌曲恶搞和软件恶搞等。从网络恶搞的对象看，有对普通人的恶搞，也有对明星的恶搞，有对私人生活的恶搞，也有对社会事件的恶搞。其中传播最广，影响最大的是挪用经典电影或电视，采用PS 技术，或将台词改编成讽刺现实的恶搞作品。网络恶搞经常选择人们耳熟能详的通俗影视作品或热门影视作品，如《春运来了》融合了《射雕英雄传》《神雕侠侣》《还珠格格》《新白娘子传奇》《天山童姥》《大话西游》和《西游记》的片段，讲述了春运遇到的各种状况：买票排队被偷钱偷手机、朋友为买车票反目、权势人士插队买票、春运车票成为择友标准、只能买站票回家过年，将春运的几大难题刻画得淋漓尽致，引起很多观看者的共鸣。网络恶搞也会选择正在上映热播的影视作品作为参考文本，如 2013 年初台湾当局行政机构中马英九的亲信接连爆出贪污丑闻，网络公众修改《那些年，我们一起追的女孩》的剧照，改为《那些年，我们一起反贪污》。剧照中的主角照片改为马英九、赖素如、林益世、李朝卿、邝丽贞等人，借此讽刺政治腐败，呼唤台湾政坛的公平、正义和善良。除以上针对某一事件的网络恶搞外，还有融各种社会问题于一身的网络恶搞，如 2012 年 3 月，以《杜甫很忙》为题的涂鸦组图现身网络，这些图片源自语文课本中杜甫的图片，经过添加数笔，杜甫瞬间变成了科比、周杰伦、送水工、飞虎队员、麦当劳等现代社会的人物。后来有网友将恶搞从图片发展到歌曲，创造了《最炫杜甫风》，歌词改为"悠悠地唱着最炫的杜甫风，是语文课本最美的姿态"，《杜甫很忙》的同名恶搞软件也随之开发面市。

网络恶搞向经典的影视文本、文学作品注入新的内容，这在德塞图看来是一种新的艺术观，网络公众在消费网络恶搞的娱乐过程中，形成精细的"承租人"艺术，他们知道如何在占主导地位的文本中融入自己的差异内容。① 这种创作是一种对原有文本的背离性解码。霍尔指出，受众虽然可能完全理解话语含义，但以全然相反的方式去解读信息、意义的政治策略，话语的斗争就加入进来了。② 网络恶搞是耍花招式的斗争，制造似是而非的幻觉，网络公众挪用他人的文本，对主流价值进行解构，加入娱乐化的内容，经过创造形成新的作品。网络恶搞用讽刺和幽默的视角来看人看事，表达网络公众对社会秩序和传统逻辑的抵抗。在权力层面看来，网络恶搞是无厘头的、夹杂着逻辑混乱的近乎疯癫的行为，恶搞者则认为自己用戏谑和疯癫的方式解释了事实、真相和真理。福柯认为，疯癫的根本语言是理性语言，存在于推理和心象之中。③ 网络恶搞看起来是无序、混乱和不符合常理的疯癫行为，但实际显示的是有序的表达，是根据严谨的逻辑表达出来的理性的语言，表面看是去政治化的娱乐，实质则是政治化的抗争。

洪美恩在研究《豪门恩怨》的受众解码时发现，观众观看是为了获取快感和安全感，但观众大众文化的意识形态驻扎在感性层面而不在理性层面。④ 然而网络恶搞不一样，因为网络公众参与到恶搞的制作和解读之中，既是编码者，也是解码者，既有对原来文本的记忆，也有对现实的联想，因此对网络恶搞意义的理解既要包含感性层面，又要包含理性层面。感性层面的主要表现是源自恶搞的大众娱乐和草根狂欢，理性层面的主要表现是抵抗经典和权威的意义揭示，此时的快感是多重的，既因挪用经典，又因颠覆权威，还包括对意义本身的欣赏。此外，这种颠覆和抵制带有娱乐的伪装性，不容易被看穿，所以网络公众的快感还来自于意义的"偷梁换柱"获得成功又能全身而退的洋洋自得。

（三）"马甲"与符号：曲线表意的策略

在互联网经常能看见网络公众游击战的身影，他们趁其不备，在暗处重

---

① Michel de Certeau, *The Practice of Everyday Life*, translated by Steven Rendall, Berkeley Los Angeles, London: University of California Press, 1988, p. xxii.

② 〔英〕斯图亚特·霍尔：《编码，解码》，王广州译，载罗钢、刘向愚主编《文化研究读本》，中国社会科学出版社，2000，第358页。

③ 〔法〕米歇尔·福柯：《疯癫与文明》，刘北成、杨远婴译，生活·读书·新知三联书店，2007，第87页。

④ 陆扬、王毅：《大众文化与传媒》，上海三联书店，2001，第78页。

拳出击，使权力机构在未看清敌人时就惨遭重创，节节败退。英国短片《黑镜子》第一集《国歌》中，英国公主被绑架，绑匪自制视频，提出除非首相直播与猪发生性行为的视频，不然公主就会被撕票。首相想把这件事控制在几个核心人物知情的范围内，他下令发布国防机密通告阻止传统媒体传播，同时布下最大范围的监控网来屏蔽互联网上的不良内容，但为时已晚，视频早已在 YouTube 上以加密 IP 的形式上传，英国政府无法追踪上传者，而且视频在网络上的传播速度远远超过政府封锁和删除的速度，删除一个就有六个新的出现，同时此事还成为 Twitter 的热门话题，连首相都忍不住咒骂"天杀的网络"。"删除一个，出现六个"正是网络公众集体开展游击战的战术，互联网变成由弱者控制的战场，网络公众在不同的社区、网站和社会化媒体中穿梭，赶在权力机构之前占领一个空间，传播信息，为我所用，而当控制和封锁紧随而来时，又紧急撤退继而抢占其他的网络空间，继续暗战。这种战术在中国被称为"狡兔三窟"，"打一枪换一个地方"，隐蔽而低调地偷袭，又能保全自身安全。虽然在某些网络空间中，信息暂时被封锁、删除或阻断了，但网络公众一直没有离开，他们活跃在暗处，时刻准备着伺机而动，重新占领这些空间。

"马甲"是网络公众采取游击战时经常使用的虚假身份，也有人把马甲称为"小号"。马甲指的是在主 ID 之外拥有的另外一个（或几个）ID，主 ID 指的是网络公众在互联网上正式的、被公认的身份，它塑造了网络公众的网络形象。然而有时网络公众担心发言存在风险，或者发言可能会损害自身网络形象，就会使用马甲来代替主 ID 表意，因此马甲是不想让人知道的另一个身份（有时一个网民可能拥有不止一个马甲）。马甲在互联网中运用战术的方法类似于中国的"三十六计"，如马甲在不暴露主 ID 真实身份的基础上发言，这是"瞒天过海"；马甲在公众争辩中以第三者身份声援主 ID，这是"围魏救赵"；主 ID 表现出表面上的驯服，马甲表现出对立一面，这是"笑里藏刀"；马甲的知名度比主 ID 的要高，取代原来的主 ID 成为被人承认的主 ID，这是"反客为主"。通常来说，马甲登录时间短，注册时间新，发表言论少，具有隐蔽性，别人既不能将主 ID 和马甲对号入座，也不能确定一个网络公众身后到底有多少个马甲，正因如此，马甲在游击战中能发挥"偷袭"的作用，它来无影去无踪，你既不知道它会在哪里出现，也不知道它会在什么时候出现，更不知道他的庐山真面目。它一直"潜伏"在那里，在必要的时候出现，"杀人于无形之中"。

除使用马甲外，网络公众还会采用其他的战术和策略。比如当一些公共话题在互联网上被禁止谈论时，使用符号或图像来讨论是一种行之有效的诡计，因为用图像符号代替文字说话是表意的另一种方式，视觉性图像直观陈述事实真相，更能形成神经刺激，目前的自动过滤工具只能对文字进行审查，无法对图像进行核查，这使图像表意相对安全，图像符号在社会争议和公共舆论的生产过程中能取代文字符号，占据话语建构的中心位置。[①] 又如网络公众可以采用谐音、中文缩写和英文缩写等方式代替文字，应对敏感词的过滤系统。利用翻墙软件获取被屏蔽的国外信息也是一种抵制。而对主流话语围观、潜水、不表态代表一种态度，哪怕只发出"呵呵"的声音不做评述，也能表达"你懂的"的态度。

也有新闻网站的排版采用中国"藏头诗"的编辑技巧，来表达网站编辑的个人立场。如 2013 年初"《南方周末新年献词》被改动事件"引起网络舆论风暴，而后成为禁忌话题。为支持《南方周末》，一些网站在编辑新闻时有意制作藏头诗，在新浪天津频道、网易河南信阳频道、天涯社区客户端和第一财经网站的新闻页面上，排列着的几则新闻标题的第一个字竖排连贯成"南方周末加油""南周挺住"等字样，这种曲线表意显示了网络媒体人的立场和态度。

此外，很多网络公众在工作时间上网，他们对着电脑看起来很忙碌，制造勤奋敬业的假象，而实际上，他们做的事情和工作毫无关系。有网友陈述自己的工作状态："到单位先看微博、上论坛、看新闻，这些事情做完都差不多 11 点了，工作一点也没做，就到吃午饭时间了。"这种抵制策略就是菲斯克所指的"假发"，"假发"用来形容大众表面上看是在工作，实际是在做自己事的情况。一面领着薪水，一面利用工作资源和工作时间来做自己的事，这是对工作本身以及工作体制的反抗。

（四）联手网络意见领袖，抱团对抗压制

网络公众势单力薄，于是他们会寻求网络意见领袖的帮助，利用其权力、资本、影响力实现自己的目的。网络意见领袖是公共事件的倡导者，他们能一呼百应，迅速使分散的网络公众形成整合力量，推动网络社会运动。如在 2007 年厦门 PX 项目事件中，专栏作家连岳利用自己的博客"连岳的第八大洲"质疑 PX 项目。他在 3 月转载《中国经营报》的相关报道，改名为《厦

---

① 刘涛：《抵抗与艺术：群体性事件的公共修辞机制探析》，《浙江传媒学院学报》2011 年 10 月。

门自杀》，放在自己的个人博客上，随后在博客持续发表评论文章 56 篇，并在《南方都市报》和《潇湘晨报》自己的专栏上发表评论文章，同时委托专业人员翻译 PX 的毒性问题、生产原料以及生产工艺所产生的毒性问题等。连岳认为自己虽然只是个作家，现实身份地位普通，但表示"声音再小，只要说出来，总是能被听到"。[①] 连岳低估了自己在网络上的影响力，他那些充满理智和勇气的文字鼓舞厦门百姓发出了反对的声音，推动了 6 月 1 日厦门民众散步抗议活动，最终改变了政府决策，PX 项目被迁往漳州。厦门 PX 项目事件成为后来很多类似的网络公共事件效仿的样本，连岳不仅成为厦门的城市英雄，也让网络公众意识到网络意见领袖是可以依靠的强大力量。相关案例有：2007 年芮成钢在博客发表博文反对星巴克在故宫开分店；2008 年因奥运火炬传递在巴黎遭遇攻击，猫扑网民水婴号召抵制家乐福；2011 年黄健翔、孟非、陆川在微博上发起"拯救南京梧桐树"活动，反对因地铁工程砍伐梧桐树；潘石屹微博发布空气质量数据，引发全国各地网络公众关于 PM2.5 的讨论；等等。网络意见领袖带动或参与网络公共事件，既设置议题，又能推动事件进展。

连岳属网络意见领袖中的公共知识分子，公共知识分子是实现公共性的重要力量，他们以民主、自由、平等和公共作为社会核心理念并为之行动。萨义德认为，"知识分子是具有能力向公众以及为公众来代表、具现、表明讯息、观点、态度、哲学或意见的个人"，能对抗教条，不被收编，维护自由和正义。[②] 最早提出公共知识分子概念的美国社会学家拉塞尔·雅各比指出，公共知识分子的公共意识不能被专家学者的身份所取代。而我国学者许纪霖也认为，现实意义上的知识分子指的是以独立身份，借助知识和精神的力量，对社会表现出公共关怀，具有公共良知和社会参与意识的文化人，[③] 与技术专家和媒介专家及研究学者存在区别。布尔迪厄曾担心传媒化的经济力量渗透到纯粹的科学领域和艺术领域，会造成传媒与学人或艺术家合谋，为行业利益两者互搭梯子，危及科学和艺术的自律性。[④] 但是，公共知识分子型网络意见领袖具备公共性特征，因为他们的职业就是和文字打交道，语言表达能力

---

① 唐勇林：《连岳：以公民的名义》，《中国青年报》2007 年 12 月 25 日第 T4 版。

② 〔美〕萨义德：《知识分子论》，单德兴译，生活·读书·新知三联书店，2002，第 16～17 页。

③ 许纪霖：《知识分子是否已经死亡？》，载陶东风主编《知识分子与社会转型》，河南大学出版社，2003，第 29 页。

④ 〔法〕皮埃尔·布尔迪厄：《关于电视》，许钧译，辽宁教育出版社，2000，第 13 页。

和思维能力强，且与政治或经济利益无涉，表达为公益而非私利，他们是网络公众实现公共利益可以依靠的一股力量。

网络公众一旦和网络意见领袖统一阵营，就明白"唇亡齿寒"的道理，如果网络意见领袖遭遇危险，网络公众会毫不犹豫地施以援手。网络意见领袖也会"因言获罪"，被删号、禁言，甚至被有关部门请"喝咖啡"、追究法律责任等。为维护互联网的公共性，网络公众会自发掀起营救行动，向有关部门加压，帮盟友解困。微博草根红人"作业本"因仗义敢言在微博上颇具盛名，他在嬉笑怒骂之间谈论时事和政治话题，拥有300多万粉丝。2012年6月初，"作业本"微博被销号，他试图申请新账号"作业本卷土归来"，但再次被新浪删除。此事引起网络多方关注，李开复、任志强、染香等网络意见领袖为其说情，普通网络公众发出抗议，在强大的网络舆论压力下，8月24日，"作业本"复活回归，并且新浪仍然保留了他原来的微博。他复出后第一条微博《想跟300万人拥抱》在10分钟内转发超过3万次。从"作业本"的删号和复活可以看出，网络公众表面上看似零散无形，关键时刻却能迅速积聚强大的力量，改变权力的决策。他们知道，拯救网络意见领袖的发声权等于拯救自己的网络言论表达权。

二 资本转化与重生：由虚拟场域到现实社会

互联网是一个动态斗争的空间，每时每刻都充满着各种资本的流动，作为文化生产场的互联网受政治资本、经济资本以及其他社会资本的渗入，但网络公众不甘于消极被动地接受外来资本的渗入，而是时刻进行着维护或改变力量格局的斗争，他们能发挥聪明才智，自主而积极地行动，弱化不利资本的负面影响，并把不利的资本转化为对自己有利的资本。另外，互联网与现实社会场域之间没有明确的界限，虚拟的象征性资本和现实社会资本的糅合使互联网的斗争有时会延伸至线下的现实社会，互联网中行动者的权力位置和虚拟资本也会在现实社会得到重生。下文将从互联网网络公众参与新闻生产、开展网络社会运动和发起网络公益三方面分析由虚拟世界到现实社会的资本转化。

（一）参与新闻生产：平民创造文化资本

在传统的大众传播模式中，受众反馈是简单化和碎片化的，传受双方始终是不对等的关系。而作为文化生产场的互联网能给予网络公众平等的信息传播地位，网络公众不必依靠大众传播媒介，可以直接承担传播者的角色，参与新闻生产和制作，自行生产文化资本。与职业媒体人以"饭碗"和生存为目的不同的是，网络公众能以一种纯净的信息生产状态进行新闻生产，排除商业利益和政治压力的干扰，推动新闻场的自主性。

首先，网络公共空间简单易学的技术操作，使网络公众轻易获得了进入新闻场的入场券。互联网简易的操作方式增强了非专业的网络公众新闻制作的兴趣和信心，网络公众无须专业培训就能拥有属于自己的网络空间。网络公众通过发帖、跟帖、转帖、发表博客、发微博、评论、发布视频等方式参与新闻生产，网站能自动记录发帖或留言的时间和作者信息，跟帖、转发或评论时，页面还能同时显示原帖内容及相关信息，网站的人性化操作界面让网络公众能迅速熟悉操作规则。有的网站还提供自动排版服务，能调节图像尺寸和光线，设置背景音乐，这使报道形式更为充实丰富。微博对网络公众参与新闻生产的要求更低，只需140个字把事实的基本意思表达清楚即可，如果认为140个字无法表达清楚，还可以附加图片或视频，或者发布类似深度报道或系列报道的长微博。如在2008年11月的孟买连环恐怖袭击事件中，孟买市民通过博客、Twitter、Flickr等社会化媒体发布现场信息，CNN公司的公民新闻网站iReport.com同期出现大量注册用户，分享孟买恐怖事件的自制新闻，包括文字、图像和视频新闻等，使该事件成为当时的国际热点事件，任何一家权威媒体机构都无法在如此短时间内产生如此全面、综合的新闻报道。

其次，网络公众参与新闻生产能纠正媒介机构或权威机构因某种利益而发布虚假信息，揭示事实真相。在2012年4月的"南加州大学枪击事件"中，媒体的失实报道充斥网络。很多新闻媒体未对真相进行核实、深挖和追踪就进行广泛报道，干扰了受众的判辨，也使媒介失去公信力。为还原事件真相、抗议媒体报道不公，南加州大学留学生自制悼念死者的视频《我们的声音》，采用自己的方式客观公正地对事实进行解读，真相的展示和调查的深入保证了公共议题传播的纯洁性，也让媒体谣言不攻自破。

再次，网络公众参与新闻生产能打破权力设置的关卡，突破传统媒体的报道盲区。网络公众制作新闻能将传统媒体的报道深度化和全面化，而且当传统媒体由于种种原因被禁言或无法及时传播时，网络公众能及时保障信息公开。如2009年6月伊朗总统选举后，伊朗爆发民众抗议活动，虽然政府封锁了YouTube和Facebook等网站，但伊朗民众利用Twitter发布抗议活动的信息和图片，成为西方媒体获知伊朗国内状况的重要消息来源。① 相比之下美国的传统主流媒体在报道中就显得被动而滞后。而在 2010 年 12 月的钱云会事件中，网络公众不仅对钱云会的死亡细节提出质疑，为多角度、多方位的网络报道提供不同意见，而且自发组织了公民调查团，到现场展开调查，网络公众线上新闻生产和线下参与公共议题相结合，以独立于传统媒体和政府的第三方身份展开行动，体现了网络参与的公平和正义。

（二）开展网络社会运动：以象征性资本获取现实资本

将社会运动搬至互联网，将虚拟资本转化为现实资本，有利于社会运动在现实社会取得成效，"占领华尔街"运动就是一个典型案例。2011 年 9 月中旬在美国纽约曼哈顿发生的占领华尔街运动，参加者主要是教师、学生以及失业工人等，他们希望通过大规模的抗议行动，来反抗美国政治领袖在解决经济危机中的不作为。这场运动没有领导和组织，抗议者通过社交网络更新照片和视频，进行抗议活动的实况直播，并通过 Twitter、Facebook、Meet-up、YouTube 等社交网站以及 Banbuser、Yfrog、Livestream 和 Ustream 等图片和视频共享网站进行传播，将人们联系起来。互联网上占领金融街区的抗议行动此起彼伏，致使世界其他媒体对其进行追踪报道。抗议游行在美国本是普通之事，只是对政治家表达态度的一种方式而已，美国主流媒体在最初反应淡漠，但面对"占领华尔街"在互联网上遍地开花的景象，美国主流媒体后来不得不对此事进行报道，而美国政府为顾及自身政府形象和国家形象，也被迫对此事认真对待。参加"占领华尔街"运动的抗议者诉求各不相同，虽然有不同观点和思想的争辩，但没有过激行为。深受经济危机之苦、不满政府的无能、大部分的资金聚集在少数人手中，这些诉求在世界很多地方能引起共鸣，话题的探讨打破了美国的地理局限，迅速蔓延至全世界，该运动通过社交网络发起了 10 月 15 日的全球大串联行动，该日也被定为"全球行动日"。可见网络社会运动可以绕过传统媒体，不需要通过传统媒体的议程设置，同样能引起政府部门重视，达到预期的目的。

"占领华尔街"运动的初衷是反对美国的钱权交易，表达对金融行业的不满。通过网络传播，网络公众利用全世界对此事关注的国际社会资本，扩大了舆论力量，将经济领域内的诉求带至其他领域。类似的情况还有

---

① 田志凌、邱分婷：《Twitter 时代：人人都可发新闻》，《南方都市报》2009 年 7 月 12 日 BII 26～27 版。

"Kony2012"的网络传播，来自美国、墨西哥、加拿大以及其他不同国家和地区的年轻人参与到美国非政府组织 Invisible Children 中，拯救被乌干达反政府武装头目 Kony 控制的孩子，反抗他的屠杀罪行。他们怀着共同价值，呼喊"我们看见孩子，我们听到他们呼喊，战争必须停止，我们不会停止，我们不会恐惧，我们会奋斗到底"。并将活动详情发布到社会化媒体中，最终引起华盛顿官员的重视，奥巴马授权派遣美军到中非协助清除 Kony 部队。

　　网络社会运动会使松散的网络公众因一个共同事件而结合在一起，在网络社会运动中，网络公众汇聚成一个临时集体，有了共同追求和集体认同。这种集体认同由无数个体的共同认知、道德和情感的实践联系起来，所有参与者都能感同身受，同呼吸共命运，而这种认同和感受既可以是参与者直接经历的，也可以通过想象实现。① 网络社会运动中的发起人物和核心人物层级权力高，成为社会运动中的意见领袖，能积聚很多虚拟社会资本，影响运动进程。这些虚拟社区的领袖在现实社会中能受到政府重视，而当运动发起人与政府人员会谈时，他们拥有的虚拟资本变为与政府谈判的现实资本。

（三）发起网络公益：弱势群体由边缘接近中心

　　卡斯特认为，在互联网科技在全球发展的影响下，国家通过三种主要方式来适应媒介传播系统的转变：其一，形成国家联盟网。其二，成立国际性的组织和超国家金融机构。其三，尝试通过当地政府和 NGO 组织等开发不同文化和政治联盟的形式，实现决策制定的公正性。② NGO 指的是非政府组织，英文全称为 Non-Governmental Organization，这是独立于政府和营利机构之外的第三种力量，由公民自发组织形成，旨在社会公益。NGO 作为公民社会的组织形态，是多元化的、决策分散的、在公民的参与和表达中形成的社会自组织形式。③ 网络 NGO 组织会建立专门的网络公益网站，或把某个论坛当成活动据点，在博客和微博上做活动推广，或使用社交网站扩散活动等。有的网络 NGO 组织是由政府或社会机构资助的，有的是由国际 NGO 组织创办的，还有的是由网络公众民间组织创办的。在互联网中由网友自发组建的 NGO 组

① Polletta F., Jasper J. M., Collective Identity and Social Movements, *Annual Review of Sociology*, 2001, pp. 283 – 305.

② Manuel Castells, The New Public Sphere: Global Civil Society, Communication Networks, and Global Governance, *Annals of the American Academy of Political and Social Science*, Vol. 616, Mar., 2008, pp. 87 – 88.

③ 吴飞：《新闻场与社团组织的权力冲突与对话》，《南京社会科学》2010 年第 4 期。

织主要在环境保护、妇女儿童权益、消费者权益、健康扶助、文化保护、灾害管理、教育助学、宗教组织、同性恋群体以及其他弱势群体的保护上发挥作用，使弱势群体逐渐被社会重视。

除网络 NGO 组织外，现实社会的公益组织也会通过互联网进行公益活动推广，以扩大影响力。其中网络捐款能更广泛地筹集到来自世界各地的善款，成为一种社会公益的流行方式。网络捐款通过第三方支付平台，能保证捐款的便捷性和安全性，网络公众能通过网络用户即时查询捐赠数量以及捐款去向，使网络公益更为透明有效。数据显示，截至 2012 年底，包括希望工程、中国扶贫基金会、中国儿童少年基金会、壹基金等在内的 300 多家企业和公益机构向社会推出了网络公益捐款服务，而 2012 年全年的网络公益捐赠同比增长 70%。[①] 除现实经济捐赠外，网络公益还支持虚拟文化资本的捐赠，如 2008 年思科公司发起"网助学堂"，鼓励网民为偏远地区孩子上传视频分享知识，网民只要把富含知识的图片或视频上传至指定网络平台即可完成捐助。

网络公益组织和网络公益活动的开展打破国籍和空间的限制，吸纳世界各国的网络公众参与到其中，同时网络公益活动没有严格的时间和地点限制，网络公众可以根据自己的实际情况随时加入，所有这些都降低了网络公众参与的成本，使之成为现实社会公益的重要辅助。目前在网络意见领袖的倡导下，我国的一些网络公益活动已初具成效，如于建嵘创建"随手拍解救被拐儿童"微博，建立了救助拐卖儿童数据库，邓飞微博启动"免费午餐项目"，让很多农村孩子能够吃上饭，这些都形成了社会影响力，也成为很多公益组织的效仿对象。

网络公益组织和网络公益活动的帮助对象为处于社会底层或边缘地带的人群，他们多为社会中的弱势力量，受社会忽视，无力自我保护，生存现状亟待改善。具有社会责任感、道德感、爱心和公益心的网络公众，通过线上和线下的共同努力，使弱势群体重获社会重视和尊重，并获得更优的社会资本和资源，由社会边缘的地位慢慢向社会中心靠拢。使弱势群体获得与普通人同等的社会位置和平等资源，这也是网络公共性追求的目标之一。

---

① 夏毅：《中国网络公益渐成主流 2012 年网上捐赠同比增七成》，中国新闻网，2013 年 3 月 4 日 17:49，http://finance.chinanews.com/it/2013/03 - 04/4614074.shtml。

第九章　结论

第一节　理想型互联网公共性的实现条件

公共性一直是政治学、社会学、经济学、管理学、哲学和传播学等社会学科关注的共同话题，随着互联网的出现，关于公共性的研究焦点逐步转到新媒介技术发展所带来的社会和政治变革上来，尤其当前互联网成为"第四类媒体"，在社会各方面发挥着越来越显著的作用，互联网公共性研究无论从理论发展还是在实践中的运用上来看，都成了一个时代课题。

如果说是网络传媒的出现促成了互联网的公共性，那是有失妥当的，因为两者没有必然关系。正如潘忠党在谈到传媒公共性与中国传媒的改革问题时指出，"公共性不是传媒的天然属性，传媒的国有或私有皆并非是传媒具有公共性的充分必要条件"。[①] 他认为传媒的公共性是历史构成的。同理，互联网的公共性也并非与生俱来，因为在互联网出现之初，公共性的特质并未明显呈现，但科技的进步为平等和自由的言论表达提供了平台和广场，当人们逐渐熟识这一公共广场的优点并掌握其方法时，就试图在这里建造能满足现实公共空间乌托邦愿望的虚拟空间。这个空间呈现出的公共性特点，单用哈贝马斯的资产阶级公共性理论无法尽述，因为互联网的公共性具有多样观点、多重阶层和多元身份等诸多包容性特点，而且私密性和公共性交叠的特性又体现出复杂性，同时这种公共性与人们的日常生活建构紧密相关，影响人们的日常生活实践与现实生活中的民主实践。有学者认为，目前网络媒体建构的公共领域并非哈贝马斯心目中理想的公共领域，亦非他所批判的伪公共领域，而只能称之为"半公共领域"。[②] 笔者认为，互联网的公共领域除存在哈

[①] 潘忠党：《传媒的公共性与中国传媒改革的再起步》，《传播与社会学刊》2008 年第 6 期。

[②] 朱清河、刘娜：《"公共领域"的网络视景及其适用性》，《现代传播》2010 年第 9 期。

互联网的公共性

贝马斯所言的公共领域的特点之外，还糅合了阿伦特的竞争性的公共领域、泰勒的"想象的公众舆论共同体"和弗雷泽的次反公共领域的部分特点，因此我们可以将互联网看成一种多元的公共广场，在其中网络公众以公共利益为出发点，对公共事务理性地进行表达和沟通，试图通过实践促成网络民主的成熟与完善。

本研究认为互联网公共性的检验标准包括四点：公共广场、网络公众、表达沟通和公共利益。首先，计算机科技的发展形成了高速和高容量的信息传播公共广场。这虽是虚拟的象征空间，但已成为人们生活不可分割的重要组成部分，它提供给网络公众的不仅是信息的流通和观点的互换，还能促成网络公众在表达沟通中完成自我建构。其次，网络公众自觉参与理性、思辨性的对话。再次，弱关系下的桥接式交往促使网络公众积极参与网络实践，同时促使网络公众在有效性、深刻性和反思性基础上进行表意，在互动性、理性和多元性基础上进行沟通。最后，网络公众的表达沟通目的是实现公共利益。网络公共议题经过议程设置和意义建构，形成网络公共舆论，会推动网络公共利益的实现。其中网络协商民主作为一种较为理想的政治治理方式，会吸引网络公众参政议政，推动现实民主发展进程。

有人说，要在整个互联网实现公共性，听起来是乌托邦的想法。也有人认为，虽然互联网政治充满不确定性和悖论，我们有时会高估它，有时会低估它，在未来这个特性也不太可能改变，[①] 但科学发展和人类社会发展总有诸多不确定性，我们无法预知未来，然而科学和社会的想象力是人类发展的助推器，实践证明，这种想象力可推动很多不可能变成可能，很多不确定变成确定。一百年前，当 1920 年美国匹兹堡的 KDKA 广播电台正式开播时，人们惊讶于小盒子能传出美妙的天籁之音；五十年前，阿波罗登月计划开始执行，人们没想到上天揽月的梦想居然能够成为现实；十年前，美国人民不曾料想有一天自己国家的总统是黑皮肤的；三年前，谁也不会相信网络上的一份维基解密揭露政府腐败的电文能对突尼斯的"茉莉花革命"起到催化作用，促使突尼斯出现全国大规模骚乱和持续抗议活动，最终推翻一个政权。就如耐克广告词所说："Nothing is impossible"（一切皆有可能），这是人类值得骄傲的地方，拥有信心和理想，为自己的想象力装上翅膀去实现梦想，虚拟乌托

---

① 〔英〕安德鲁·查德威克：《互联网政治学：国家、公民与新传播技术》，任梦山译，华夏出版社，2010，第 443 页。

邦能够成为现实理想国。虽然在现阶段看来，要彻底实现并持久保持互联网的公共性，还不太可能，但只要网络公众存在，一切皆有可能。

现实的情况是，虽然网络公众的表达沟通力图在平等、公开、公正和理性、建设性、多元性之下进行，但沟通传播受经验范围、道德素质和价值规范等内部因素的影响，受商业因素、政治因素、法律因素以及其他社会因素等外部环境的制约，因此公共性并不总是能覆盖整个互联网，我们通常只能在某一时间点、某一个具体的网络空间或某一个具体公共议题的发展过程中，看到公共性的影子。

但是如果有人担心各种权力的斗争和合谋会成为互联网公共性不可逾越的障碍的话，毫无疑问这又低估了网络公众的力量。因为互联网充其量只不过是个空间，真正在公共性建构中发挥作用的是作为行动主体的网络公众。互联网公共性得以建构和发展，有赖于网络公众的"善意"与"义行"，有赖于每一个网络公众贡献出自己的心力、智能与意见，共同形成新的社会价值与规范。① 虽然互联网中政治和经济资本的权力竞争影响公共性的自主性，结构转型的可能性随时存在，政治功能转化的危机无法彻底消除，但网络公众在互联网中的实践是带有策略性的抵制战术，他们行走在不同网络公共广场空间，看起来闲云信步、悠然自得，却会趁人不备，狡黠、机智而迅速地占用空间，以创造自己对于空间、周围人和事的意义，改写覆盖在特定空间上的权力符号，这是一种诗意的抵抗，② 是一种"以柔克刚"的斗争技巧。

网络公众作为"弱者的反抗"可以是屌丝（网络用语，表达底层人的无奈和自嘲）逆袭，也可以是华丽转身，甚至可能是瞬间爆发，而相比之下，渐进式的抵抗更为有效，正面冲突付出代价更高。抵抗在于循序渐进的渗透性，"策略性"地去关注和理解整个体制，促进改革。网络公众应时刻观察自己所处的场域位置及场域变化的动态，坚持行动的自主自律，时刻保持为维护公共性的抗争意识。这种抗争是一种循序渐进的过程，旨在不着痕迹地层层进逼，虽然无法在短时期内使公共性在互联网遍地开花，但至少能获得更多的社会资本以及更有利于自己的位置。这是一个水滴石穿的过程，因此要做好持久作战的准备。

---

① 郭玉锦、王欢：《网络社会学》，中国人民大学出版社，2005，第112页。
② 吴飞：《"空间实践"与诗意的抵抗——解读米歇尔德塞图的日常生活实践理论》，《社会学研究》2009年第2期。

第二节　本研究的不足

　　长久以来，公共性都是西方主流政治话语的重要组成部分，公共性概念随着社会结构和形态的发展变化在不断延伸和扩展。随着计算机科技的日益更新和发展，关于网络民主、网络政治和网络公共领域的探讨遍地开花，本研究试图分析互联网公共性各组成要素之间的关系，研究公共性面临结构转型和功能转化的表现，并探析互联网公共性的内部实践。

　　由于研究能力和研究条件的局限，本研究在很多问题的研究上无法深入，问卷缺少对信息中低层人群的考察，未采用深度访谈法对大量网络公众深入研究，也未探究网络公众参与的心理机制，对微信的公共特性关注过少。此外，网络科技发展更新迅速，互联网的公共性内涵以及各组成要素之间的关系时刻在产生新变化，本研究只能关注现阶段状况，无法预测未来的变化趋势。

参考文献

一、中文著作

1. Dick Morris：《网路民主》，张志伟译，台北商周出版社，2000。
2. I. 牛顿：《光学——关于光的反射、折射、拐折和颜色的论文》，周岳明、舒幼生、邢峰、熊汉富译，科学普及出版社，1988。
3. Sunstein C.：《网路会颠覆民主吗》，黄维明译，台北新闻出版社，2002。
4. 〔奥〕维特根斯坦：《哲学研究》，李步楼译，商务印书馆，2000。
5. 包亚明主编《权力的眼睛——福柯访谈录》，严锋译，上海人民出版社，1997。
6. 蔡英文：《政治实践与公共空间——阿伦特的政治思想》，新星出版社，2006。
7. 查尔斯·泰勒：《现代性之隐忧》，程炼译，中央编译出版社，2001。
8. 查尔斯·泰勒：《自我的根源：现代认同的形成》，韩震等译，译林出版社，2001。
9. 查尔斯·泰勒：《公民与国家之间的距离》，李保宗译，载汪晖、陈燕谷主编《文化与公共性》，生活·读书·新知三联书店，2005。
10. 查尔斯·泰勒：《吁求市民社会》，宋伟杰译，载汪晖、陈燕谷主编《文化与公共性》，生活·读书·新知三联书店，2005。
11. 查尔斯·泰勒：《现代社会现象》，王利译，载许纪霖主编《公共空间中的知识分子》，凤凰出版传媒集团、江苏人民出版社，2007。
12. 陈家刚：《协商民主：民主范式的复兴与超越》（代序），载陈家刚选编《协商民主》，上海三联书店，2004。
13. 陈闻桐主编《近现代西方政治哲学引论》，安徽大学出版社，2004。
14. 陈新民：《德国公法学基础理论》（上），山东人民出版社，2001。
15. 陈修斋编译《莱布尼茨与克拉克论战书信集》，商务印书馆，1996。

16. 大卫·哈维:《时空之间——关于地理学想象的反思》,王志弘译,载包亚明主编《现代性与空间的生产》,上海教育出版社,2003。

17. 〔德〕埃德蒙德·胡塞尔:《生活世界现象学》,〔德〕克劳斯·黑尔德编,倪梁康、张廷国译,上海译文出版社,2002。

18. 〔德〕哈贝马斯:《公共领域的结构转型》,曹卫东、王晓珏、刘北城、宋伟杰译,学林出版社,2002。

19. 〔德〕哈贝马斯:《哈贝马斯精粹》,曹卫东选译,南京大学出版社,2005。

20. 〔德〕哈贝马斯:《在事实与规范之间——关于法律和民主法治国家的商谈理论》,童世骏译,生活·读书·新知三联书店,2003。

21. 〔德〕海德格尔:《存在与时间》(修订译本),陈嘉映、王庆节合译,生活·读书·新知三联书店,1999。

22. 〔德〕海德格尔:《海德格尔选集》,孙周兴译,上海三联书店,1996。

23. 〔德〕黑格尔:《自然哲学》,梁志学、薛华、钱广华译,商务印书馆,1980。

24. 〔德〕胡塞尔:《现象学的方法》,倪梁康译,上海译文出版社,1994。

25. 〔德〕康德:《纯粹理性批判》,邓晓芒译,人民出版社,2004。

26. 〔德〕马丁·海德格尔:《演讲和论文集》,孙周兴译,生活·读书·新知三联书店,2005。

27. 〔德〕尼采:《查拉斯图拉如是说》,尹溟译,文化艺术出版社,2003。

28. 〔德〕尼采:《权力意志》,张念东、凌素心译,商务印书馆,1991。

29. 〔德〕尤尔根·哈贝马斯:《交往行为理论 第一卷 行为合理性与社会合理性》,曹卫东译,上海世纪出版集团、上海人民出版社,2004。

30. 〔法〕笛卡尔:《第一哲学沉思集》,庞景仁译,商务印书馆,1986。

31. 〔法〕古斯塔夫·勒庞:《乌合之众——大众心理研究》,冯克利译,中央编译出版社,2000。

32. 〔法〕卢梭:《社会契约论》,何兆武译,商务印书馆,2003。

33. 〔法〕米歇尔·福柯:《疯癫与文明》,刘北成、杨远婴译,生活·读书·新知三联书店,2007。

34. 〔法〕皮埃尔·布迪厄、〔美〕华康德:《实践与反思:反思社会学导引》,李猛、李康译,中央编译出版社,2004。

35. 〔法〕皮埃尔·布尔迪厄:《关于电视》,许钧译,辽宁教育出版社,2000。

36. 〔法〕皮埃尔·布尔迪厄:《科学的社会用途——写给科学场的临床社会学》,刘成富、张艳译,南京大学出版社,2005。

37. 〔法〕皮埃尔·布尔迪厄:《实践理性——关于行为理论》,谭立德译,生活·读书·新知三联书店,2007。

38. 〔法〕让·波德里亚:《消费社会》,刘成富、全志刚译,南京大学出版社,2001。

39. 〔法〕让·博德里亚尔:《完美的罪行》,王为民译,商务印书馆,2000。

40. 〔法〕塞奇·莫斯科维奇:《群氓的时代》,许列民、薛丹云、李继红译,江苏人民出版社,2003。

41. 范进学:《定义"公共利益"的方法论及概念诠释》,《法学论坛》2005年第1期。

42. 车文博主编《弗洛伊德文集6:自我与本我》,长春出版社,2001。

43. 葛兆光:《宅兹中国——重建有关"中国"的历史论述》,中华书局,2011。

44. 〔古罗马〕奥古斯丁:《奥古斯丁选集》,汤清、杨懋春、汤毅仁译,宗教文化出版社,2010。

45. 〔古希腊〕柏拉图:《理想国》,郭斌和、张竹明译,商务印书馆,2002。

46. 〔古希腊〕色诺芬:《回忆苏格拉底》,吴永泉译,商务印书馆,1984。

47. 〔古希腊〕亚里士多德:《政治学》,吴寿彭译,商务印书馆,1965。

48. 〔古希腊〕亚里士多德:《物理学》,张竹明译,商务印书馆,1982。

49. 郭玉锦、王欢:《网络社会学》,中国人民大学出版社,2005。

50. 汉娜·阿伦特:《哲学与政治》,载贺照田编《西方现代性的曲折与展开(第六辑)》,吉林人民出版社,2003。

51. 〔荷兰〕斯比诺莎:《神学政治论》,温锡增译,商务印书馆,1963。

52. 亨利·列斐伏尔:《空间:社会产物与使用价值》,王志弘译,载包亚明主编《现代性与空间的生产》,上海教育出版社,2003。

53. 黄克武、张哲嘉主编《公与私:近代中国个体与群体之重建》,台北:"中研院"近代史研究所,2000。

54. 黄克武:《从追求正道到认同国族:明末至清末中国公私观念的重整》,载黄克武、张哲嘉主编《公与私:近代中国个体与群体之重建》,台北:"中研院"近代史研究所,2000。

55. 黄宗智:《中国的"公共领域"与"市民社会"?——国家与社会间的第三领域》,载〔英〕J.C. 亚历山大、邓正来编《国家与市民社会——一种社会理论的研究路径》,中央编译出版社,2002。

56. 〔加拿大〕埃里克·麦克卢汉、弗兰克·秦格龙编《麦克卢汉精粹》,何道宽译，南京大学出版社，2000。

57. 〔加拿大〕菲利普·汉森：《历史、政治与公民权：阿伦特传》，刘佳林译，江苏人民出版社，2004。

58. 〔加拿大〕哈罗德·伊尼斯：《传播的偏向》，何道宽译，中国人民大学出版社，2003。

59. 〔加拿大〕罗伯特·哈克特、赵月枝：《维系民主？西方政治与新闻客观性》（修订版），沈荟、周雨译，清华大学出版社，2005。

60. 〔加拿大〕马歇尔·麦克卢汉：《理解媒介——论人的延伸》，何道宽译，商务印书馆，2000。

61. 〔加拿大〕文森特·莫斯可：《传播政治经济学》，胡正荣等译，华夏出版社，2000。

62. 凯文·凯利：《失控：全人类的最终命运和结局》，东西文库译，新星出版社，2010。

63. 康有为：《大同书》，邝柏林选注，辽宁人民出版社，1991。

64. 李佃来：《公共领域与生活世界——哈贝马斯市民社会理论研究》，人民出版社，2006。

65. 李开复：《微博改变一切》，上海财经大学出版社，2011。

66. 李强：《自由主义》，中国社会科学出版社，1998。

67. 林尹、高明主编《中文大辞典》（普及本）（一），台北：中国文化大学出版社，1982。

68. 刘怀玉：《现代性的平庸与神奇——列斐伏尔日常生活批判哲学的本文学解读》，中央编译出版社，2006。

69. 陆扬、王毅：《大众文化与传媒》，上海三联书店，2001。

70. 罗竹凤编《汉语大词典》（第2卷），汉语大词典出版社，1988。

71. 《马克思恩格斯全集》（第3卷），人民出版社，1960。

72. 曼纽尔·卡斯特：《网络社会的崛起》，夏铸九、王之弘等译，社会科学文献出版社，2001。

73. 〔美〕爱德华·W. 苏贾：《后现代地理学——重申批判社会理论中的空间》，王文斌译，商务印书馆，2004。

74. 〔美〕本尼迪克特·安德森：《想象的共同体：民族主义的起源与散布》，吴叡人译，上海世纪出版集团，2005。

75. 〔美〕查尔斯·埃德温·贝克：《媒体、市场与民主》，冯建三译，上海世纪出版集团，2008。

76. 〔美〕查尔斯·赖特·米尔斯：《权力精英》，王崑、许荣译，南京大学出版社，2004。

77. 〔美〕戴维·波普诺：《社会学》（第十版），李强等译，中国人民大学出版社，2003。

78. 〔美〕戴维·哈维：《后现代的状况——对文化变迁之缘起的探究》，阎嘉译，商务印书馆，2003。

79. 〔美〕邓肯·J.瓦茨：《小小世界：有序与无序之间的网络动力学》，陈禹等译，中国人民大学出版社，2006。

80. 〔美〕汉娜·阿伦特等：《〈耶路撒冷的艾希曼〉：伦理的现代困境》，孙传钊编，吉林人民出版社，2003。

81. 〔美〕汉娜·阿伦特：《论革命》，陈周旺译，凤凰出版传媒集团、译林出版社，2007。

82. 〔美〕汉娜·阿伦特：《人的条件》，竺乾威等译，上海人民出版社，1999。

83. 〔美〕汉娜·颚兰：《极权主义的起源》，林骧华译，台北时报文化出版企业有限公司，1995。

84. 〔美〕佳亚特里·斯皮瓦克：《从结构到全球化批判：斯皮瓦克读本》，陈永国、赖立里、郭建英主编，北京大学出版社，2007。

85. 〔美〕凯文·奥尔森：《伤害＋侮辱——争论中的再分配、承认和代表权》，高静宇译，上海人民出版社，2009。

86. 〔美〕科恩：《论民主》，聂崇信译，商务印书馆，2004。

87. 〔美〕林文刚编《媒介环境学——思想沿革与多维视野》，何道宽译，北京大学出版社，2007。

88. 〔美〕刘易斯·芒福德：《技术与文明》，陈允明、王克仁、李华山译，中国建筑工业出版社，2009。

89. 〔美〕罗伯特·帕特南：《独自打保龄球》，刘波、祝乃娟、张孜异、林挺进、郑寰译，北京大学出版社，2011。

90. 〔美〕马克斯韦尔·麦库姆斯：《议程设置：大众媒介与舆论》，郭镇之、徐培喜译，北京大学出版社，2008。

91. 〔美〕南茜·弗雷泽、〔德〕阿克赛尔·霍耐特：《再分配，还是承认？——一个政治哲学对话》，周穗明译，上海人民出版社，2009。

92. 〔美〕南茜·弗雷泽：《正义的尺度——全球化世界中政治空间的再认识》，欧阳英译，上海人民出版社，2009。

93. 〔美〕南茜·弗雷泽：《正义的中断——对"后社会主义"状况的批判性反思》，于海青译，上海人民出版社，2009。

94. 〔美〕尼尔·波兹曼：《娱乐至死》，章艳译，广西师范大学出版社，2004。

95. 〔美〕乔舒亚·科恩：《协商民主的程序与实质》，张彩梅译，载陈家刚选编《协商民主》，上海三联书店，2004。

96. 〔美〕乔治·H.米德：《心灵、自我与社会》，赵月瑟译，上海译文出版社，2008。

97. 〔美〕萨义德：《知识分子论》，单德兴译，生活·读书·新知三联书店，2002。

98. 〔美〕斯蒂文·贝斯特、道格拉斯·凯尔纳：《后现代理论：批判性的质疑》，张志斌译，中央编译出版社，2001。

99. 〔美〕约翰·费斯克：《理解大众文化》，王晓珏、宋伟杰译，中央编译出版社，2001。

100. 〔美〕约翰·罗尔斯：《政治自由主义》，万俊人译，译林出版社，2011。

101. 〔美〕约翰·罗尔斯：《正义论》，何怀宏、何包钢、廖申白译，中国社会科学出版社，1988。

102. 〔美〕约书亚·梅罗维茨：《消失的地域：电子媒介对社会行为的影响》，肖志军译，清华大学出版社，2002。

103. 〔美〕詹姆斯·C.斯科特：《弱者的武器》，郑广怀、张敏、何江穗译，凤凰出版传媒集团、译林出版社，2007。

104. 〔美〕詹姆斯·W.凯瑞：《作为传播的文化》，丁未译，华夏出版社，2005。

105. 〔美〕W.兰斯·本奈特、〔美〕罗伯特·M.恩特曼主编《媒介化政治：政治传播新论》，董关鹏译，清华大学出版社，2011。

106. 米歇尔·福柯、保罗·雷比诺：《空间、知识、权力——福柯访谈录》，陈志梧译，载包亚明主编《后现代性与地理学的政治》，上海教育出版社，2001。

107. 〔日〕川崎修：《阿伦特——公共性的复权》，斯日译，河北教育出版社，2002。

108. 〔日〕沟口熊三：《中国的思想》，赵士林译，中国社会科学出版社，1995。

109. 斯图亚特·霍尔：《编码，解码》，王广州译，载罗钢、刘向愚主编《文化研究读本》，中国社会科学出版社，2000。

110. （宋）黎靖德编《朱子语类》（第2册），中华书局，1986。

111. 陶东风主编《知识分子与社会转型》，河南大学出版社，2003。

112. 涂文娟：《政治及其公共性：阿伦特政治伦理研究》，中国社会科学出版社，2009。

113. 汪晖、陈燕谷主编《文化与公共性》，生活·读书·新知三联书店，2005。

114. 汪晖：《导论》，载汪晖、陈燕谷主编《文化与公共性》，生活·读书·新知三联书店，2005年。

115. 王云五编《辞源》（上），商务印书馆，1933。

116. 吴飞：《新闻专业主义研究》，中国人民大学出版社，2009。

117. 吴稼祥：《公天下》，广西师范大学出版社，2013。

118. 夏征农主编《辞海》（上册），上海辞书出版社，1999。

119. 杨仁忠：《公共领域论》，人民出版社，2009。

120. 〔英〕斯图亚特·霍尔编《表征——文化意象与意指实践》，徐亮、陆兴华译，商务印书馆，2003。

121. 〔英〕安德鲁·查德威克：《互联网政治学：国家、公民与新传播技术》，任孟山译，华夏出版社，2010。

122. 〔英〕丹尼斯·麦奎尔：《麦奎尔大众传播理论》（第四版），崔保国、李琨译，清华大学出版社，2006。

123. 〔英〕霍布斯：《利维坦》，黎思复、黎廷弼译，商务印书馆，1985。

124. 〔英〕克里斯托弗·霍洛克斯：《麦克卢汉与虚拟实在》，刘千立译，北京大学出版社，2005。

125. 〔英〕洛克：《人类理解论》，关文运译，商务印书馆，1959。

126. 〔英〕马克斯·H.布瓦索著：《信息空间：认识组织、制度和文化的一种框架》，王寅通译，上海译文出版社，2000。

127. 〔英〕麦克唐纳·罗斯：《莱布尼茨》，张传友译，中国社会科学出版社，1987。

128. 〔英〕牛顿：《自然哲学的数学原理》，赵振江译，商务印书馆，2006。

129. 〔英〕亚当·斯密：《道德情操论》，杨程程、廖玉珍译，商务印书馆国际有限公司，2011。

130. 〔英〕以赛亚·伯林：《自由论》，胡传胜译，译林出版社，2003。

131. 〔英〕约翰·密尔顿：《论出版自由——阿留帕几底卡》，吴之椿译，商务印书馆，1989。

132. 〔英〕约翰·密尔：《论自由》，程崇华译，商务印书馆，1959。

133. 尤根·哈贝马斯：《公共领域》（1964），汪晖译，载汪晖、陈燕谷主编《文化与公共性》，生活·读书·新知三联书店，2005。

134. 翟学伟：《中国人的关系原理：时空秩序、生活欲念及其流变》，北京大学出版社，2011。

135. 郑春勇：《网络宽容度比较研究——以强国论坛和天涯论坛为例》，《中国传媒大学第五届全国新闻学与传播学博士生学术研讨会论文集》，2011。

136. 中国社会科学院语言研究所词典编辑室编《现代汉语词典》（第5版），商务印书馆，2005。

137. 〔美〕约·埃利斯特主编《协商民主：挑战与反思》，周艳辉译，中央编译出版社，2009。

138. 朱国华：《权力的文化逻辑》，上海三联书店，2004。

二、中文文章

1. 贝克、邓正来、沈国麟：《风险社会与中国——与德国社会学家乌尔里希·贝克的对话》，《社会学研究》2010年第5期。

2. 陈长松：《论网络空间公共领域、私人领域的融合及影响》，《学术论坛》2009年第11期。

3. 陈国庆：《哈贝马斯的"交往理性"及其启示》，《理论探索》2012年第1期。

4. 〔德〕乌尔里希·贝克：《"9·11"事件后的全球风险社会》，王武龙编译，《马克思主义与现实》2004年第2期。

5. 邓炘炘：《为什么需要公共服务广播》，《新闻大学》2007年第1期。

6. 杜琳：《对"公共空间"的颠覆性创造——从哈贝马斯到兰西·弗雷泽》，《晋阳学刊》2006年第6期。

7. 段俊原：《现代城市广场空间的特性解析——以南京鼓楼广场地区为例》，南京林业大学城市规划与设计专业硕士毕业论文，2007。

8. 方雯：《试论网络媒体的公共性——以"躲猫猫"事件为例》，《新闻世界》

2010 年第 6 期。

9. 高海清、史云峰：《对公共领域结构转型批判的批判》，《华侨大学学报》（哲学社会科学版）2011 年第 1 期。

10. 管中祥：《公共电视的新媒体服务：PeoPo 公民新闻的传播权实践》，《广播与电视》2008 年 12 月。

11. 郭晴：《媒介舆论：在各种权力与公众之间——兼论公共舆论向媒介舆论的转向》，《新闻界》2010 年第 2 期。

12. 郭中实、陆晔：《报告文学的"事实演绎"：从不同历史时期的文本管窥中国知识分子与国家关系之变迁》，《传播与社会学刊》2008 年第 6 期。

13. 《国家行政学院发布〈2011 年中国政务微博客评估报告〉》，《电子政务》2012 年第 Z1 期。

14. 韩升：《查尔斯·泰勒的自由观述评》，《哲学动态》2008 年第 3 期。

15. 韩升：《查尔斯·泰勒对权利政治的伦理重构》，《华中师范大学学报》（社会科学版）2009 年第 5 期。

16. 杭敏、罗伯特·皮卡特：《西方传媒的公共利益与商业利益冲突及影响》，《新闻记者》2011 年第 11 期。

17. 郝继明、刘桂兰：《网络公共事件：特征、分类及基本性质》，《中共南京市委党校学报》2011 年第 2 期。

18. 何明升、李一军：《网络生活中的虚拟认同问题》，《自然辩证法研究》2001 年第 4 期。

19. 贺建平：《检视西方媒介权力研究——兼论布尔迪厄权力论》，《西南政法大学学报》2002 年 5 月。

20. 洪贞玲、刘昌德：《线上全球公共领域？网络的潜能、实践与限制》，《资讯社会研究》2004 年 1 月。

21. 胡菡菡：《网络新闻评论：媒介建构与公共领域生成——对网易"新闻跟帖"业务的研究》，《新闻记者》2010 年 4 月。

22. 胡泳：《在互联网上营造公共领域》，《现代传播》2010 年第 1 期。

23. 胡泳：《中国网络论坛的源与流》，《新闻战线》2010 年第 4 期。

24. 胡忠青、邹华华：《公共领域视角下的"华南虎事件"》，《新闻界》2008 年第 1 期。

25. 黄启龙：《网路上的公共领域实践：以弱势社群网站为例》，《资讯社会研究》2002 年 7 月。

26. 黄显中、曾栋梁：《协商视阈中的公共治理运作机制研究》，《重庆工商大学学报》（社会科学版）2009 年 6 月。

27. 黄月琴：《"公共领域"概念在中国传媒研究中的运用——范式反思与路径检讨》，《湖北大学学报》（哲学社会科学版）2009 年 11 月。

28. 黄月琴：《改革新语境下的公共领域与大众传媒研究》，《东南传播》2010 年第 5 期。

29. 黄月琴：《公共领域的观念嬗变与大众媒介的公共性——评阿伦特、哈贝马斯与泰勒的公共领域思想》，《新闻与传播评论》2008 年第 7 期。

30. 贾春立：《关于城市广场的一些思考》，《天津建设科技》2006 年增刊。

31. 贾广惠：《论传媒消费主义对公共性的瓦解》，《人文杂志》2008 年第 3 期。

32. 江宜桦：《政治判断如何可能？简述汉娜鄂兰晚年作品的关怀》，《当代》2000 年第 150 期。

33. 姜方炳：《"网络暴力"：概念、根源及其应对——基于风险社会的分析视角》，《浙江学刊》2011 年第 6 期。

34. 郎倩雯：《突发公共事件媒体议题传播与公共领域建构》，《青年记者》2010 年第 5 期。

35. 李慧敏：《网络问政、公共领域和人的现代化》，《吉林省教育学院学报》2011 年第 1 期。

36. 李佳怡、曾琴：《浅谈我国传媒公共领域的构建》，《新闻世界》2010 年第 8 期。

37. 李蕾：《中国电视剧收视世界居首 超 4000 万人独爱网络视频》，《光明日报》2011 年 8 月 1 日第 2 版。

38. 李林艳：《弱关系的弱势及其转化——"关系"的一种文化阐释路径》，《社会》2007 年第 4 期。

39. 李升科、叶凤英：《公共经济学视野下对农电视传播的公共性特性分析》，《现代传播》2007 年第 5 期。

40. 李燕：《论人类文化的原创精神》，《哲学研究》2002 年第 7 期。

41. 林芬、赵鼎新：《霸权文化缺失下的中国新闻和社会运动》，《传播与社会学刊》2008 年第 6 期。

42. 林牧茵：《重塑民主理论之公众形象——李普曼的重要著作〈幻影公众〉》，《美国问题研究》2009 年第 2 期。

43. 刘建华：《公共领域的蜕变与虚拟空间社会生活公共化》，《网络财富》2010 年 6 月。

44. 刘飒：《公共领域视角下的网络政治博客浅议》，《三峡大学学报》（人文社会科学版）2009 年 6 月。

45. 刘森：《博客与中国语境下的公共领域》，《新闻世界》2010 年 6 月。

46. 刘涛：《抵抗与艺术：群体性事件的公共修辞机制探析》，《浙江传媒学院学报》2011 年 10 月。

47. 刘文辉：《传媒权力生成——另一种考察视阈》，《北方论丛》2009 年第 4 期。

48. 刘小珍、夏玉珍：《经典公共领域的重塑及建构——以网络媒体兴起后的网络公共领域为例》，《社会工作》2010 年第 9 期（下）。

49. 刘晓红：《大众传媒与公共领域》，《新闻界》2005 年第 3 期。

50. 罗晋：《实践审议式民主参与之理想：资讯科技、网路公共论坛的应用与发展》，《中国行政》，2008 年 3 月第 79 期。

51. 罗坤瑾：《网络舆论与中国公共领域的建构》，《学术论坛》2010 年第 5 期。

52. 马长山：《公共领域的时代取向及其公民文化孕育功能》，《社会科学研究》2010 年第 1 期。

53. 宁乐峰：《查尔斯·泰勒的社群主义整体本体论评析——基于语言共同体的视角》，《云南农业大学学报》2010 年第 6 期。

54. 潘忠党、陆晔：《成名的想象：社会转型过程中新闻从业者的专业主义话语建构》，《新闻学研究》2002 年第 4 期。

55. 潘忠党、吴飞：《反思与展望：中国传媒改革开放三十周年笔谈》，《传播与社会学刊》2008 年第 6 期。

56. 潘忠党：《传媒的公共性与中国传媒改革的再起步》，《传播与社会学刊》2008 年第 6 期。

57. 彭晶晶：《网络传媒——公共领域再次转型的契机》，《安康师专学报》2005 年 2 月。

58. 齐勇锋：《社会转型期媒体的公共属性与社会责任》，《中国广播电视学刊》2006 年第 4 期。

59. 邱鸿峰：《公共领域、次反公众与媒介仪式》，《中国传媒报告》2010 年第 1 期。

60. 荣剑：《中国史观与中国现代化问题——中国社会发展及其现代转型的思想路径》，《中国社会科学辑刊》2010年总第33期。

61. 石良：《网络微博中公共领域与私人领域的融合》，《沈阳大学学报》（社会科学版）2012年第2期。

62. 苏楠、张岩：《鲍德里亚的技术观》，《理论界》2006年第10期。

63. 苏涛：《缺席的在场：网络社会运动的时空逻辑》，《当代传播》2013年第1期。

64. 孙玮：《论都市报的公共性——以上海的都市报为例》，《新闻大学》2001年冬季号。

65. 孙玮：《媒介话语空间的重构：中国大陆大众化报纸媒介话语的三十年演变》，《传播与社会学刊》2008年第6期。

66. 唐勇林：《连岳：以公民的名义》，《中国青年报》2007年12月25日第T4版。

67. 陶东风：《大众传播与新公共性的建构》，《文艺争鸣》1999年第2期。

68. 滕云、杨琴：《网络弱关系与个人社会资本获取》，《重庆社会科学》2007年第2期。

69. 田钦：《网络公共领域的新特征》，《福建论坛》（人文社会科学版）2010年第2期。

70. 童世骏：《关于"重叠共识"的"重叠共识"》，《中国社会科学》2008年第6期。

71. 汪晖、许燕：《"去政治化的政治"与大众传媒的公共性——汪晖教授访谈》，《甘肃社会科学》2006年第4期。

72. 王胜源：《网络公共领域的特质及虚幻性》，《辽宁工程技术大学学报》（社会科学版）2010年5月。

73. 王淑华：《新媒体时代网络媒体与电视媒体的融合与发展》，《重庆社会科学》2010年第1期。

74. 王淑华：《以2009年"两会"为例看网络媒体协商民主的实践》，《中国广播电视学刊》2009年第6期。

75. 王晓磊：《论西方哲学空间概念的双重演进逻辑——从亚里士多德到海德格尔》，《北京理工大学学报》（社会科学版）2010年4月。

76. 王弋璇：《列斐伏尔与福柯在空间维度的思想对话》，《英美文学研究论丛》2010年第2期。

77. 王志琳：《心灵·自我·社会——米德的社会行为主义述评》，《赣南师范学院学报》2003 年第 5 期。

78. 王志永、张英：《网络公共领域的话语权及其归属分析》，《东南传播》2010 年第 1 期。

79. 魏明革：《基于网络的全球公共领域的建构与消解》，《当代传播》2012 年第 1 期。

80. 温薷：《2012 年上半年政务微博报告："官微"每天增百家》，《新京报》2012 年 7 月 14 日 A06 版。

81. 吴飞：《"空间实践"与诗意的抵抗——解读米歇尔德塞图的日常生活实践理论》，《社会学研究》2009 年 2 月。

82. 吴飞：《社会传播网络分析——传播学研究的新进路》，《中国人民大学学报》2007 年第 4 期。

83. 吴飞：《新闻场与社团组织的权力冲突与对话》，《南京社会科学》2010 年第 4 期。

84. 吴国盛：《芒福德的技术哲学》，《北京大学学报》（哲学社会科学版）2007 年第 6 期。

85. 吴海民：《报纸衰退期的三大特征》，《中国传媒科技》2008 年第 8 期。

86. 吴海荣：《中国广播电视公共性探析》，《现代视听》2008 年第 2 期。

87. 吴麟：《大众传媒在我国转型期群体性事件中的作为——基于"审议民主"的视角》，《新闻记者》2009 年第 5 期。

88. 吴玉兰：《我国财经类媒体公共性缺失的表现》，《中南财经政法大学学报》2008 年第 6 期。

89. 希尔顿·沃伦：《民主与政治》，《大杂烩》1983 年第 60 期。

90. 席佳：《当代网络时评与我国公共领域的建构》，《宜春学院学报》2010 年 7 月。

91. 夏倩芳、黄月琴：《"公共领域"理论与中国传媒研究的检讨：寻求一种国家—社会关系视角下的传媒研究路径》，《新闻与传播研究》2008 年总第 15 期。

92. 夏铸九：《（重）建构公共空间——理论的反省》，《台湾社会研究季刊》1994 年 3 月。

93. 谢金林：《情感与网络抗争动员——基于湖北"石首事件"的个案分析》，《公共管理学报》2012 年 1 月。

94. 徐鑫：《传媒与公共领域研究：现状与反思》，《惠州学院学报》（社会科学版）2010 年第 2 期。

95. 严利华：《新媒体与公共领域构建》，《东南传播》2009 年第 2 期。

96. 严一云、刘晓光：《当代中国网络公共领域的政治功能》，《安徽农业大学学报》（社会科学版）2010 年第 2 期。

97. 阎保平：《论中西古代广场文化及其城市形态》，《大连大学学报》2009 年第 1 期。

98. 燕连福：《阿伦特公共领域现象学的道德视域》，《江海学刊》2008 年第 1 期。

99. 杨敏：《网络公共领域的价值与机制》，《东南传播》2010 年第 4 期。

100. 杨晓娟：《试论网络公共领域模式转型》，《湖南大众传媒职业技术学院学报》2009 年 5 月。

101. 杨意菁：《网络民意的公共意涵：公众、公共领域与沟通审议》，《中华传播学刊》第 14 期，2008 年 12 月。

102. 姚红彦：《网络论坛的勃兴——公共领域的新契机》，《大众文艺》2010 年第 2 期。

103. 喻红军、张楠：《论哈贝马斯协商民主思想的形成及其理论缺陷》，《湖北社会科学》2010 年第 3 期。

104. 翟颖：《试论"网络公共领域"与交往》，《新闻世界》2010 年第 5 期。

105. 展江：《哈贝马斯的"公共领域"理论与传媒》，《中国青年政治学院学报》2002 年第 2 期。

106. 战洋：《女性公共领域是否可能——以弗雷泽对哈贝马斯公共领域概念批判为例》，《天津社会科学》2006 年第 6 期。

107. 张春华：《传媒体制、媒体社会责任与公共利益——基于美国广播电视体制变迁的反思》，《国际新闻界》2011 年第 3 期。

108. 张翠：《论哈贝马斯公共领域的民主意蕴》，《学术论坛》2008 年第 1 期。

109. 张帆：《观众为何要远离电视？》，《天津日报》2011 年 8 月 16 日第 7 版。

110. 张国涛：《广播电视公共服务的基本内涵》，《现代传播》2008 年第 1 期。

111. 张家春：《网络运动：社会运动的网络转向》，《首都师范大学学报》（社会科学版）2012 年第 4 期。

112. 张瑞孺：《"网络暴力"行为主体特质的法理分析》，《求索》2010 年第 12 期。

113. 张小丽：《对网络公共领域危机的思考——从"艳照"事件看网络公共领域公共性的缺失》，《理论界》2012 年第 4 期。

114. 张学标、严利华：《大众传播媒介、公共领域与政治认同》，《新闻与传播评论》2009 年第 00 期。

115. 张益旭：《异化了的公共领域：QQ 日志》，《淮阴师范学院学报》2010 年第 1 期。

116. 张云龙、陈合营：《从生活世界到公共领域：现象学的政治哲学转向》，《人文杂志》2008 年第 6 期。

117. 章平、刘婧婷：《大众传媒镜像中的公共议题——以新医改政策制定过程为例》，《新闻大学》2012 年第 3 期。

118. 赵丽红：《公共领域视角下的强国论坛》，《新闻世界》2011 年第 1 期。

119. 赵亿：《公共领域视野下的网络论坛研究》，《湖北师范学院学报》（哲学社会科学版）2010 年第 2 期。

120. 赵月枝：《公共利益、民主与欧美广播电视的市场化》，《新闻与传播研究》1998 年第 2 期。

121. 郑萍：《中国传媒公共领域探究——基于学界的争论》，《中国行政管理》2010 年第 1 期。

122. 郑亚楠：《公共政策与媒体表达——以〈中国青年报〉近年来医疗改革报道为例》，《新闻记者》2008 年第 1 期。

123. 钟宜杰、吕昕懿、黄芷柔、高于琁、简怡君：《部落格使用者的自我认同行为：以无名小站为例》，《图文传播艺术学报》2009 年。

124. 周林彬、何朝丹：《公共利益的法律界定探析——一种法律经济学的分析进路》，《甘肃社会科学》2006 年第 1 期。

125. 周小普、吴盼盼：《中国广播现状与前瞻》，《传媒》2011 年第 6 期。

126. 朱琳：《网络背景下公共领域在中国的前景》，《华章》2010 年第 7 期。

127. 朱清河、刘娜：《"公共领域"的网络视景及其适用性》，《现代传播》2010 年第 9 期。

128. 朱清河：《新闻职业公共性渊源与现实困局审析》，《甘肃社会科学》2009 年第 5 期。

129. 朱诗意：《微博　走向现实的公共领域——以新浪微博为例》，《中国传媒科技》2012 年第 2 期。

三、英文著作

1. A. Carter and G. Stokes（eds.）, *Democratic Theory Today.* Cambridge：Polity Press，2002.

2. Alan Chong, *Foreign Policy in Global Information Space：Actualizing Soft Power*, New York：Palgrave Macmillan，2007.

3. Amy Gutmann, *Multiculturalism：Examining the Politics of Recognition*, Princeton, New Jersey, the United Kingdom：Princeton University Press，1994.

4. Benson, R. and Neveu（ed.）, *Bourdieu and the Journalistic Field*, Cambridge, England：Polity, View all references.

5. Charles Taylor, *The Ethics of Authenticity*, England：Harvard University Press，1992.

6. Charles Taylor, *A Secular Age*, Cambridge, Massachusetts and London, England：The Belknap Press of Harvard University Press，2007.

7. *Condorcet：Selected Writings*, Jean-Antoine-Nicolas De Caritat Condorcet, ed. Keith Michael Baker, London：Macmillan Pub. Co.，1976.

8. Dermot Moran, *Introduction to Phenomenology*, London & New York：Routledge，2000.

9. G. Dines and J. Humez eds, *Race and Class in Media*, London：Sage，2002.

10. Gary Genosko, *McLuhan and Baudrillard：The Masters of Implosion*, London and New York：Routledge，1999.

11. Gaston Bachelard, *The Poetics of Space*, translated from the French by Maria Jolas, New York：The Orion Press，1964.

12. Gilles Deleuze and Felix Guattari, *A Thousand Plateaus：Capitalism and Schzophrenia*, Minneapolis：University of Minnesota Press，1987.

13. H. Arendt. *Men in Dark Times*, New York：Harcourt Brace Jovanovich，1955.

14. *Habermas and the Public Sphere*, Edited by Craig Calhoun, Cambridge, Massachusetts and London, England：The MIT press，1992.

15. Hannah Arendt, *The Human Condition*, Garden City & New York：Doubleday Anchor Books，1959.

16. Hannah Arendt, *The Life of the Mind*, San Diego New York London：W. W. Norton & Company，1978.

参 考 文 献

17. Henri Lefebvre, translated by Donald Nicholson-Smith, *The Production of Space*, New Jersey: Blackwell, 1991.

18. Hesselbein, Frances, ed.; Goldsmith, Marshall, ed.; Beckhard, Richard, ed.; Schubert, Richard F. ed., *The Community of the Future: The Drucker Foundation Future Series*, New York: The Peter Drucker Foundation for Nonprofit Management, 1998.

19. James Carey: *A Critical Reader*, Minnesota: the Regents of the University of Minnesota, 1997.

20. Johan Lagerkvist, *The Internet in China: Unlocking and Containing the Public Sphere*, Lund: Lunds University, 2006.

21. *John Dewey. The Later Works (1925 – 1953): Volume 2*, Carbondale and Edwardsville: Southern Illinios University Press, 1984.

22. K. L. Hacker & J. van Dijk (Eds.), *Digital Democracy*, 2000, London: Sage Publications.

23. Marshall McLuhan and Quentin Fiore, *The Medium is the Massage: An Inventory of Effects*, Harmondsworth: Penguin, 1976.

24. Mary O'Brien, *The Politics of Reproduction*, London: Routledge and Kegan Paul, 1981.

25. Maurizio Passerin D'entreves edited, *Democracy as Public Deliberation: New Perspectives*, Manchester: Manchester University Press, 2002.

26. Michel de Certeau, *The Practice of Everyday Life*, translated by Steven Rendall, Berkeley Los Angeles, London: University of California Press, 1988.

27. P. Bourdieu and L. Wacquant, *An Invitation to Reflexive Sociology*, Chicago: The University of Chicago Press, 1992.

28. Peter Dahlgren, Media, Citizenship, and Civic Culture, in *Mass Media and Society*, ed. James Curran and Michael Gurevitch, London: Arnold, 2000.

29. Peter Dahlgren, *Television and the Public Sphere: Citizenship, Democracy and the Media*, London: Sage, 1995.

30. Peter Dahlgren and Colin Sparks, *Communication and Citizenship: Journalism and the Public Sphere*, London: Routledge, 1991.

31. Price, V., *Communication Concepts 4: Public Opinion*, Newbury Park, CA: Sage, 1992.

32. Preece, J. , *On-line Communities*: *Designing Usability*, *Supporting Sociability*, New York: John Wiley & Sons, 2001.

33. R. Asen & D. C. Brouwer (Eds.), *Counterpublics and the State*, Albany: State University of New York Press, 2001.

34. Richard Butsch , *Media and Public Sphere*, Basingstoke, UK; New York, USA: Palgrave Macmillan, 2009.

35. Schiller, D. , *Networking the Global Market System*, Cambridge, MA: MIT Press, 1999.

36. Sheila Faria Glaser, *Simulacra and Simulation*, Michigan: University of Michigan Press, 1994.

37. Shenk, D. , *Data Smog*: *Surviving the Information Glut*, NY: Harper Collins, 1997.

38. Slevin, J. , *The Internet and Society*, Oxford: Polity Press, 2000.

39. Stephen J. Ball, *The Routledge Falmer Reader in Sociology of Education*; London: RoutledgeFalmer, 2004.

40. Terry Flew, *New Media*: *An Introduction*, Australia & New Zealand: Oxford University Press, 2008.

41. Wilhelm, A. G. , *Democracy in the Digital Age*: *Changes to Political Life in Cyberspace*, New York and London: Routledge, 2000.

四、英文文章

1. Afife Idil Akin, Social Movements on the Internet: The Effect and Use of Cyberactivism in Turkish Armenian Reconciliation, *Canadian Social Science*, Vol. 7, No. 2, 201.

2. Anthony Ying-Him Fung & Kent D. Kedl, Representative Publics, Political Discourse and the Internet: A Case Study of a Degenerated Public Sphere in a Chinese Online Community, *World Communication*, 29 (4), 2000.

3. Balnaves, Mark; Leaver, Tama; Willson, Michele, Habermas and the Net, Conference Papers-International Communication Association, 2010 Annual Meeting.

4. Basak Sarigollu, The Possibility of a Transnational Public Sphere & New Cosmopolitanism within the Networked Times: Understanding a Digital Global Utopia: "Avaaz. org" and a Global Media Event: "Freedom Flotilla", Online Journal of

Communication and Media Technologies, Volume: 1 – Issue: 4 – October – 2011.

5. Byoungkwan Lee, M. Lancendorfer & Ki Jung Lee, Agenda-Setting and the Internet: The Intermedia Influence of Internet Bulletin Boards on Newspaper Coverage of the 2000 General Election in South Korea, *Asian Journal of Communication*, Vol. 15, No. 1, March 2005.

6. Chow, Pui Ha, Internet Activism, Transnational Public Sphere and State Activation Apparatus: A case study of Anti-Japanese Protests, Conference Papers—International Communication Association, 2007 Annual Meeting.

7. Edward Comor, The Role of Communication in Global Civil Society: Forces, Processes, Prospects, *International Studies Quarterly*, Vol. 45, No. 3, Sep. 2001.

8. Elizabeth M. Delacruz, From Bricks and Mortar to the Public Sphere in Cyberspace: Creating a Culture of Caring on the Digital Global Commons, *IJEA* Vol. 10, No. 5.

9. Gimmler, A., Deliberative Democracy, the Public Sphere and the Internet, *Philosophy & Social Criticism*, 2001 (4) 27.

10. Guobin Yang, How Do Chinese Civic Associations Respond to the Internet? Findings from a Survey, *The China Quarterly*, 189, March 2007.

11. Jane Mansbrige, Feminism and Democracy, *The American Prospect*, No. 1 (Spring 1990).

12. Jin, Liwen, Chinese Online BBS Sphere: What BBS Has Brought to China, Massachusett: Massachusetts Institute of Technology, Master's thesis, April 2009.

13. John Downey, Natalie Fenton, New Media, Counter Publicity and the Public Sphere, *New Media Society*, 2003 (5).

14. Joon Koh and Young-Gul Kim, Sense of Virtual Community: A Conceptual Framework and Empirical Validation, *International Journal of Electronic Commerce*, Vol. 8, No. 2 (Winter, 2003/2004).

15. Joo-Young Jung, Wan-Ying Lin and Yong-Chan Kim, The Dynamic Relationship Between East Asian Adolescents' Use of the Internet and Their Use of Other Media, *New Media Society*, 2012.

16. Karla Gower, Principles of Publicity and Press Freedom, *Journalism and Mass Communication Quarterly*, Summer 2003.

17. Koh, Taejin, Conference Papers—International Communication Association, Annual Meeting, 2009.

18. Lincoln Dahlberg, Net-public Sphere Research: Beyond the "First Phase", *The Public*, Vol. 11 (2004), 1.

19. Lincoln Dahlberg, The Corporate Takeover of the Online Public Sphere: A Critical Examination, with Reference to "the New Zealand Case", *Pacific Journalism Review*, 11 (1), 2005.

20. Lincoln Dahlberg, The Internet and Democratic Discourse: Exploring the Prospects of Online Deliberative Forums Extending the Public Sphere, *Information, Communication & Society*, (2001) 4 (4).

21. Lincoln Dahlberg, The Internet as Public Sphere or Culture Industry? From Pessimism to Hope and Back, *International Journal of Media and Cultural Politics*, Volume 1, Number 1, 2005.

22. Lincoln Dahlberg, The Internet, Deliberative Democracy, and Power: Radicalizing the Public Sphere, *International Journal of Media and Cultural Politics*, Volume 3, Number 1, 2007.

23. Manuel Castells, The New Public Sphere: Global Civil Society, Communication Networks, and Global Governance, *Annals of the American Academy of Political and Social Science*, Vol. 616, Mar.

24. Mark Granovetter, The Strength of Weak Ties: A Network Theory Revisited, *Sociological Theory*, Volume 1 (1983).

25. Mary Milliken, Kerri Gibson, Susan O'Donnell, Janice Singer, User-generated Online Video and the Atlantic Canadian Public Sphere: A YouTube Study, Conference Papers—International Communication Association, 2008 Annual Meeting.

26. Michael Epp, Durable Public Feelings. *Canadian Review of American Studies*, Volume 41, Number 2, 2011.

27. Michael Warner, Publics and Counterpublics, *Public Culture*, Volume 14, Number 1, Winter 2002.

28. Michael Xenos, New Mediated Deliberation: Blog and Press, *Journal of Computer-Mediated Communication*, (2008) 13.

29. Mike Thelwail, David Wilkinson, Sukhvinder Uppal, Data Mining Emotion in

参考文献

Social Network Communication: Gender Differences in MySpace, *Journal of the American Society for Information Science and Technology*, 2010, 61 (1).

30. Myra Marx Ferree, William A. Gamson, Jurgen Gerhards, Dieter Rucht, Four Models of the Public Sphere in Modern Democracies, *Theory and Society*, Vol. 31, No, 3 (Jun. , 2002).

31. Nancy Fraser , What's Critical about Critical Theory? The Case of Habermas and Gender, *New German Critique*, No. 35, Special Issue on Jurgen Habermas (Spring-Summer, 1985).

32. Nancy Fraser, Hanne Marlene Dahl, Pauline Stoltz, Rasmus Willig, Recognition, Redistribution and Representation in Capitalist Global Society: An Interview with Nancy Fraser, *Acta Sociological*, Vol. 47, No. 4, Recognition, Redistribution, and Justice (Dec. , 2004).

33. Nancy Fraser, Rethinking the Public Sphere: A Contribution to the Critique of Actually Existing Democracy, *Social Text*, No. 25/26 (1990).

34. Peter Dahlgren, The Internet, Public Spheres, and Political Communication, Dispersion and Deliberation, *Political Communication*, (2005) 22.

35. Polletta F. , Jasper J. M. , Collective Identity and Social Movements, *Annual review of Sociology*, 2001.

36. Putnam, Robert D. , Tuning in, Tuning out: the Strange Disappearance of Social Capital in America, *Political Science and Politics*, 28 (1995).

37. Rob Kling and Ya-ching Lee, Al Teich and Mark S. Frankel, Assessing Anonymous Communication on the Internet: Policy Deliberation, *The Information Society*, Apr. -Jun. , 99, Vol. 15, Issue 2.

38. Robert G. Tian, Yan Wu, Crafting Self Identity in a Virtual Community: Chinese Internet Users and Their Political Sense Form, *Multicultural Education & Technology Journal*, Vol. 1, Iss: 4.

39. Steffen Albrecht, Information, Whose Voice is Heard in Online Deliberation? A Study of Participation and Representation in Political Debates on the Internet, *Communication & Society*, Vol. 9, No. 1, February 2006.

40. Wang, Xiuli, Online Public Spheres: How Internet Discussion Forums Promote Political Participation in China, Conference Papers-National Communication Association, 2007.

41. Weiyu Zhang, Construction and Disseminating Subaltern Public Discourse in China, Javnost-*the Public*, Vol. 13 (2006), No. 2.

42. Xavier de Souza Briggs, Doing Democracy Up-Close: Culture, Power, and Communication in Community building, *Journal of Planning Education and Research* Fall 1998, Vol. 18, No. 1.

43. Zhang, Weiyu (2004), Promoting Subaltern Public Discourses: An Online Discussion Group and Its Interaction with the Offline World, Conference Papers—International Communication Association, 2004 Annual Meeting.

图书在版编目（CIP）数据

互联网的公共性/王淑华著.—北京：社会科学文献出版社，
2014.9

ISBN 978 - 7 - 5097 - 6108 - 3

Ⅰ.①互…　Ⅱ.①王…　Ⅲ.①互联网络 - 研究　①TP393.4

中国版本图书馆 CIP 数据核字（2014）第 123837 号

互联网的公共性

著　　者／王淑华

出 版 人／谢寿光
项目统筹／王　绯
责任编辑／赵慧英

出　　版／社会科学文献出版社·皮书出版分社（010）59367127
　　　　　地址：北京市北三环中路甲 29 号院华龙大厦　邮编：100029
　　　　　网址：www. ssap. com. cn
发　　行／市场营销中心（010）59367081　59367090
　　　　　读者服务中心（010）59367028
印　　装／北京季蜂印刷有限公司
规　　格／开本：787mm × 1092mm　1/16
　　　　　印张：15.25　字数：263 千字
版　　次／2014 年 9 月第 1 版　2014 年 9 月第 1 次印刷
书　　号／ISBN 978 - 7 - 5097 - 6108 - 3
定　　价／58.00 元